探検！数の密林・数論の迷宮

橋本喜一朗●著
Kiichiro HASHIMOTO

日本評論社

● 序

めいめいの 秘密の部屋の鍵孔に 鍵忘れ 青葉する 夜の森に
—— 塚本邦雄 『透明文法』

本書は「素数」に関連するさまざまな話題をつづった数論のエッセイです．
本文の内容は，雑誌『数学セミナー』に

Let's 探検!!　数のジャングル・数論の迷宮

というタイトルで，2009 年 7 月号から 15 回にわたって連載された記事に多少の改変・加筆をほどこしたものです．連載では数回にわたって扱かった話題を一まとめにし，記述の重複を除いたことと，新たに 1 章を追加したほかはできる限りもとのスタイルを保つように努めました．以下は連載初回の冒頭部分からの引用です．

＊　＊　＊

ご存じのように，数論は数学の中で最も歴史が長く，その起源はピュタゴラスに代表される古代ギリシャにまで遡ります．その間に研究され，蓄積された結果や知識は，その量も質も半端なものではありません．また，数論は昔から専門家だけでなくアマチュアを含む愛好者が多い分野でもあり，大きな書店に行くと専門書と並んで非常に多くの入門書が並べられています．この連載で取り上げる話題も，そのほとんどは他書でも扱われているもので，下手をするとすぐに「ネタばれ」するかも知れません．さらに，近年はインターネットでの検索によって，誰でも労せずして瞬時に最新の情報が得られるので，「事実」を述べるだけのお話には，ほとんど価値がなくなってしまいました．このような時代に読者の皆さんに飽きられない数論の記事を書くのは，決して容易ではないと思っています．

そこで，本書では多少趣きを変えて，数論の問題や話題に，考古学や動物・植物学におけるフィールドワークの感覚で接しながら，できるだけ平易にそして具体的に話を進めるつもりです．その目的は，生(なま)の素材にじかに触れ，考え，感じることを通じて，読者の皆さんに数学の面白さをお伝えすることにあります．

本書の記述の一貫したスタンスは，「探検」による「出会い」を楽しむことです．このため，その内容や話の進め方はかなり変則的で，通常の入門書や専門書のように整理され，体系化されたものでも，定理や命題を最良の形で提示することでもありません．動物・植物学では亜種や変種の存在が重要であるように，この連載でも「類似のもの」や「別証明」を見出すことに大きな関心を傾けます．

また，「探検」にはつねに危険がつきもので，道に迷って引き返したり，油断して沼地に足をとられることがあるかも知れません．しかし，数のジャングルでそのような冒険の末に，新しい生物や美しい花を咲かせた植物に出会えたときの驚きと喜びは，その分だけ大きいはずです．

読者の皆さんが，本書における「数の密林」探検旅行に，ドキドキ・ワクワクの好奇心と共に，最後まで付き合ってくださることを願っています．

＊　＊　＊

本書の，少々変わった趣きとスタイルは，上記のような趣旨によるもので，初心者向けに基本から順に解説するという形式をとってはいません．すなわち，数の世界を「密林」に見立ててこれを探検するという，通常の教科書・解説書とは異なる設定と切り口で数論の生(なま)の話題に触れ，これまでは味わえなかった楽しさ・面白さを，読者にお伝えすることが本書の目的です．ただし，一冊の本にまとめるにあたって，いくつかの章に予備知識・補足と演習問題を付け加えて読者の便宜をはかり，セミナーのテキストとしても使用できるようにしました．

また，『数学セミナー』での連載では鶴岡政明さんに，記事の内容と密林探検というイメージにピッタリのイラストを描いていただきましたが，これらを本書でも使用させていただきました．心からお礼を申し上げます．

最後に，本書の一貫したスタンスは

「探検」による「出会い」を楽しむこと

でしたが，そのようなコンセプト，および密林 (ジャングル) の探検という設定などはすべて，歌手谷村奈南さんの「JUNGLE DANCE」にヒントを得たものです．そして同曲が，執筆の期間中，限りなく筆者を元気づけてくれたことに，感謝の意を表わしたいと思います．

2017 年 8 月

目 次

第1章　数の密林・生い茂る素数

野は太初 棘ある草と眸ぬれし獣とくろき角笛ありき
—— 塚本邦雄『水葬物語』

本書における「数の密林」の探検は，数論の原点ともいうべき「**素数**」の観察から始まります．

素数とは，1 より大きな正整数 p で，正の約数が自明なもの (1 と p) に限るものです．素数でない整数 n ($n > 1$) は**合成数**と呼ばれます．この定義から合成数は $n = n_1 \cdot n_2$ ($n_1, n_2 > 1$) の形の積に分解します．n_1, n_2 が合成数なら同様に分解し，これを繰り返すと，任意の正整数は有限個の素数の積として表わされることがわかります．

この積表示 (**素因数分解**) では，同じ素因子をまとめて以下のように表現します．

$$n = {p_1}^{e_1} {p_2}^{e_2} \cdots {p_r}^{e_r} \qquad (e_i > 0) \tag{1.1}$$

また，素数 p が $a, b \in \mathbb{N}$ (正整数) の積 ab を割り切るとき，p は a, b のどちらかを割り切ります．この性質と数学的帰納法から，n の素因数への分解 (1.1) が，順序を除いて一意的であることが示せます．この事実はとても重要で，これにより数論におけるさまざまな問題を解くことは，素数たちの深い性質とそのつながりを究明することに帰着される，と言っても過言ではありません．本書の意図は，この事情をさまざまな数論の話題を通して体感することにあります．

さて，$p < 100$ の範囲にはちょうど 25 個の素数

$$2, 3, 5, 7, 11, 13, 17, 19, 23, 29, 31, 37, 41,$$

$$43, 47, 53, 59, 61, 67, 71, 73, 79, 83, 89, 97$$

が存在します．また，$m = 3, 4, \cdots, 9$ に対して $p < 10^m$ の範囲にある素数の個数 N_m と，その範囲での最大素数 q_m を表にすると表 1.1 のようになります．この表をみると，素数は想像以上にたくさん存在することがわかります (より広範囲の素数の分布について，第 12 章でも観察します)．

表 1.1　$p < 10^m$ の素数の個数

m	3	4	5	6	7	8	9
N_m	168	1229	9592	78498	664579	5761455	50847534
q_m	997	9973	99991	999983	9999991	99999989	999999937

分解不能という素数の性質を，物質世界の「素粒子」と比較しても，これは大きな違いです．このように，自然数の世界はたくさんの素数が生い茂るジャングルである，とも言えるのではないでしょうか．「数の密林」には，さまざまな姿をした素数がいて，それらは積み重なってそびえ立つ樹となったり，互いに絡み合って容易に踏み込めない繁みを形成したりします．

素数の無限性

「数」のジャングルの探検における最大のテーマは

「素数は無限に多く存在する」

という主張 (定理) です．本書のいたるところで，この定理の証明に遭遇します．出会いの回数は両手・両足の指をすべて用いても足りないほど多いのですが，大切なことは，それぞれの証明における議論やその手段・背景を通じて数論，あるいは数学のさまざまな定理や概念が，思いがけない形で「素数の無限性」に関連していることを観察することです．

第 1 章では，その第 1 証明の周辺の探検を試みます．この主張は，すでに二千数百年前から知られており，ユークリッドの『原論 (ストイケイア)』第 9 巻に以下のような証明があります：

ユークリッド『原論』の証明

素数が有限個しか存在しないと仮定し，それらを $p_1, p_2, \cdots, p_n$ とします．このとき次の式で定まる自然数 N を考えます：

$$N = p_1 p_2 \cdots p_n + 1 \tag{1.2}$$

N の素因子を q とすると，仮定から q は $p_1, \cdots, p_n$ のいずれかと等しいので，式 (1.2) の左辺と，右辺の第 1 項が q の倍数となります．するとその差，すなわち 1 も q の倍数となりますが，これは不合理です．したがって仮定は誤りで，素数は無限個存在することが判ります． □

何と簡明で鮮やかな証明！ このような議論が紀元前数百年になされたことに驚嘆するほかありません．筆者は初めてこの証明に接したとき，人の頭脳の素晴らしさに感動したことを覚えています．そこで，この証明法のカラクリとそのヴァリエーションについて，実地調査をしてみようと思います．

『原論』の証明の変形・その 1

同様に素数が有限個しか存在しないと仮定し，それらを $p_1, p_2, \cdots, p_n$ とおいて次の式で定まる自然数 N を考えます：

$$N = \sum_{i=1}^{n} q_i, \qquad q_i = \frac{p_1 p_2 \cdots p_n}{p_i} \qquad (1 \leqq i \leqq n)$$

明らかに $q_1, q_2, \cdots, q_n$ は整数で，q_i 以外は p_i の倍数であり，q_i は p_i では割り切れません．したがって N は 1 より大なる整数で，どの p_i でも割り切れません．これは最初の仮定に反し，不合理です．以上から素数は無限個存在することが結論されます． □

『原論』の証明の変形・その 2

上の 2 つの証明はどちらも「背理法」により矛盾を導く古典的なものですが，今度の証明は比較的最近発表されたもので，自然数 n に対する以下の主張 $(*)$ を数学的帰納法によって示します (Saidak, 2006).

$(*)$　n 個以上の異なる素因子をもつ正整数 N_n が存在する $(n = 1, 2, 3, \cdots)$.

証明　$n=1$ のときは任意の自然数 $N_1>1$ が条件をみたします．正整数 N_k が少なくとも k 個の異なる素因子をもつと仮定して N_{k+1} を

$$N_{k+1}=N_k(N_k+1)$$

で定まる正整数とします．明らかに N_k, N_k+1 の各素因子は N_{k+1} の素因子です．他方，$(N_k+1)-N_k=1$ ですから N_k, N_k+1 は互いに素です．よって N_k+1 の素因子はどれも N_k の素因子ではなく，その結果，N_{k+1} は少なくとも $k+1$ 個の異なる素因子をもつことが判ります．以上から帰納法が成立し，$(*)$ が証明されました．□

フェルマー数の森

ユークリッド『原論』の証明は「背理法」の形をしていますが，実際は「構成的」であることに注意しましょう．すなわち，この証明は n 個の素数 $p_1, p_2, \cdots, p_n$ が見つかったとき，これらと異なる素数 $q=p_{n+1}$ を構成する仕方を与えているとも考えられます．この見方を少し進めると，素数を大きさの順に並べて n 番目のものを $p(n)$ と書くとき，次の不等式が成り立つことを示すことができます．

$$p(n+1) \leqq 2^{2^n} \qquad (n=0,1,2,\cdots) \tag{1.3}$$

(**ヒント**：『原論』の証明から $p(n+1) \leqq p(1)\cdots p(n)+1$ が成立．数学的帰納法により $p(1),\cdots,p(n)$ で主張が正しいと仮定し，右辺の積を計算・評価します)．

不等式 (1.3) で右辺の 2^{2^n} は偶数ですから，$n \geqq 1$ のとき等号は成立しません．そこで，ウッカリ者の中には，右辺に 1 を加えた数が $p(n+2)$ となるのでは？ と思う人がいるかも知れません (笑) —— それはともかく，この意味ありげな数を F_n とおきます：

$$F_n := 2^{2^n}+1 \qquad (n=0,1,2,\cdots) \tag{1.4}$$

この数は最初に研究したフェルマー (1601–1665) にちなんで，フェルマー数と呼ばれています．フェルマーは

$$F_0=3, \qquad F_1=5, \qquad F_2=17, \qquad F_3=257, \qquad F_4=65537$$

が素数であることから，F_n はすべて素数となると予想しました．予想が正しければ，「素数の無限性」の直接的で美しい証明が得られるはずでしたが，1732 年にオイラーによって F_5 は

$$F_5 := 2^{2^5} + 1 \;=\; 641 \times 6700417$$

と分解することが発見され，この期待は裏切られました．21 世紀の現代では F_5 から F_{32} まですべて合成数であることが判明しています．また，フェルマーの予想に反して，上記の 5 個以外に素数であるフェルマー数は 1 つも知られていないのです．というわけで，フェルマーの予想に関しては，百歩ゆずって，F_n が素数となる n を無限に多く見出す，というアプローチすらまったく絶望的です．にもかかわらず，実は

フェルマー数による，素数の無限性定理の別証明

が得られるのです！ 本節では，そのような別証明を 2 通り与え，さらにそのいくつかの「変種」を与えます．別証明の最初のものは，次の性質から導かれます (gcd は最大公約数)：

命題 1.1 異なる m, n に対して F_m, F_n は互いに素である: $\gcd(F_m, F_n) = 1$.

証明 実際，$n > m$ のとき等式

$$\begin{aligned} F_n - 2 = 2^{2^n} - 1 \;&=\; (2^{2^{n-1}} + 1)(2^{2^{n-1}} - 1) \\ &= F_{n-1}(F_{n-1} - 2) \\ &= \cdots \\ &= F_{n-1}F_{n-2}\cdots F_m(F_m - 2) \end{aligned} \tag{1.5}$$

から，F_m, F_n の最大公約数 d は 2 の約数であることがわかります．他方，F_m, F_n はともに奇数ですから $d = 1$ となります． □

各 F_n を素因数分解すると，少なくとも 1 つ素因子 p_n が得られ，命題 1.1 から

$$m \neq n \implies p_m \neq p_n.$$

こうして無限個の素数 $p_1, p_2, \cdots, p_n, \cdots$ が得られます.

この証明法の基本的なカラクリは『原論』の証明と同じですが, フェルマー数 F_n という具体的で見栄えの良い (イケメン?) 数を用いている点で, それよりずっと直接的・視覚的な証明と言えるでしょう. ただし, 現実には F_n を素因数分解することはおろか, その 1 つの素因子を求めることすら, (最新の計算機を利用しても) 非常に困難な問題のようです. 例えば, 現在までに素因数分解が完全にできているのは F_{11} までで, このうち F_{10} が素因数分解されたのは 1995 年のことです. フェルマー数の列は, その姿からしても, 数のジャングルに一段と高くそびえ, 人の手が届かない樹林のようです.

さて, 上で述べた命題 1.1 の証明は, フェルマー数 F_n たちの間の特殊な関係式 (1.5) に注目するものでした. ここで, 有限群の元の位数についての基本性質を用いた, 別証明を与えましょう. 以下では, 素数 p を法とする $\mathbb{Z}$ の剰余類の全体 $\mathbb{F}_p = (\mathbb{Z}/p\mathbb{Z})$ は p 個の元からなる可換体をなし, そのうち 0 以外の元からなる集合は乗法群 $\mathbb{F}_p^\times$ となることを既知とします (章末の「予備知識」参照).

命題 1.1 の別証明 1 つの自然数 $n \in \mathbb{N}$ について, F_n は奇数なのでその任意の素因子は奇数です. このとき奇素数 p が F_n の素因子である条件は, p を法とする合同式を用いて

$$\begin{aligned} F_n \equiv 0 &\iff 2^{2^n} \equiv -1 \\ &\iff 2^{2^n} \not\equiv 0, \quad 2^{2^{n+1}} \equiv 1 \pmod p \end{aligned}$$

と表現されます. 最後の合同式は,

乗法群 $\mathbb{F}_p^\times$ において 2 の位数が 2^{n+1} である

ことを意味します. F_m についても同じ議論が成立するので $p \mid \gcd(F_m, F_n)$ から $m = n$ が導かれます. すなわち, $m \neq n$ ならば F_m, F_n は共通の素因数をもたないので, その最大公約数は 1 となります. □

◉——素数の無限性：もう 1 つの別証明

p が素数のとき $\mathbb{F}_p^\times$ は位数が $p-1$ の有限群ですから，上の結果から F_n の 1 つの素因子を p_n とすると $2^{n+1}|(p_n-1)$，すなわち

$$p_n = 2^{n+1}k_n + 1 \qquad (k_n \in \mathbb{N}).$$

ここで $n \to +\infty$ とすると $p_n \to +\infty$ となります．これから，フェルマー数 F_n たちの素因子が無限集合を形成することがわかります！

また上の結果から $n>1$ なら $p_n \equiv 1 \pmod 8$ となるので，平方剰余の相互法則に対する第 2 補充則 (13.8)(261 ページ) を既知とすると，2 は $\mathbb{F}_p^\times$ において平方元であることが判ります．よって，$\mathbb{F}_p^\times$ は位数が 2^{n+2} の元をもち，これから F_n の各素因子は

$$p_n = 2^{n+2}k'_n + 1 \qquad (k'_n \in \mathbb{N})$$

の形をすることがわかります．

メルセンヌ数の森

前節で，ユークリッド『原論』における「素数の無限性」の証明のカラクリからフェルマー数 $F_n = 2^{2^n}+1$ が導かれ，無限性の別証明が得られることを観察しました．ここではもう 1 つ，特別な形をした素数たちについての探検を通じて，数論の興味深いテーマのいくつかに迫りたいと思います．

今度は $M_n = 2^n - 1$ $(n = 1, 2, 3, \cdots)$ という形の数の列とその周辺における探検を行います．フェルマー数と形がよく似たこの数は，その研究に大きな貢献をしたメルセンヌ (1588–1647) に因んで「**メルセンヌ数**」と呼ばれます．

さて，この 2 つの数列の類似点は，形だけではありません．驚くべきことに，メルセンヌ数の起源もユークリッド『原論』にあるのです．すなわち，次の定理が『原論』第 9 巻命題 36 に記されています (完全数の定義と定理の証明については後述)．正整数 n $(n \geqq 2)$ に対して

定理 1.1　2^n-1 が素数ならば $2^{n-1}(2^n-1)$ は完全数である．

この定理は，「素数の無限性」の証明に劣らず，古代ギリシアにおける数学の

水準の高さを示しています．同時に，その後の人々の関心を 2^n-1 の形の素数を発見することに向けたであろうことも納得できます．ここで次の簡単な事実に注意しておきます．

- 2^n-1 が素数であるためには，n 自身が素数でなければならない．

このことは整数係数の多項式における恒等式

$$X^l-1=(X-1)(X^{l-1}+X^{l-2}+\cdots+1) \qquad (l\in\mathbb{N})$$

を用いて容易に示せます．1644 年にメルセンヌは $M_p=2^p-1$ が素数になる p についての研究結果を発表し，$p\leqq 257$ の範囲では

$$p=2,\ 3,\ 5,\ 7,\ 13,\ 17,\ 19,\ 31,\ 67,\ 127,\ 257$$

のみである，と言明しました．ところが，ずっと後になって，M_{67}, M_{257} は合成数であること，またこのリストに含まれない M_{61}, M_{89}, M_{107} が素数であることが判明しました．現代では M_p に対する巧妙な「素数判定法」と計算機の発展により，巨大数である M_p が素数になる p の値がいくつも発見されています (11 ページのリスト参照)．これはフェルマー素数が 5 個しか知られていないことと対照的ですが，**無限に存在するか？** という問の前では大差がないとも言えます．

驚くべきことに，実はフェルマー数の場合と同じく

メルセンヌ数による，素数の無限性の別証明

が存在するのです！ 以下に，そのような別証明を 2 通り観察し，さらにそのいくつかの「変種」についても調べます．

●——素数の無限性：メルセンヌ数による証明

命題 1.2　$p>2$ が素数のとき，M_p の任意の素因子 q は p より大である．

証明　素数 q が $M_p:=2^p-1$ を割り切るとき $M_p\equiv 0 \pmod{q}$，すなわち $2^p\equiv 1 \pmod{q}$ が成立します．この合同式は，法 q の既約剰余類からなる乗法群 $(\mathbb{Z}/q\mathbb{Z})^\times$ において 2 の位数が p の約数であることを意味します．しかし 2 は $(\mathbb{Z}/q\mathbb{Z})^\times$ においては単位元ではないので，結局

乗法群 $\mathbb{F}_q^\times$ において 2 の位数が p である

ことが判ります．他方，q も素数としているので $(\mathbb{Z}/q\mathbb{Z})^\times$ は位数が $q-1$ の群です．これより p は $q-1$ の約数となります．よって $p<q$ が成立します． □

この命題を，今度は $M_q = 2^q - 1$ に対して再度適用すると，その任意の素因子 q_2 について $q < q_2$ となります．こうして

$$q_1 = q \mid M_p \longrightarrow q_2 \mid M_{q_1} \longrightarrow \cdots \longrightarrow q_{n+1} \mid M_{q_n} \longrightarrow \cdots$$

のように素数の無限増加列 $\{q_n\}_n$ が得られます．これで素数が無限個存在することの新しい証明が得られました.

●——メルセンヌ素数と完全数

古代ギリシアのピュタゴラス学派は「自然現象の背後には (自然) 数があり，数のさまざまな性質が宇宙を支配する根本原理である」と主張したことは良く知られています．彼らは，自然数の中でも，以下のように定義される「完全数」を最も神聖なものとみなしました.

定義 1.1　自然数 n のすべての正の約数の和を $S(n)$ と表わす．$S(n) = 2n$ をみたす n を**完全数** (perfect number) という.

n の素因数分解を (1.1) のように表示するとき，その任意の約数は

$$p_1{}^{e'_1} \cdots p_r{}^{e'_r} \qquad (0 \leqq e'_i \leqq e_i)$$

と表わされるので，n の約数の和は以下のように求められます.

$$S(n) = \sum_{0 \leqq e'_i \leqq e_i \ (1 \leqq i \leqq r)} p_i{}^{e'_i} = \prod_{i=1}^{r} \frac{p_i{}^{e_i+1} - 1}{p_i - 1}.$$

最初の 3 個の完全数について以上の結果を表にすると

表 1.2

n	$6 = 2\cdot 3$	$28 = 2^2\cdot 7$	$496 = 2^4\cdot 31$
n の約数	1, 2, 3, 6	1, 2, 4, 7, 14, 28	1, 2, 4, 8, 16, 31, 62, 124, 248, 496
$S(n)$	12	56	992

すべての完全数を見いだすことは，ピュタゴラス学派にとっては大問題でしたが，上述の定理 1.1 はこれに対して本質的な解答 (十分条件) を与えるものでした．

●──定理 1.1 の証明

$q = 2^p - 1,\ n = 2^{p-1}q$ とおきます．q が素数であるとすると，n の約数は

$$1, 2, \cdots, 2^{p-1} \quad \text{および} \quad q, 2q, \cdots, 2^{p-1}q$$

となります．したがってその和 $S(n)$ は

$$\begin{aligned} S(n) &= (1 + \cdots + 2^{p-1}) + q(1 + \cdots + 2^{p-1}) \\ &= 2^p - 1 + q(2^p - 1) \;=\; 2^p q \;=\; 2n. \end{aligned}$$

後に 18 世紀の数学者オイラーは，偶数の完全数はこの形の数に限ることを証明しました．これを**定理 1.1** と合わせると

定理 1.1* (Euler)　偶数 n を $n := 2^{p-1}l$ ($p \geqq 2,\ l$ は奇数) と表わすとき，

$$n \text{ が完全数} \iff l = 2^p - 1 \text{ で } l \text{ は素数.}$$

証明　$n := 2^{p-1}l$ が完全数と仮定します．このとき，

$$\begin{aligned} 2n = 2^p l \;&=\; S(n) \\ &= S(2^{p-1})S(l) \;=\; (2^p - 1)S(l) \end{aligned} \tag{1.6}$$

$2^p - 1$ は奇数ですから，この等式により，l の約数でなければならず，$l = (2^p - 1)c$ と表わされます ($c \in \mathbb{N}$)．このとき，l, c は l の約数の一部ですから自明な

不等式

$$S(l) \geqq l + c = 2^p c$$

が成立します．すると (1.6) の右辺は

$$(2^p - 1)S(l) \geqq (2^p - 1)2^p c = 2^p l$$

となって $S(n)$ に等しくなります．このことは，$l = (2^p - 1)c$ の約数が l, c に限ることを示します．すなわち，$c = 1$ かつ $l = 2^p - 1$ であって，さらに l は素数でなければなりません． □

さてここで次の疑問が生じます：

- 奇数の完全数は存在するか？
- いかなる素数 $p \geqq 2$ に対して $2^p - 1$ は素数となるか？

このうち，最初の問は今日まで未解決の難問として残されています．多くの計算例から考えて，奇数の完全数は存在しないであろう，と予想されているようです．2 つ目の問については多くの研究がなされています．素数 p に対して，$M_p = 2^p - 1$ の形の素数は**メルセンヌ素数**と言われます (表 1.3).

表 1.3　メルセンヌ素数の表

M_{2}	M_{31}	M_{1279}	M_{9941}	M_{110503}	$M_{2976221}$	$M_{30402457}$
M_{3}	M_{61}	M_{2203}	M_{11213}	M_{132049}	$M_{3021377}$	$M_{32582657}$
M_{5}	M_{89}	M_{2281}	M_{19937}	M_{216091}	$M_{6972593}$	$M_{37156667}$
M_{7}	M_{107}	M_{3217}	M_{21701}	M_{756839}	$M_{13466917}$	$M_{42643801}$
M_{13}	M_{127}	M_{4253}	M_{23209}	M_{859433}	$M_{20996011}$	$M_{43112609}$
M_{17}	M_{521}	M_{4423}	M_{44497}	$M_{1257787}$	$M_{24036583}$	$M_{57885161}$
M_{19}	M_{607}	M_{9689}	M_{86243}	$M_{1398269}$	$M_{25964951}$	$M_{74207281}$

現在 (2017 年 8 月) までに表 1.3 の 49 個のメルセンヌ素数が発見されています．メルセンヌ素数が無限に存在するかどうかも，未解決の問題です．

●——法 p の原始根：存在証明

ここでは $\mathbb{F}_p^\times$ の群構造について観察します．目標は以下の定理です．

定理 1.2 $\mathbb{F}_p^\times$ は巡回群である．すなわち

$$\mathbb{F}_p^\times = \{1, g, g^2, \cdots, g^{p-2}\}, \qquad g^{p-1} = 1 \tag{1.7}$$

をみたす $g \in \mathbb{F}_p^\times$ (生成元) が存在する．

g (またはその代表元である整数) を**法 p の原始根**といいます．この定理によって $\mathbb{F}_p^\times$ を加法群 $\mathbb{Z}/(p-1)\mathbb{Z}$ とを同一視すると容易に判るように，法 p の原始根は $\varphi(p-1)$ 個存在します ($\varphi(n)$ はオイラー関数，章末の「予備知識」を参照)．以下では逆に，この事実を示すことによって定理を証明することにします．

表 1.4 法 p の原始根

p	5	7	11	13	17
g	2, 3	3, 5	2, 6, 7,8	2, 6, 7, 11	3, 5, 6, 7, 10, 11, 12, 14

証明 本章末尾の補足で観察する，有名なフェルマーの小定理は，$\mathbb{F}_p^\times$ の各元が $X^{p-1}-1$ の根であることを意味します．よって $X^{p-1}-1$ は重根をもたず，$\mathbb{F}_p[X]$ において一次式の積に完全分解します．これより以下のことが判ります:

(∗) $X^{p-1}-1 \in \mathbb{F}_p[X]$ の任意の因子は重根をもたず，一次式の積に分解する．

さて m が $p-1$ の約数のとき，多項式 X^m-1 は $X^{p-1}-1$ の因子です．よって (∗) から有限群 $\mathbb{F}_p^\times$ には，$x^m = 1$ をみたす x がちょうど m 個存在します．このような性質をもつ有限群は巡回群となります．これを示すために，$p-1$ の各約数 m に対して $\mathbb{F}_p^\times$ において位数 m である元の個数を $\alpha(m)$ とおきます．定理は $\alpha(p-1) > 0$ と同値です．$x^m = 1$ をみたす $x \in \mathbb{F}_p^\times$ は，そ

の位数 d $(d\,|\,m)$ によって類別されることから等式

$$m = \sum_{d\,|\,m} \alpha(d) \qquad (m \text{ は } (p-1) \text{ の約数}) \tag{1.8}$$

が成立します．これらの等式を $\alpha(d)$, $d\,|\,(p-1)$ を未知数とする連立一次方程式とみなすと，方程式の個数と未知数の個数が等しいだけでなく，$\alpha(d)$ は素因子の個数が少ない d から順に定まることが判ります．例えば，$(p-1)$ の異なる素因数を l_1, l_2 とするとき，$m = 1, l_1, l_2, l_1l_2$ に対する上の等式は

$$\begin{aligned} 1 &= \alpha(1), \\ l_i &= \alpha(1) + \alpha(l_i), \qquad (i = 1, 2) \\ l_1l_2 &= \alpha(1) + \alpha(l_1) + \alpha(l_2) + \alpha(l_1l_2) \end{aligned}$$

となり，これから順に $\alpha(d)$ が求められます：

$$\alpha(1) = 1, \quad \alpha(l_i) = l_i - 1 \ (i = 1, 2), \quad \alpha(l_1l_2) = l_1l_2 - l_1 - l_2 + 1$$

一般の場合も同様で，連立一次方程式 (1.8) の解はただ 1 通りに確定します．さらに $\alpha(n)$ の値は後述の (1.25) の右辺と一致することを示すことができます．このことは，以下の「反転公式」を用いると一層明瞭になりますが，ここでは，複素数の場合との比較によって結果を導くことにします．すなわち，任意の $n \in \mathbb{N}$ に対して 複素数体 $\mathbb{C}$ における 1 の n 乗根の集合は

$$\{{\zeta_n}^k \mid 0 \leqq k \leqq n-1\}, \qquad (\zeta_n := e^{\frac{2\pi\sqrt{-1}}{n}})$$

であり，これは対応 $k \to \zeta_n^k$ によって加法群 $\mathbb{Z}/n\mathbb{Z}$ と同型な乗法群になります．また ζ_n^k が位数 n (1 の原始 n 乗根) であることは $\gcd(k, n) = 1$ と同値です．よってその個数はオイラー関数 $\varphi(n)$ と一致します．より一般に $\gcd(k, n) = \dfrac{n}{d}$ とすると ζ_n^k の位数は d となります．以上の結果を $n = m$, $m\,|\,(p-1)$ の場合に適用すると

$$m = \sum_{d\,|\,m} \varphi(d) \qquad (m\,|\,(p-1))$$

となり $\{\varphi(m)\}$ は (1.8) と同じ連立方程式をみたします．このことから $\alpha(m) =$

$\varphi(m)$ が結論されます．とくに $\alpha(p-1) = \varphi(p-1) > 0$ であり，$\mathbb{F}_p$ に原始根が $\varphi(p-1)$ 個存在することが判ります． □

反転公式

連立一次方程式 (1.8) の解がただ 1 通りに確定することは，以下のことから示されます．正整数 n の各約数 m に対して $\alpha(m)$ が定まっているとします．このとき m の約数 d に対する $\alpha(d)$ の和

$$\beta(m) = \sum_{d \mid m} \alpha(d) \qquad (m \mid n) \tag{1.9}$$

を $\beta(m)$ とおくと，$\{\alpha(m)\ (m \mid n)\}$ は逆に

$$\alpha(m) = \sum_{d \mid m} \beta(d)\mu\left(\frac{m}{d}\right) \qquad (m \mid n) \tag{1.10}$$

をみたします．ここで $\mu(n)$ は $\alpha(*)$ とは無関係な関数で，**メビウス関数**と呼ばれ，以下のように定義されます：

$$\mu(n) = \begin{cases} 1 & (n = 1), \\ (-1)^r & (n = p_1 \cdots p_r : \text{相異なる素数の積}) \\ 0 & (p^2 \mid n \quad \exists p : \text{素数}) \end{cases} \tag{1.11}$$

命題 1.3 $p > 3$ および $q := 2p + 1$ がともに素数であるとする．このとき $p \equiv 1 \pmod 4$ であれば 2 は法 q の原始根である．また $p \equiv 3 \pmod 4$ ならば $(2p + 1) \mid M_p$ となる．

証明 q を法とする $\mathbb{Z}$ の既約剰余類群 $(\mathbb{F}_q)^\times$ において 2 の位数を m とおき，その値を考えます．$(\mathbb{F}_q)^\times$ の位数は $q - 1 = 2p$ ですから，m はその約数です．一方 $q = 2p + 1 > 7$ より $2^1, 2^2 \not\equiv 1 \pmod q$ なので $m \neq 1, 2$ です．よって $m = p$ または $m = 2p$ となります．後者が成立するのは

$$m = 2p \iff \langle 2 \rangle = (\mathbb{F}_q)^\times \iff \left(\frac{2}{q}\right) = -1$$

ここで $\left(\dfrac{a}{q}\right)$ は法 q の平方剰余記号です．したがって，第 13 章で観察する平方剰余の相互法則に対する第 2 補充則 (13.8) から，

$$m = 2p \iff q \not\equiv \pm 1 \pmod 8 \iff p \equiv 1 \pmod 4$$

が成立します．$m = p$ と $q = (2p+1) \mid M_p$ は同値ですからこれで主張は示されました．□

「素数の無限性」：オイラーの証明

ここでは，すでに登場したオイラーによる「素数の無限性」の 2 つの証明と，そのヴァリエーションについて調べます．

●──オイラーによる第 1 証明

素数 p の逆数 $\dfrac{1}{p}$ を公比とする無限級数の和は

$$1 + \frac{1}{p} + \frac{1}{p^2} + \cdots + \frac{1}{p^k} + \cdots = \frac{1}{1 - \dfrac{1}{p}} \tag{1.12}$$

となります．この両辺を掛け合わせることを考えます．左辺の積を形式的に展開するとその各項は，それぞれのカッコから 1 つの項を選んだものの積になりますから，

$$\frac{1}{{p_1}^{e_1}{p_2}^{e_2}\cdots{p_r}^{e_r}} \qquad (e_i > 0,\ 1 \leqq i \leqq r)$$

の形になります．これと素因数分解の一意性 (1.1) を比較すると，結局すべての自然数 n の逆数がちょうど 1 回現れることがわかります．これから

$$1 + \frac{1}{2} + \frac{1}{3} + \cdots + \frac{1}{n} + \cdots = \prod_{p\,:\,素数} \frac{1}{1 - \dfrac{1}{p}} \tag{1.13}$$

という「等式」が導かれます．さて，左辺の無限級数は良く知られているように無限大に発散します．実際 $2^{k-1} < n \leqq 2^k$ をみたす n について $\dfrac{1}{2^k} \leqq \dfrac{1}{n}$ となることを用いて評価すると，このような n は 2^{k-1} 個あることから

$$\sum_{n=1}^{\infty}\frac{1}{n} = 1+\sum_{k=1}^{\infty}\sum_{2^{k-1}<n\leqq 2^k}\frac{1}{n} \geqq 1+\sum_{k=1}^{\infty}\frac{2^{k-1}}{2^k} = +\infty.$$

他方，素数が有限個しか存在しないと仮定すると，(1.13) の右辺は有限個の (0 と異なる) 有理数の積ですから，その値も有限となり上の事実に反します．したがって素数が無限に多く存在することが結論されます． □

この証明法は，素数という数論の対象の性質を，無限級数という解析の問題に転化している点でこれまでの方法とは本質的に異なり，その後の数論に新展開をもたらした画期的なアイデアを含むものです．しかし，上記の等式 (1.13) は発散する無限級数に関するもので，注意が必要です．この議論は後に変数 $s>1$ に対して絶対収束する級数と積についての等式

$$\zeta(s) := \sum_{n=1}^{\infty}\frac{1}{n^s} = \prod_{p\,:\,\text{素数}}\frac{1}{1-\dfrac{1}{p^s}} \tag{1.14}$$

から $s\to 1+0$ なる極限を考察することによって正当化されます．

◉——オイラー第 1 証明の類似

ここでは，類似のアイデアを収束する級数に適用して素数の無限性を示してみましょう．用いる級数は (1.14) で $s=2$ を代入したものです：

$$\zeta(2) := \sum_{n=1}^{\infty}\frac{1}{n^2} \tag{1.15}$$

まずこの級数の和は以下のように評価されます[1)]：

$$\zeta(2) < 1+\sum_{n=2}^{\infty}\frac{1}{n(n-1)} = 1+\sum_{n=2}^{\infty}\left(\frac{1}{n-1}-\frac{1}{n}\right) = 2. \tag{1.16}$$

さて 1 より大きな平方数 k^2 $(k>1)$ を約数にもたない整数 n を，**平方 (因子) 無縁** (square-free) であるといいます．このような正整数 n の全体を $\mathbb{N}^{(\mathrm{sqf})}$ と記します．この定義から

1) $\zeta(2)$ の値 (1.19) と近似計算については第 9 章を参照.

$$\mathbb{N}^{(\mathrm{sqf})} = \mathbb{N} \setminus \{k^2 m \mid m \in \mathbb{N},\ k \geqq 2\} \tag{1.17}$$

となります．ここで与えられた自然数 N に対して $n \leqq N$ をみたす $n \in \mathbb{N}^{(\mathrm{sqf})}$ の個数 $a(N)$ を考えます．(1.17) の両辺で $n \leqq N$ をみたすものを数えると

$$a(N) = N - \#\left(\{k^2 m \mid m \in \mathbb{N},\ k \geqq 2,\ k^2 m \leqq N\}\right)$$

この等式の右辺の第 2 項については

$$\begin{aligned}&\#(\{k^2 m \mid m \in \mathbb{N}, k \geqq 2,\ k^2 m \leqq N\})\\ &\quad < \sum_{k=2}^{\infty} \left[\frac{N}{k^2}\right] < \sum_{k=2}^{\infty} \frac{N}{k^2} = N(\zeta(2) - 1).\end{aligned}$$

これより $a(N)$ は以下のように下から評価されます．

$$a(N) \geqq N(2 - \zeta(2)) \tag{1.18}$$

ここで定数 $2 - \zeta(2)$ は (1.16) によって正数なので N を大きくしていくと

$$\lim_{N \to \infty} a(N) = +\infty$$

が得られ，$\mathbb{N}^{(\mathrm{sqf})}$ が無限集合であることがわかります．一方，容易にわかるように，$n \in \mathbb{N}^{(\mathrm{sqf})}$ であるための必要十分条件は，n が相異なる素数の積であることです (0 個の場合も可)．したがって素数の個数が有限と仮定して，その個数を r とすると，$\mathbb{N}^{(\mathrm{sqf})}$ の元の数は 2^r であることになり，上の結果に反します．かくして素数の無限性が示されました．

このように，無限級数 $\zeta(1)$ が発散することを用いたオイラーによる証明とは逆に，収束する無限級数 $\zeta(2)$ を用いても，その簡単な評価 $\zeta(2) < 2$ から素数の無限性が示されます！

それでは $\zeta(2)$ の正確な値についてはどうか，が気になるところです．これについての驚くべき等式

$$\zeta(2) = \sum_{n=1}^{\infty} \frac{1}{n^2} = \frac{\pi^2}{6} \tag{1.19}$$

を，数論マニアの読者なら必ず一度は見たことがあるでしょう．これもオイラー

によるものですが，その発見は偶然ではなく，西洋では 17 世紀後半にライプニッツ，グレゴリーによって独立に見出された交代和の等式[2)]

$$1 - \frac{1}{3} + \frac{1}{5} - \frac{1}{7} + \frac{1}{9} - \cdots = \frac{\pi}{4} \tag{1.20}$$

がその起源となっています．その証明については第 9 章で探検しますが，ここではこれらの等式から素数の無限性を導くことを考えましょう．

素数が有限個しか存在しないとすると，任意の $k \in \mathbb{N}$ に対して $\zeta(k)$ の積表示

$$\zeta(k) = \prod_{p\,:\,\text{素数}} \frac{1}{1 - \dfrac{1}{p^k}} \tag{1.21}$$

は有限個の有理数の積となり，その値も有理数でなければなりません．そこで π^2 が無理数であることを既知とすると矛盾が生じます (このことは，π が「超越数」であるという事実から直ちに導かれます)．

さて積表示 (1.21) の議論は，ライプニッツの等式 (1.20) についても適用できます．すなわち

$$L(k,\chi) := \sum_{n=1}^{\infty} \frac{\chi(n)}{n^k} = \prod_{p\,:\,\text{素数}} \frac{1}{1 - \dfrac{\chi(p)}{p^k}} \tag{1.22}$$

が成立します．ここで $\chi : \mathbb{Z} \to \{\pm 1\}$ は

$$\chi(n) = \begin{cases} (-1)^{\frac{n-1}{2}} & (n \equiv 1 \pmod 2) \\ 0 & (n \equiv 0 \pmod 2) \end{cases}$$

で定まる $\mathbb{Z}$ 上の関数で，(1.22) の積表示は $\mathbb{Z}$ における素因数分解の一意性と，$\chi(mn) = \chi(m)\chi(n)$ が任意の $m, n \in \mathbb{Z}$ について成立することから導かれます．

さて，π が超越数であることはもちろん，π^2 や π が無理数であることも，その証明は決して簡単ではありません．そこで，(1.19), (1.20) から π を消去することを考えます．すなわち

---

2) 等式 (1.20) は，これ以前にインドにおいて 15 世紀前半に発見されています．

$$\frac{L(1,\chi)^2}{\zeta(2)} = \frac{\pi^2}{16}\bigg/\frac{\pi^2}{6} \ = \ \frac{3}{8} \tag{1.23}$$

という等式を利用します．ここで素数が有限個 (r 個) しか存在しないと仮定すると，積表示から

$$\frac{L(1,\chi)^2}{\zeta(2)} = \left(\prod_p \frac{p}{p-\chi(p)}\right)^2 \bigg/ \left(\prod_p \frac{p^2}{p^2-1}\right) = \frac{3}{4}\prod_{p\neq 2} \frac{p+\chi(p)}{p-\chi(p)}$$

が得られます．これと等式 (1.23) から

$$2\prod_{p\neq 2}(p+\chi(p)) = \prod_{p\neq 2}(p-\chi(p)) \tag{1.24}$$

が導かれます．一方，奇素数 p については

$$\begin{cases} p+\chi(p) \equiv 2 \pmod 4 \\ p-\chi(p) \equiv 0 \pmod 4 \end{cases}$$

となるので，(1.24) の両辺を因数分解するとき現われる素因子 2 の個数は，左辺ではちょうど r，右辺では $2(r-1)$ 個以上となります．したがって $2(r-1) \leqq r$, $r \leqq 2$. これは明らかに不合理です．

●——オイラーによる第 2 証明

互いに相異なる r 個の素数 $p_1, p_2, \cdots, p_r$ ($r \geqq 2$) が任意に与えられたとき，その何れとも異なる素数の存在を示します．これらの積を $n := p_1p_2\cdots p_r$ とします．n を法とする既約剰余類の群 $(\mathbb{Z}/n\mathbb{Z})^\times$ の位数は，次の式で表わされます (以下の一般公式 (1.25) 参照)：

$$\varphi(p_1p_2\cdots p_r) = (p_1-1)(p_2-1)\cdots(p_r-1)$$

この右辺は正整数の積で，$p_i \neq 2$ のときは $p_i - 1 \geqq 2$. これから

$$\varphi(n) \ = \ \varphi(p_1p_2\cdots p_r) \geqq 2 \qquad (r \geqq 2)$$

が成立します．これは $n = p_1p_2\cdots p_r$ と素で $2 \leqq m \leqq n$ をみたす正整数 m が少なくとも 1 つ存在することを意味します．この m の素因子は $p_1, p_2, \cdots, p_r$

の何れとも異なります．これで主張が示されました．

第 1 章の予備知識

「素数」の定義と基本性質については冒頭に述べ，とくに正整数の「素因数分解とその一意性」が重要であることを強調しました．ここでは，1 つの素数を固定した場合のことがらを述べておきます．

正整数 n $(n>1)$ が 1 つ与えられると，各整数は n で割った余りによって n 個の類 $\overline{0}, \overline{1}, \cdots, \overline{n-1}$ に分類されます．すなわち，

$$\overline{i} := \{\, a \in \mathbb{Z} \,|\, a \equiv i \pmod{n} \,\} \qquad (0 \leqq i \leqq n-1).$$

このとき類の集合 $\mathbb{Z}/n\mathbb{Z} := \{\overline{0}, \overline{1}, \cdots, \overline{n-1}\}$ には，$\mathbb{Z}$ の加法・減法・乗法の 3 種の演算が自然に受け継がれ，$\mathbb{Z}/n\mathbb{Z}$ は可換環となります．これを，法 n に関する $\mathbb{Z}$ の剰余類環といいます．$\mathbb{Z}/n\mathbb{Z}$ の元 $\overline{a}$ が乗法について可逆，すなわち $\overline{a}\cdot\overline{b} = \overline{1}$ となる $\overline{b}$ が存在するための条件は，a が n と互いに素であることです．このような $\overline{a}$ は $\mathbb{Z}/n\mathbb{Z}$ の既約剰余類とも呼ばれ，その全体 $(\mathbb{Z}/n\mathbb{Z})^{\times}$ は乗法群を形成します．その位数 $\varphi(n)$ (**オイラー関数**) は，第 3 章の定理 3.1 (中国式剰余定理) を利用すれば $n = p^e$ の場合に帰着できることから容易に求められます．すなわち n の素因数分解を (1.1) とするとき

$$\varphi(n) = \prod_{i=1}^{r} \varphi({p_i}^{e_i}) = \prod_{i=1}^{r} {p_i}^{e_i-1}(p_i-1) = n \prod_{p\,|\,n} \left(1-\frac{1}{p}\right). \tag{1.25}$$

$n = p$ が素数のとき $\mathbb{Z}/p\mathbb{Z}$ は体 (field)，すなわち $\overline{0}$ 以外の各元で除法が可能な可換環となります．実際，$\overline{a} \neq \overline{0}$ は $\gcd(a,p)=1$ を意味するので，$ax + by = 1$ をみたす整数 $x, y \in \mathbb{Z}$ が存在します．このとき $\overline{a}\cdot\overline{x} = \overline{1}$，すなわち $\overline{a}$ は可逆元です．この p 元からなる体を $\mathbb{F}_p$ とも記します．上の事実はまた，以下のようにも証明できます: $\gcd(a,p)=1$ のとき

$$ax \equiv ax' \iff a(x-x') \equiv 0 \iff x \equiv x' \pmod{p}.$$

これより次の包含関係

$$\{\,\overline{0\cdot a}, \overline{1\cdot a}, \cdots, \overline{(p-1)\cdot a}\,\} \subseteqq \{\,\overline{0}, \overline{1}, \cdots, \overline{p-1}\,\} = \mathbb{F}_p$$

は等式となり，$\overline{xa} = \overline{x}\cdot\overline{a} = \overline{1}$ となる $\overline{x} \in \mathbb{F}_p$ の存在がわかります．また，この等式の両辺で $\overline{0}$ 以外の元の積を比較すると次の定理が導かれます．

フェルマーの小定理　p を素数，a を p と素な整数 a とするとき

$$a^{p-1} \equiv 1 \pmod p.$$

この結果は以下のように表現しなおすことができます．$\mathbb{F}_p$ に係数をもつ多項式 $X^{p-1}-1$ を考えると，フェルマーの小定理は，乗法群 $\mathbb{F}_p^\times$ の各元がその根であることを主張しています．よって次の恒等式 (因数分解)

$$X^{p-1}-1 = (X-1)\cdots(X-(p-1)) \tag{1.26}$$

が成立します．

第 1 章の問題

問題 1　$q > 1$ を正整数とする．$m, n \in \mathbb{N}$ が互いに素であるとき

$$\gcd(q^m+1,\, q^n+1) = \begin{cases} q+1 & (2 \nmid mn) \\ 2 & (2 \mid mn,\ 2 \nmid q) \\ 1 & (2 \mid mn,\ 2 \mid q) \end{cases}$$

となることを示せ．また，この結果を用いて素数の無限性を示せ．

問題 2　すべての素数の集合を $\wp$ とする．また，有理数体 $\mathbb{Q}$ の部分環 R に対して $\dfrac{1}{p} \in R$ をみたす素数 p の集合を $\wp(R)$ で表わす．このとき対応 $R \mapsto \wp(R)$ は $\mathbb{Q}$ の部分環 と $\wp$ の部分集合の間の 1 対 1 対応を与えることを示せ．

問題 3　次の等式が成立することをを示せ ($\mu(n)$ はメビウス関数).

$$\frac{1}{\zeta(s)} = \sum_{n=1}^{\infty} \frac{\mu(n)}{n^s} \qquad (s > 1)$$

問題 4　奇素数 p に対して $q := 4p+1$ も素数となるとき，2 は法 q の原始根であることを示せ.

問題 5　ゼータ関数の積表示 (1.14) と $\zeta(2) = \dfrac{\pi^2}{6}$, $\zeta(4) = \dfrac{\pi^4}{90}$ を既知とするとき，次の等式が成立する．これを用いて「素数の無限性」を示せ.

$$\frac{2}{5} = \frac{\zeta(4)}{\zeta(2)^2} = \prod_p \frac{(1-p^{-2})^2}{1-p^{-4}}$$

(**ヒント**：素数が有限個しか存在しないと仮定し，その全体を $p_1, p_2, \cdots, p_r$ ($p_1 = 2$) とすると上の関係式から以下の等式が導かれる．ここで左辺のどの因子も 3 では割り切れないことを示せ．)

$$2(p_2^2+1)\cdots(p_r^2+1) = 3(p_2^2-1)\cdots(p_r^2-1)$$

第2章　迷宮！　シルヴェスター数の森

てのひらの迷路の渦をさまよへるてんたう蟲の背の赤と黒
—— 塚本邦雄『水葬物語』

この章では「フェルマー数の森」の姉妹版である「シルヴェスター数の森」の探検を行います.

第 1 章で「素数の無限性」のいろいろな証明を観察しましたが，その白眉(はくび)は何と言ってもユークリッド『原論』の証明です．そして,『原論』の証明のカラクリと同じ構造の漸化式

$$F_{n+1} = F_0 F_1 \cdots F_n + 2, \qquad F_0 = 3 \tag{2.1}$$

からフェルマー数 $F_n = 2^{2^n} + 1$ の列が生じ，それらがどの 2 つも互いに素であるという事実 (命題 1.1) が，素数の無限性のもう 1 つの証明を与えることを学びました．フェルマー数と類似の形をもつ数の列からも同様な結果が得られます (章末問題 1.1 参照)．このように見ていくと，誰でも以下のような疑問をもつでしょう.

- 正整数の増大無限列でどの 2 項も互いに素であるものが，フェルマー型の数列のほかにもあるだろうか？

言うまでもなく，異なる素数の無限列はそのような数列です．またこれを用いれば上記の条件をみたす，さまざまな正整数の増大無限列を作ることができます．したがってここで要求しているのは,

- 「素数の無限性」を既知としない立場から，上記の問題を考える

ことです．好奇心の旺盛な読者なら，このような数列を探したくなるはずです … かくして，自然に次の課題に行き着きます．

探検課題：互いに素な正整数の組

課題 2.1　$a_n > 1$ をみたす整数列 $\{a_n\}$ で，以下の条件 (CP = coprime) をみたすものは，どのくらい存在するか？ そのような数列を具体的に与えよ．

$$(\mathrm{CP}) : \gcd(a_i, a_j) = 1 \qquad (i \neq j)$$

フェルマー型の数列と異なる無限数列 $\{a_n\}$ で，この条件をみたすものをいきなり求めるのは難しいので，まず n 個の正整数の組に対して，同じ条件 —— これを $(\mathrm{CP})_n$ と記します —— をみたす数の組を求めることから始めます．この問題は，もっと身近に感じられる，整数についての初等的な問題と密接に関係します．

課題 2.2　自然数 $n \geqq 3$ が与えられたとき，n 個の正整数の組で

$(\mathrm{Res})_n$：どの $(n-1)$ 個の積も，残りの 1 個で割ると，ちょうど 1 余る

をみたすものを (すべて) 求めよ．

以下では，条件 $(\mathrm{Res})_n$ をみたす正整数の組 $B = \{b_1, \cdots, b_n\}$ の全体を，同じ記号 $(\mathrm{Res})_n$ で表わします．すなわち，$B \in (\mathrm{Res})_n$ とは正整数の組 B が条件 $(\mathrm{Res})_n$ をみたすことを意味します．$(\mathrm{CP})_n$ についても同様な表記をします．

まず $(\mathrm{Res})_n \Rightarrow (\mathrm{CP})_n$，すなわち解の集合の包含関係 $(\mathrm{Res})_n \subsetneqq (\mathrm{CP})_n$ を確認しましょう．実際，$B = \{b_1, \cdots, b_n\}$ が $(\mathrm{Res})_n$ に属するとき任意の i $(1 \leqq i \leqq n)$ について $b_i > 1$ であり

$$b_1 \cdots \widehat{b_i} \cdots b_n - 1 = k_i b_i \tag{2.2}$$

をみたす整数 k_i が存在します[1]．$i \neq j$ のとき (2.2) の左辺は b_j の倍数ですから，b_i, b_j の公約数 d は 1 の約数，すなわち $d = 1$ となります．よって

[1] $\widehat{b_i}$ は因子 b_i が除外されていることを示します．

$\gcd(b_i, b_j) = 1$ となり，$B \in (\mathrm{CP})_n$ が成立します．

◉——$(\mathrm{Res})_3$ の決定

まず課題 2.2 を $n = 3$ の場合に解いてみましょう．(2.2) から b_2b_3-1, b_1b_3-1, b_1b_2-1 はそれぞれ b_1, b_2, b_3 で割り切れます．よって，これらの積は $b_1b_2b_3$ で割り切れます．これより次のことがわかります：

- $b_1b_2 + b_2b_3 + b_3b_1 - 1$ は $b_1b_2b_3$ で割り切れる

すなわち

$$\frac{1}{b_1} + \frac{1}{b_2} + \frac{1}{b_3} - \frac{1}{b_1b_2b_3} \in \mathbb{N}. \tag{2.3}$$

ここで $b_1 < b_2 < b_3$ として一般性を失わないので，これから

$$1 + \frac{1}{b_1b_2b_3} \leqq \frac{1}{b_1} + \frac{1}{b_2} + \frac{1}{b_3} < \frac{3}{b_1}$$

が導かれます．したがって $b_1 = 2$ となります．すると上の不等式から

$$\frac{1}{2} < \frac{1}{2} + \frac{1}{2b_2b_3} \leqq \frac{1}{b_2} + \frac{1}{b_3} < \frac{2}{b_2}$$

であり，これより $b_2 = 3$. さらに直前の不等式は

$$\frac{1}{2} + \frac{1}{6b_3} \leqq \frac{1}{3} + \frac{1}{b_3}, \quad b_3 \leqq 5$$

となって，これより $b_3 = 5$. かくして $\{2, 3, 5\}$ が $(\mathrm{Res})_3$ のただ **1** つの解であることが判ります．—— これはちょっと意外な結果です！

解の範囲を (有界区間などに) 指定しない，整数の割算の余り (剰余) に関する問題では，例えば

1. 6 で割ると 1 余り，8 で割ると 2 余る整数は存在しない
2. 5 で割ると 1 余り，8 で割ると 2 余る整数は無限に存在する

のように，解がまったくない場合もありますが，ある場合は無限に存在するのが普通です．条件 $(\mathrm{Res})_n$ はこのタイプの問題の一種ですから，$(\mathrm{Res})_3$ の解がちょうど 1 組だけ存在するという結果は驚くべきことです．では，同じことが $n = 4, 5, \cdots$ でも言えるのでしょうか？ これは興味深い問題ですが，容易ではなさそうです．

まず，次のことが成り立ちます：

命題 2.1 任意の自然数 $n \geqq 3$ に対して条件 $(\mathrm{Res})_n$ をみたす正整数の組の個数は有限である．

証明 $\{b_1, \cdots, b_n\}$ を $(\mathrm{Res})_n$ の解とし，これから正整数 B_i を

$$B_i = b_1 \cdots \widehat{b_i} \cdots b_n \qquad (1 \leqq i \leqq n) \tag{2.4}$$

のように定めると，条件 $(\mathrm{Res})_n$ により $B_i - 1$ は b_i で割り切れるので，その積は $b_1 \cdots b_n$ で割り切れます．したがって $B_i B_j$ $(i \neq j)$ は $b_1 \cdots b_n$ で割り切れます．ここで $B_i - 1\,(1 \leqq i \leqq n)$ の積を展開するとき，その各項について上のことに注意すると，次の性質が導かれます：

- $B_1 + \cdots + B_n - 1$ は $b_1 \cdots b_n$ で割り切れる

この商を k と書くと次の等式が得られます．

$$B_1 + \cdots + B_n = 1 + k b_1 \cdots b_n \qquad (k \in \mathbb{N}) \tag{2.5}$$

この等式の両辺を $b_1 \cdots b_n$ で割って

$$k = \frac{1}{b_1} + \cdots + \frac{1}{b_n} - \frac{1}{b_1 \cdots b_n} \in \mathbb{N} \tag{2.6}$$

が導かれます．これで解答に至る道筋が見えてきます．まず，n が与えられたとき (2.6) と $b_i \geqq 2$ から

$$k < \frac{1}{2} + \cdots + \frac{1}{2} \;=\; \frac{n}{2} \tag{2.7}$$

したがって，正整数 k の取りうる値は高々 $\left[\dfrac{n}{2}\right]$ です．この範囲の各 k について，(2.6) をみたす正整数の組 $\{b_1, \cdots, b_n\}$ の個数は有限であることを示せばよいわけです．この部分の進み方は $n = 3$ の場合における上記の解答と同じです． □

◉──$(\mathrm{Res})_4$ の決定

$n \geqq 4$ の場合に，上記の $n = 3$ の解答と同じ方針でやると，たくさんの場合分けが必要になります．ここでは，なるべく少ない場合分けで $n = 4$ のすべての解を求めることを試みます．まず (2.7) から $0 < k < \dfrac{4}{2} = 2$ が成り立ち，よって $k = 1$ であることに注意します．次に $b_i = 2 + c_i$ $(1 \leqq i \leqq 4)$ と表わすと，条件の等式 (2.5) は以下のようになります．

$$s'_4 + s'_3 = 4s'_1 + 15. \tag{2.8}$$

ここで，s'_i は $c_1, \cdots, c_4$ の基本対称式です：

$$\begin{cases} s'_1 = c_1 + c_2 + c_3 + c_4, \\ s'_3 = c_1c_2c_3 + c_1c_2c_4 + c_1c_3c_4 + c_2c_3c_4, \\ s'_4 = c_1c_2c_3c_4. \end{cases}$$

また，$c_1, \cdots, c_4$ に対する条件の対称性から以下のように仮定しても一般性を損ないません．

$$c_1 > c_2 > c_3 > c_4 \geqq 0$$

いま $c_4 > 0$ とすると $c_1 \geqq 4$，$c_2c_3 \geqq 4$ となるので

$$s'_4 \geqq 4! > 15, \quad s'_3 > 4s'_1$$

となり条件の等式 (2.8) は不成立です．これより $c_4 = 0$ (すなわち $b_4 = 2$) が判ります．すると等式 (2.8) は

$$c_1c_2c_3 = 4(c_1 + c_2 + c_3) + 15. \tag{2.9}$$

となります．この等式の両辺に c_3 を掛けて以下のように変形します：

$$(c_3c_1-4)(c_3c_2-4)=4{c_3}^2+15c_3+16.$$

いま $c_3c_1=y_1+4$, $c_3c_2=y_2+4$ とおくと上式は

$$y_1y_2=4{c_3}^2+15c_3+16 \tag{2.10}$$

となります．ここで，b_1, b_2, b_3 は各々 $b_4=2$ と素なのですべて奇数，よって c_1, c_2, c_3 も奇数であることに注意します．そこで $c_3>1$ とすると $c_3 \geqq 3$ となり $c_2 \geqq 5$, $c_1 \geqq 7$．よって

$$y_1+4=c_3c_1 \geqq 7c_3 \geqq 5c_3+6, \qquad y_1 \geqq 5c_3+6$$

$$y_2+4=c_3c_2 \geqq 5c_3 \geqq 3c_3+6, \qquad y_2 \geqq 3c_3+2.$$

これより

$$y_1y_2 \geqq (5c_3+2)(3c_3+2),$$

$$4{c_3}^2+15c_3+16 \geqq (5c_3+2)(3c_3+2),$$

$$12 \geqq c_3(11c_3+1) \geqq 3(33+1)=102$$

となり矛盾が生じます．以上から $c_3=1\,(b_3=3)$ が導かれます．これを (2.10) に代入して

$$y_1y_2=4{c_3}^2+15c_3+16=35$$

35 の分解から 2 つの正整数解

$$(y_1,\, y_2)=(35,1),\ \ (7,5)$$

が得られます．このとき

$$(c_1,\, c_2)=(y_1+4,\, y_2+4)=(39,5),\ \ (11,9),$$

すなわち

$$(b_1,\, b_2)=(41,7),\ \ (13,11).$$

以上から $(\mathrm{Res})_4$ をみたす正整数の組は

$$\{b_1,\, b_2,\, b_3,\, b_4\} = \{2, 3, 7, 41\},\quad \{2, 3, 11, 13\}$$

の 2 個に限ることが示されました.

$n = 5$ の場合にも，$n = 3, 4$ の場合より複雑になりますが，基本的には同じ方法で課題 2.2 を解くことができます．その結果を以下の表 2.1 に記し，読者への宿題 (章末問題 1) とします.

表 2.1　$(\mathrm{Res})_n$　$(n = 3, 4, 5)$ の正整数解

n	$\{b_1, \cdots, b_n\}$
3	$\{2, 3, 5\}$
4	$\{2, 3, 7, 41\}, \{2, 3, 11, 13\}$
5	$\{2, 3, 7, 43, 1805\}, \{2, 3, 7, 83, 85\}, \{2, 3, 11, 17, 59\}$

このように，条件 $(\mathrm{Res})_n$ をみたす正整数の組を求める問題は，$n = 3, 4, 5$ の場合には解の個数がそれぞれ 1, 2, 3 という具合に限定され，合同式に関する問題としては意外な結果になります.

●——$(\mathrm{Res})_6$, $(\mathrm{Res})_7$ —— 本多和久君の探索結果

そこで，もっと大きな n についてはどうか，と考えたくなるのが当然です．例えば，$n = 3, 4, 5$ の場合の上述の結果から類推すると，次のように予想 (期待) したくなります：

- $n = 6$ のとき解の個数は 4 ではないだろうか？

しかし，$n \geqq 6$ の場合，すべての解を求めるのは決して容易なことではありません．筆者の研究室では，セミナーで折に触れこの問題を提起して来ましたが，挑戦する者がないまま約 15 年の時間が経過しました．このような状況で，2009 年に早稲田大学の大学院生本多和久君によって計算機を用いた探索が行われ，$(\mathrm{Res})_6$ の解は全部で 17 組存在することが確定しました．その結果，上記の安易な類推が裏切られると同時に，この問題のもつ複雑さも明らかになりました.

$n = 6$ の場合の解を表にすると次の表 2.2 のようになります.

表 **2.2**　$(\mathrm{Res})_6$ の正整数解

$\{b_1,\cdots,b_n\}$	$\{b_1,\cdots,b_n\}$
$\{2,3,7,53,271,799\}$,	$\{2,3,7,47,481,2203\}$,
$\{2,3,7,43,3611,3613\}$,	$\{2,3,7,43,3041,4447\}$,
$\{2,3,7,43,2501,6499\}$,	$\{2,3,7,43,2167,10841\}$,
$\{2,3,7,43,2053,15011\}$,	$\{2,3,7,43,1945,25271\}$,
$\{2,3,7,43,1901,36139\}$,	$\{2,3,11,23,31,47057\}$,
$\{2,3,7,43,1871,51985\}$,	$\{2,3,7,71,103,61429\}$,
$\{2,3,7,43,1825,173471\}$,	$\{2,3,7,43,1819,252701\}$,
$\{2,3,7,43,1811,654133\}$,	$\{2,3,7,47,395,779729\}$,
$\{2,3,7,43,1807,3263441\}$	

本多君は $n=7$ の場合の探索にも挑戦しました．その結果，$(\mathrm{Res})_7$ には以下の表 2.3 のように，全部で 27 個の解が存在することが判明しました．

表 **2.3**　$(\mathrm{Res})_7$ の正整数解

$\{b_1,b_2,b_3,b_4,\cdots,b_7\}$
$\{2,3,7,43,2533,7807,32435\}$, $\{2,3,7,43,1907,43115,163073\}$,
$\{2,3,7,47,449,3299,3795912\}$, $\{2,3,7,71,103,67213,713863\}$,
$\{2,3,7,59,163,1381,775807\}$, $\{2,3,7,43,1807,6526883,6526885\}$,
$\{2,3,7,43,1907,34165,17766223\}$, $\{2,3,7,43,2159,11047,98567401\}$,
$\{2,3,7,43,3307,3979,642279641\}$, $\{2,3,7,47,395,779819,6832003021\}$,
$\{2,3,7,47,395,788491,70175789\}$, $\{2,3,7,47,395,1559459,1559461\}$,
$\{2,3,7,47,401,25535,1837531099\}$, $\{2,3,7,47,403,19403,15435513365\}$,
$\{2,3,7,47,415,8111,6644612309\}$, $\{2,3,7,47,583,1223,1407479765\}$,
$\{2,3,7,55,179,24323,10057317269\}$, $\{2,3,7,71,103,61441,319853515\}$,
$\{2,3,7,71,103,61477,79005919\}$, $\{2,3,7,71,103,61559,29133437\}$,
$\{2,3,7,71,103,61955,7238201\}$, $\{2,3,7,71,103,62857,2704339\}$,
$\{2,3,7,47,395,779731,607979652629\}$,
$\{2,3,7,43,1823,193667,637617223445\}$,
$\{2,3,7,43,1807,3263443,10650056950805\}$,
$\{2,3,11,23,31,94115,94117\}$, $\{2,3,11,23,31,47059,2214502421\}$

シルヴェスター数の森の探検

標題の**シルヴェスター数**とは，条件 $(\mathrm{Res})_n$ をみたす正整数の組の列を「生成する」特殊な数列のことで，第 1 章の**フェルマー数** と対比されるものとして登場します —— 素数の無限性をめぐる私たちの探検で，この数列との遭遇 (出会い) の場面を記述するのがこの節の目的です.

これまでの探索 (計算) 結果から，集合 $(\mathrm{Res})_n$ は n とともに急速に増大することが予想されますが，その大きさ (個数) の正確な記述や，すべての n に対する全体の様子は，今のところまったく予測不能で，あたかもジャングルのような様相を呈しています．しかし，以下の 2 つの性質は間違いなく成立しそうです.

- 任意の n $(n \geqq 3)$ について $(\mathrm{Res})_n$ に解が存在する
- $(\mathrm{Res})_n$ の大きさは n とともに単調に増大する

ではこれらを「証明」するにはどうすればよいでしょうか？

◉——存在証明：シルヴェスターの数列

上記の予想を解くヒントは，定石通りにこれまでの $n = 3, \cdots, 7$ に対する結果を注意深く観察することです．これらのデータをよく見ると，異なる n に対して，成分のいくつかを共有する解がたびたび現われます．とくに $(\mathrm{Res})_7$ の解

$$A_7 = \{2, 3, 7, 43, 1807, 3263443, 10650056950805\}$$

に注目すると以下のような解の列が見つかります：

$$\begin{aligned} A_7 \longrightarrow A_6 &= \{2, 3, 7, 43, 1807, 3263441\} \in (\mathrm{Res})_6 \\ \longrightarrow A_5 &= \{2, 3, 7, 43, 1805\} \in (\mathrm{Res})_5 \\ \longrightarrow A_4 &= \{2, 3, 7, 41\} \in (\mathrm{Res})_4 \\ \longrightarrow A_3 &= \{2, 3, 5\} \in (\mathrm{Res})_3 \end{aligned} \tag{2.11}$$

この列がもつ**規則性**(パターン)を解明すれば，矢印の向きをさかのぼって

$$A_8, A_9, \cdots, A_n, \cdots, \qquad A_n \in (\mathrm{Res})_n$$

を求めることができるのではないでしょうか？

このように考えることは「数の密林」における探検の中でも，最高にドキドキ・ワクワクする場面です !!

実際に少し詳しく眺めると，(2.11) の列 $A_3, A_4, \cdots, A_7$ の成分について，以下のような規則性に気付きます：$A_n = \{b_1, b_2, \cdots, b_n\}$ と書くとき

$$\begin{cases} 1. \quad A_m \ = \ \{b_1, \cdots, b_{m-1}, b_m - 2\} \qquad (2 < m < n) \\ 2. \quad b_n \ = \ b_1 b_2 \cdots b_{n-1} - 1 \\ 3. \quad b_m - 1 \ = \ b_{m-1}(b_{m-1} - 1) \qquad (1 < m < n) \end{cases}$$

これらの規則はどれも，第 1 章で現われたものと酷似しています．とくに，規則 2. の右辺は，ユークリッド『原論』の証明に登場した式 (2.1) と定数項の符号が異なるだけです！ また規則 3. は，フェルマー数 F_n と F_{n-1} の間に成立する，次の関係式 (命題 1.1 の証明中の等式) とソックリです：

$$F_n - 2 = F_{n-1}(F_{n-1} - 2).$$

そこで規則 3. の規則性がすべての m で成立するように正整数の数列を求めます．すなわち数列 a_n を次の漸化式によって定めます (初項 a は任意)：

$$a_{n+1} = a_n(a_n - 1) + 1, \qquad a_1 = a \ (\geqq 2). \tag{2.12}$$

$a = 2$ のとき，この数列は**シルヴェスター数列**という名で呼ばれます．その最初の 6 項を計算すると次のようになり，A_6, A_7 の成分が再現されます：

$$a_1 = 2,\ a_2 = 3,\ a_3 = 7,\ a_4 = 43,\ a_5 = 1807,\ a_6 = 3263443.$$

これで $A_8, A_9, \cdots$ の姿が見えてきました．規則 1. を逆に利用して，任意の自然数 n $(n \geqq 3)$ に対して

$$A_n = \{a_1, \cdots, a_{n-1}, a_n - 2\} \tag{2.13}$$

とおきます．このとき A_n が $(\mathrm{Res})_n$ の解となることが期待されますが，このことは以下の定理 2.1 で証明されます —— かくして，n の増大とともに「ジャングル」の様相を呈する $(\mathrm{Res})_n$ $(n \geqq 3)$ の解集合の中にひとすじの「径(みち)」が見

えてきました！

まず，数列 a_n が，**初項に無関係に**課題 2.1 の解を与えることを観察します．その証明もフェルマー数の場合ときわめて似ています．

命題 2.2 漸化式 (2.12) で定まる数列 $\{a_n\}$ は，任意の初項値 $a \geqq 2$ に対して (CP) をみたす．

証明 漸化式 (2.12) を繰り返し用いると，$n > m$ のとき

$$\begin{aligned} a_n - 1 &= a_{n-1}(a_{n-1} - 1) \\ &= a_{n-1}a_{n-2}(a_{n-2} - 1) \\ &= \cdots \\ &= a_{n-1}a_{n-2}\cdots a_m(a_m - 1) \end{aligned} \tag{2.14}$$

が成立することが示されます．これより a_m, a_n の公約数 d は 1 の約数，すなわち $d = 1$ となります． □

これからフェルマー数列の場合と同様に各 a_n から 1 つの素因子を選ぶことによって，素数 $p_1, p_2, \cdots, p_n, \cdots$ の「無限列」が得られます!!

また，証明中の等式で $m = 1$ とおき，初項 $a_1 = 2$ に注意すれば，シルヴェスター数列が，上で観察した規則 2. をみたしていることが確認できます．これは次の形の漸化式と同値です：

$$a_n - 1 = a_{n-1}a_{n-2}\cdots a_1 \tag{2.15}$$

●——シルヴェスター数列の特徴付け

ここでシルヴェスター数列を特徴付ける，もう 1 つの興味深い性質を観察します．そのため，まず (2.14) の第 1 式において $n \to n+1$ とすると

$$a_{n+1} - 1 = a_n(a_n - 1) \tag{2.16}$$

この両辺の逆数から

$$\frac{1}{a_{n+1}-1}=\frac{1}{a_n-1}-\frac{1}{a_n} \tag{2.17}$$

という等式を得ます.

命題 2.3 初項が $a_1=2$ である数列 $\{a_n\}$ について，以下の 4 個の条件は同値である.

(i) $\{a_n\}$ はシルヴェスター数列である.

(ii) $a_n = a_1 \cdots a_{n-1}+1 \qquad (n \geqq 2)$.

(iii) $\dfrac{1}{a_1}+\cdots+\dfrac{1}{a_{n-1}}+\dfrac{1}{a_n-1} = 1 \qquad (n \geqq 2)$.

(iv) $\dfrac{1}{a_1}+\cdots+\dfrac{1}{a_{n-1}}+\dfrac{1}{a_1\cdots a_{n-1}} = 1 \qquad (n \geqq 2)$.

証明 (i) と (ii) の同値性はすでに命題 2.2 の直後の (2.15) で観察しました. 次に (i) ⇒ (iii) を示します. すなわち，シルヴェスター数列 $\{a_n\}$ が (iii) をみたすことを n の帰納法で示します. $n=2$ のときは $a_1=2, a_2=3$ によって等式は成立. 帰納法の仮定として n における等式 (iii) の成立を仮定します. このとき左辺の最後の項を (2.17) を用いて書き直すと，$n+1$ における等式

$$\frac{1}{a_1}+\cdots+\frac{1}{a_{n-1}}+\frac{1}{a_n}+\frac{1}{a_{n+1}-1}=1$$

が導かれ，帰納法が成立します. 逆に，等式 (iii) が n および $n+1$ の両方で成立するとき，これらを左辺・右辺どうしで比較すると等式 (2.17) が得られます. (2.17) は (2.16) と同値ですから，結局，すべての $n \geqq 2$ で (iii) が成立するとき，$a_1=2$ という前提の下で $\{a_n\}$ はシルヴェスター数列となることが判ります. これで (iii) ⇒ (i) が示されました. (i) ⇒ (iv) および (iv) ⇒ (i) もほぼ同様にして示されます. □

定理 2.1 シルヴェスター数列 $\{a_n\}$ の項から (2.13) により定まる正整数の組 A_n は，任意の $n \geqq 3$ に対して条件 $(\mathrm{Res})_n$ をみたす.

証明 等式 (2.15) と，これに -1 を加えたものの比を取ると，次の等式が得られます.

$$\frac{a_n-2}{a_n-1}=\frac{a_1\cdots a_{n-1}-1}{a_1\cdots a_{n-1}} = 1-\frac{1}{a_1\cdots a_{n-1}}$$

この両辺を a_n-2 で割って

$$\frac{1}{a_n-1}=\frac{1}{a_n-2}-\frac{1}{a_1\cdots a_{n-1}(a_n-2)}$$

これを命題 2.3 (iii) の左辺の最後の項に代入すると，シルヴェスター数列 $\{a_n\}$ が任意の $n \geqq 2$ に対して

$$\frac{1}{a_1}+\cdots+\frac{1}{a_{n-1}}+\frac{1}{a_n-2}=1+\frac{1}{a_1\cdots a_{n-1}(a_n-2)} \tag{2.18}$$

という等式をみたすことが導かれます．ここで

$$A_n=(b_1,\cdots,b_{n-1},b_n)$$

とおくと，この等式は

$$\frac{1}{b_1}+\cdots+\frac{1}{b_n}=1+\frac{1}{b_1\cdots b_n} \tag{2.19}$$

となります．この両辺に $b_1\cdots b_n$ を掛けて B_i を (2.4) のように定めると上式は次のように変形されます．

$$B_1+\cdots+B_n=1+b_1\cdots b_n \tag{2.20}$$

これで条件 $(\mathrm{Re})_n$ は一目瞭然です！ □

(2.5) と (2.20) を見比べると，シルヴェスター数列 $\{a_n\}$ の占める位置が見えてきます．すなわち数列 $\{a_n\}$ は (2.5) において $k=1$ となる組に対応します．

そこで，条件 $(\mathrm{Res})_n$ を k の値で分類することを考えます．すなわち，k の値を指定した場合の条件 (2.5) を記号 $(\mathrm{Res}^{(k)})_n$ で表わすと

$$(\mathrm{Res})_n=\bigcup_{k=1}^{[\frac{n}{2}]}(\mathrm{Res}^{(k)})_n \tag{2.21}$$

のように細分されます．ここで (2.7) により $k \geqq \dfrac{n}{2}$ のときは $(\mathrm{Res}^{(k)})_n=\emptyset$ となって解をもたないことに注意します．

●—— $(\mathrm{Res})_n \overset{?}{=} (\mathrm{Res}^{(1)})_n$

$n=3,4$ の場合は，$(\mathrm{Res})_n$ の任意の解について $k=1$ となることを観察しました．そこで，$n>4$ の場合に $(\mathrm{Res}^{(k)})_n$，$k \geqq 2$ が解をもつかどうか，気になるところです．この問題は以下の命題 2.4 の証明が示すように，素数の分布の問題とも関連していて，簡単ではなさそうですが，答は否定的であると予想されます．

命題 2.4　$n \leqq 58$ のとき $(\mathrm{Res})_n = (\mathrm{Res}^{(1)})_n$ である．すなわち $k \geqq 2$ のとき $(\mathrm{Res}^{(k)})_n$, $n \leqq 58$ は解をもたない．

証明　$\{b_1, \cdots, b_n\}$ が $(\mathrm{Res}^{(k)})_n$ の解であるとします．このとき $b_1, \cdots, b_n$ はどの 2 つも互いに素な正整数ですから，共通の素因子をもちません．いま，各 b_j $(1 \leqq j \leqq n)$ から素因子を 1 個ずつ選んで，これらを大きさの順に並べたものを $p_1, \cdots, p_n$ とすると，

$$p(j) \leqq p_j \qquad (1 \leqq j \leqq n)$$

が成立します．ここで $p(j)$ は素数全体のなかで j 番目に大きなものを表わします．すると，明らかに次の不等式が成り立ちます．

$$\begin{aligned} k < k + \frac{1}{b_1 \cdots b_n} &= \frac{1}{b_1} + \cdots + \frac{1}{b_n} \\ &\leqq \frac{1}{p_1} + \cdots + \frac{1}{p_n} \leqq \sum_{j=1}^{n} \frac{1}{p(j)} =: \xi(n) \end{aligned}$$

最後に現われた素数の逆数和に関して，その極限が発散することはよく知られています：

$$\lim_{n\to\infty} \xi(n) = \sum_p \frac{1}{p} = \infty \tag{2.22}$$

これは第 1 章に登場した「等式」

$$\zeta(1) = \sum_{n=1}^{\infty} \frac{1}{n} = \infty$$

と同値です (章末問題 2 参照). したがって,

$$\xi(n) \leqq 2 < \xi(n+1)$$

をみたす $n \in \mathbb{N}$ が確定します. 実際 $p(58) = 271$, $p(59) = 277$ について

$$\xi(58) = \sum_{p \leqq 271} \frac{1}{p} = 1.99874\cdots,$$
$$\xi(59) = \sum_{p \leqq 277} \frac{1}{p} = 2.00235\cdots$$

となります. かくして

$$n \leqq 58 \Longrightarrow k < 2 \Longrightarrow k = 1$$

となることが示されました. □

定理 2.1 における解の列 A_n の発見の「糸口」は, 小さな n $(3 \leqq n \leqq 7)$ に対して具体的計算で求めた, $(\mathrm{Res})_n$ の解である正整数の組の観察でした. この解の表をもう一度眺めると, 解の中にその成分のうち最大の 2 数を除いたものが A_n の $(n-2)$ 個の成分と一致するもの $A'_n \in (\mathrm{Res})_n$ が見つかります. こうして

$$\begin{aligned} A'_7 &= \{2, 3, 7, 47, 395, 1559459, 1559461\} \in (\mathrm{Res})_7 \\ &\longrightarrow A'_6 = \{2, 3, 7, 43, 3611, 3613\} \in (\mathrm{Res})_6 \\ &\longrightarrow A'_5 = \{2, 3, 7, 83, 85\} \in (\mathrm{Res})_5 \\ &\longrightarrow A'_4 = \{2, 3, 11, 13\} \in (\mathrm{Res})_4 \end{aligned} \tag{2.23}$$

という解の列が存在することが判ります. 今度は, このデータから $n \geqq 8$ の場合の解 $A'_n \in (\mathrm{Res})_n$ の形を予想するのは容易です！ その結果は次の定理です.

定理 2.2 $\{a_n\}$ をシルヴェスター数列とするとき, 任意の自然数 $n\,(n \geqq 4)$ に対して

$$A'_n = \{a_1, \cdots, a_{n-2}, 2a_{n-1} - 3, 2a_{n-1} - 1\}$$

は $(\mathrm{Res}^{(1)})_n$ の解である.

証明　$\{b_1, \cdots, b_n\} \in (\mathrm{Res}^{(1)})_n$ は等式 (2.19) と同値ですから，定理の主張は次の等式と同値です：

$$\frac{1}{a_1} + \cdots + \frac{1}{a_{n-2}} + \frac{1}{2a_{n-1}-3} + \frac{1}{2a_{n-1}-1} - \frac{1}{a_1 \cdots a_{n-2}(2a_{n-1}-3)(2a_{n-1}-1)} = 1 \tag{2.24}$$

これと，すでに示された命題 2.3 の等式 (ii)

$$\frac{1}{a_1} + \cdots + \frac{1}{a_{n-1}} + \frac{1}{a_n - 1} = 1$$

を比較すると，結局，主張は次の等式に帰着します.

$$\frac{1}{a_{n-1}} + \frac{1}{a_n - 1} = \frac{1}{2a_{n-1}-3} + \frac{1}{2a_{n-1}-1} - \frac{1}{a_1 \cdots a_{n-2}(2a_{n-1}-3)(2a_{n-1}-1)} \tag{2.25}$$

$a_n - 1 = a_1 \cdots a_{n-1}$, $a_{n-1} - 1 = a_1 \cdots a_{n-2}$ に注意して変形すると左辺は

$$\frac{1}{a_{n-1}} + \frac{1}{a_n - 1} = \frac{a_1 \cdots a_{n-2} + 1}{a_1 \cdots a_{n-1}} = \frac{a_{n-1}}{a_1 \cdots a_{n-1}} = \frac{1}{a_1 \cdots a_{n-2}} = \frac{1}{a_{n-1} - 1}$$

同様に右辺の最初の 2 項の和は

$$\frac{1}{2a_{n-1}-3} + \frac{1}{2a_{n-1}-1} = \frac{4(a_{n-1}-1)}{(2a_{n-1}-3)(2a_{n-1}-1)}$$

と変形されます．したがって (2.25) の右辺は

$$\frac{4(a_{n-1}-1)^2 - 1}{(a_{n-1}-1)(2a_{n-1}-3)(2a_{n-1}-1)} = \frac{1}{a_{n-1} - 1}$$

となって左辺と一致します．これで等式 (2.24)，したがって $A'_n \in (\mathrm{Res}^{(1)})_n$ が証明されました. □

かくして解の「無限列」が 2 つ発見できました (定理 2.1，定理 2.2)．すなわち，シルヴェスター数列 a_n から任意の $n \geqq 3$ に対して

$$\begin{cases} A_n = \{a_1, \cdots, a_{n-1}, a_n - 2\}, \\ A'_n = \{a_1, \cdots, a_{n-2}, 2a_{n-1} - 3,\ 2a_{n-1} - 1\} \end{cases}$$

とおくとき A_n, A'_n は $(\mathrm{Res}^{(1)})_n$ の解となります．$A_3 = A'_3$ であることから，これらは図 2.1 のように 1 点から発する 2 本の放射線の対のようになっています．その現われ方から，$\{A_n\}$ を主線，$\{A'_n\}$ を副線と呼ぶのが適切と思われます．

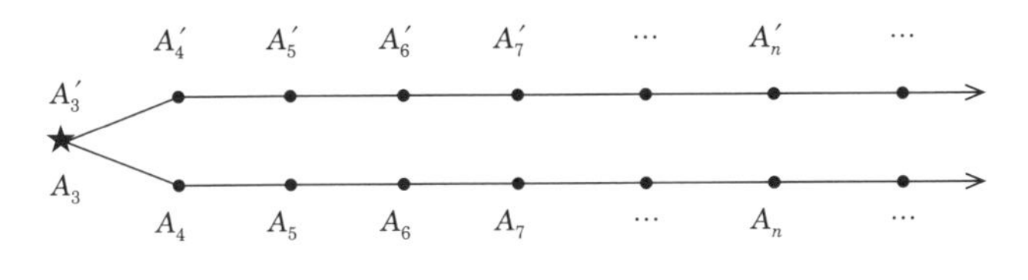

図 **2.1**　解の放射線対

さて，$(\mathrm{Res}^{(1)})_n$ の解の中には，ほかにもこのような放射線をなす列があるかも知れません．そこで A_n から A_{n+1} が漸化式 (2.13) で決定されるプロセスを一般的に表現し，以下のような定義をします．

定義 2.1　正整数の組の対からなる列 $\{P_n, P'_n\}_{n \geqq n_0}$ が，以下の条件 (Ray-0), (Ray-1), (Ray-2) をみたすとき，この列を解の**放射線対**，P_{n_0} をその**始発解**と呼ぶ．

(Ray-0)　$P_{n_0} = P'_{n_0}$,

(Ray-1)　$P_n, P'_n \in (\mathrm{Res}_n^{(1)}) \qquad (\forall\, n \geqq n_0)$

(Ray-2)　P_{n+1}, P'_{n+1} は P_n から以下のように帰納的に定まる $(n \geqq n_0)$：
$P_n = \{x_1, \cdots, x_n\}$, $x_{n+1} = (x_n + 2)(x_n + 1) - 1$ と書くとき

$$\begin{cases} P'_{n+1} = \{x_1, \cdots, x_{n-1},\ 2x_n + 1,\ 2x_n + 3\}, \\ P_{n+1} = \{x_1, \cdots,\ x_{n-1},\ x_n + 2,\ x_{n+1}\}. \end{cases} \tag{2.26}$$

定理 2.1，定理 2.2 は点 A_3 を始発解とする解の放射線対に対応します．さて，これまでのデータを比較すると，このほかにも次の 2 つの解が $n_0=6$, $n=7$ に対して (Ray-2) の関係をみたすことが判ります：

$$\begin{cases} B_6 = \{2,3,11,23,31,47057\} \; = \; B'_6, \\ B_7 = \{2,3,11,23,31,47059,2214502421\}, \\ B'_7 = \{2,3,11,23,31,94115,94117\}, \end{cases}$$

$$\begin{cases} C_6 = \{2,3,7,47,395,779729\} \; = \; C'_6, \\ C_7 = \{2,3,7,47,395,779731,607979652629\}, \\ C'_7 = \{2,3,7,47,395,1559459,1559461\}, \end{cases}$$

さらに，B_7, C_7 から再度 (Ray-2) を適用して得られる正整数の組

$$\begin{cases} B_8 \; = \; \{2,3,11,23,31,47059,2214502423,4904020979258368505\}, \\ B'_8 \; = \; \{2,3,11,23,31,47059,4429004843,4429004845\}, \\ C_8 \; = \; \{2,3,7,47,395,779731,607979652631,369639258012703445569529\}, \\ C'_8 \; = \; \{2,3,7,47,395,779731,1215959305259,1215959305261\} \end{cases}$$

は実際に $(\mathrm{Res}^{(1)})_8$ の解であることが確かめられます．念のため，B_8, C_8 から，もう一度 (Ray-2) によって求めた 4 個の組 B_9, B'_9, C_9, C'_9 はやはり $(\mathrm{Res}^{(1)})_9$ の解となります．

以上から，(Ray-2) により帰納的に定まる正整数の組が $(\mathrm{Res}^{(1)})_n$ の解の (無限) 放射線対を構成することは間違いなさそうです！ こうして，シルヴェスター数列から得られる無限列の対 $\{A_n\}$, $\{A'_n\}$ とは異なる解の放射線対が見つかりました．このことを定理として述べておきます．その証明は今の時点ではかなり難しいのですが，次節の定理 2.7 のあたりで明らかになります．

定理 2.3 不定方程式 $(\mathrm{Res}^{(1)})_n$ $(n \geqq 6)$ の系に対して，2 点 B_6, C_6 をそれぞれの始発解 $(n_0=6)$ とする解の放射線対が存在する．

同様に，上記データの $(\mathrm{Res}^{(1)})_7$ の各組 P_7 から (Ray-2) によって得られる

正整数の組 P_8, P'_8 が $(\mathrm{Res}^{(1)})_8$ の解となるものを探すと，そのような組 P_7 が 5 個見つかります：

定理 2.4 不定方程式系 $(\mathrm{Res}^{(1)})_n$ $(n \geqq 7)$ に対して，以下の 4 点をそれぞれの始発解 $(n_0 = 7)$ とする，解の放射線対が存在する：

$$\begin{cases} D_7 = \{2, 3, 7, 43, 1823, 193667, 637617223445\}, \\ E_7 = \{2, 3, 7, 47, 403, 19403, 15435513365\}, \\ F_7 = \{2, 3, 7, 47, 415, 8111, 6644612309\}, \\ G_7 = \{2, 3, 7, 47, 583, 1223, 1407479765\}, \\ H_7 = \{2, 3, 7, 55, 179, 24323, 10057317269\}. \end{cases}$$

このように，n の増加とともに密林の様相を呈する集合 $(\mathrm{Res}^{(1)})_n$ の中に，「放射線状の無限列」の対がいくつも存在することが判りました．これを図示すると図 2.2 (次ページ) のようになります (星印は放射線対の始発解)．その様子は，まるで大都市の道路網のようです —— 「素数の密林」の探検の結果，古代都市の遺跡のような構造を発見した，というわけです．

ようやく課題 2.2 の解の構造らしいものが見えてきました．しかし，これですべてが解明されたわけではありません．まず，上に定理 2.3，定理 2.4 として述べたことは，いくつかの n についての観察から一般にも成立することが確実と思われる結果であって，現段階では「予想」というべきものです．

では，どうすれば証明できるのでしょうか？

数学的帰納法を用いればよさそうに思えますが，$(\mathrm{Res}^{(1)})_n$ の解 P_n $(P_n = B_n, C_n, \cdots, H_n)$ から (Ray-2) により組 P_{n+1}, P'_{n+1} を定めるとき，これが (Ray-1) をみたすこと，すなわち $P_{n+1}, P'_{n+1} \in (\mathrm{Res}^{(1)})_{n+1}$ となることを直接に確認しようとすると，計算が複雑になってお手上げ (迷宮入り) となります．実際，一般の解 $P_n \in (\mathrm{Res}^{(1)})_n$ について同様な性質は成立しません．

そこで以下の (Q-1) のような問が生じます．また，図 2.2 を眺めるとさらに (Q-2), (Q-3) のような疑問も湧いてきます．

(Q-1) 解 P_n が放射線 (主線) 上の解であるか否かを判定する規準は何か？

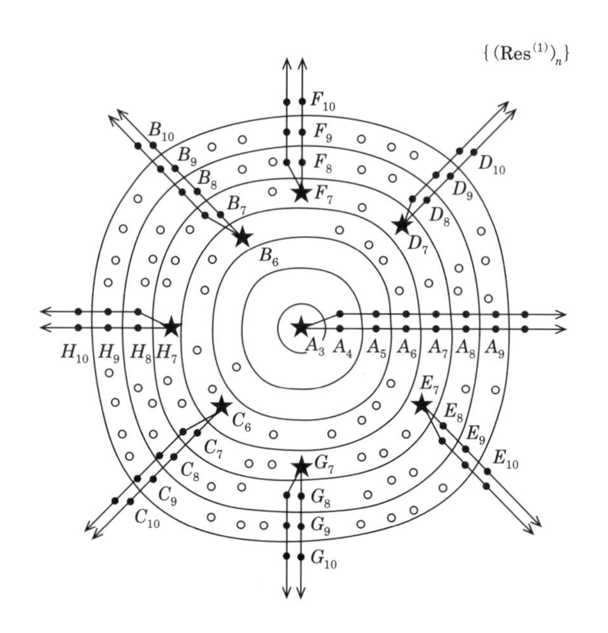

図 2.2　$\bigcup_{n \geqq 3} (\mathrm{Res}^{(1)})_n$ の構造

(Q-2)　解の放射線が主線・副線の対になって現われるのはなぜか？

(Q-3)　放射線外の解 (図 2.2 の白丸) はどのように生じるのか？ その求め方は？

これまでに観察した，問題の複雑さを考えると，以上の問に答えることはどれも容易ではなさそうに思われます．次の節では，そのカギを求める探検を行ないます．

「鏡の森」のシルヴェスター

前節の疑問を解くカギは，問題の不定方程式 $(\mathrm{Res}^{(1)})_n$ だけに集中するのでなく，これと対をなすもう 1 つの不定方程式を同時に考察することにあります．喩えて言えば，$(\mathrm{Res}^{(1)})_n$ を「鏡」に映して眺めることによって思いがけないヒントが得られ，疑問が解決されます．

命題 2.4 の証明で気づくことは，$(\mathrm{Res}^{(1)})_n$ の解において重要なのは，成分の順序ではなく，それらの逆数和や積ですから問題の等式は解の成分の「対称式」となります．このことに注意して視点を少し改め，条件 $(\mathrm{Res}^{(1)})_n$ を基本対称式を用いて表わすことにします．すなわち (2.20) によって，この条件は不定方程式

$$(\mathrm{Res}^{(1)})_n \,:\, s_n^{(n)} + 1 = s_{n-1}^{(n)} \tag{2.27}$$

で表現されます．ここで $s_i^{(n)}$ $(i = n-1, n)$ は未知数 $x_1, \cdots, x_n$ に関する i 次基本対称式を表わします．

これに対して，(2.27) の定数項 1 の位置を，等号 $=$ を中心として左右に逆転した方程式，いわば (2.27) の「鏡像」を記号 $(\mathrm{Res}^{(1)})_n^*$ で表わします：

$$(\mathrm{Res}^{(1)})_n^* \,:\, s_n^{(n)} = s_{n-1}^{(n)} + 1 \tag{2.28}$$

ただし $s_0^{(1)} = 1$ と約束しておきます．これより $(\mathrm{Res}^{(1)})_1^*$ は $x_1 = 1 + 1 = 2$ と同値です．

さて，不定方程式 $(\mathrm{Res}^{(1)})_n$ には標準的とも言える解の列 $\{A_n\}_{n \geqq 3}$ が存在しましたが，$(\mathrm{Res}^{(1)})_n^*$ にもこれと対応する標準解の列があります．その成分はこちらの方がスッキリしています：

定理 2.5　$\{a_n\}$ をシルヴェスター数列とするとき，任意の自然数 n に対して

$$\{x_1, x_2, \cdots, x_n\} = \{a_1, a_2, \cdots, a_n\}$$

は不定方程式 (2.28) の解である．また，このような性質をもつ数列はシルヴェスター数列に限る．

証明　シルヴェスター数列を特徴付ける命題 2.2 の条件 (iv) において $n \to n+1$ とすることにより

$$\frac{1}{a_1} + \cdots + \frac{1}{a_n} + \frac{1}{a_1 \cdots a_n} = 1 \qquad (n \geqq 2) \tag{2.29}$$

が導かれます．この両辺に $a_1 \cdots a_n$ を掛けると

$$s_{n-1} + 1 = s_n$$

となって $(\mathrm{Res}^{(1)})_n^*$ がみたされます．このように，$n \geqq 2$ のとき $(\mathrm{Res}^{(1)})_n^*$ はシルヴェスター数列を定める命題 2.2 の条件 (iv) と同値になります．後半は，$(\mathrm{Res}^{(1)})_1^*$ が $x_1 = 2$ と同値であることからまず $x_1 = a_1$ が成立し，$n \geqq 2$ のときは上の注意から $x_n = a_n$ が導かれます． □

$$
\begin{aligned}
A_1^* = \{2\} \longrightarrow A_2^* = \{2,3\} \longrightarrow A_3^* = \{2,3,7\} \\
\longrightarrow A_4^* = \{2,3,7,43\} \longrightarrow \cdots \\
\longrightarrow A_n^* = \{2,3,\cdots,a_n\} \longrightarrow \cdots
\end{aligned}
$$

定理 2.5 は，シルヴェスター数列 $\{a_n\}$ が不定方程式の系 $\{(\mathrm{Res}^{(1)})_n^*\}$ に対して，「鏡の森」の中心 $A_1^* = \{2\}$ を始発解とするという意味で，最も純正な「解の放射線」を生成するということを表わしています．

そこで，$\{(\mathrm{Res}^{(1)})_n^*\}$ においても以下のように解の**放射線**を定義します．

定義 2.2　不定方程式 (2.28) の系 $(n = 1,2,3,\cdots)$ において，正整数の組 P_n のなす列 $\{P_n\}_{n \geqq n_0}$ が，以下の条件 (Ray-1)*, (Ray-2)*, (Ray-3)* をみたすとき，P_{n_0} を**始発解**とする解の**放射線**をなすと呼ぶ．

(Ray-1)*　$P_n \in (\mathrm{Res}_n^{(1)})$　$(n \geqq n_0)$

(Ray-2)*　$n \geqq n_0$ に対して

$$P_n = \{x_1, \cdots, x_n\}, \quad x_{n+1} := x_1 \cdots x_n + 1$$

とおくとき $P_{n+1} = \{x_1, \cdots, x_n, x_{n+1}\}$.

(Ray-3)*　n_0 は (Ray-1)*, (Ray-2)* をみたす解の列 $\{P_n\}_{n \geqq n_0}$ が存在する自然数の最小値である．

一方，$(\mathrm{Res}^{(1)})_n^*$ を個々の n について解くと，以下の表 2.4 のようになります：

表 2.4　$(\mathrm{Res}^{(1)})^*_n$ の正整数解 $(1 \leqq n \leqq 6)$

n	$\{b_1, \cdots, b_n\}$
1	$A:\{2\}$
2	$A:\{2,3\}$
3	$A:\{2,3,7\}$
4	$A:\{2,3,7,43\}$,
5	$A:\{2,3,7,43,1807\}$, $B:\{2,3,11,23,31\}$, $C:\{2,3,7,47,395\}$
6	$A:\{2,3,7,43,1807,3263443\}$, $B:\{2,3,11,23,31,47059\}$, $C:\{2,3,7,47,395,779731\}$, $D:\{2,3,7,43,1823,193667\}$, $E:\{2,3,7,47,403,19403\}$, $F:\{2,3,7,47,415,8111\}$, $G:\{2,3,7,47,583,1223\}$, $H:\{2,3,7,55,179,24323\}$

命題 2.5　n 個の正整数の組 $P_n = \{x_1, \cdots, x_n\}$ に対して x_{n+1}, P_{n+1} を次のように定める：

$$\begin{cases} x_{n+1} = x_1 \cdots x_n + 1, \\ B_{n+1} = \{x_1, \cdots, x_n, x_{n+1}\}. \end{cases} \tag{2.30}$$

このとき

(i)　$P_n \in (\mathrm{Res}^{(1)})^*_n$ と $P_{n+1} \in (\mathrm{Res}^{(1)})^*_{n+1}$ は同値である.

(ii)　(i) のもとで, $\{x_1, \cdots, x_n, x\}$ の形の $(\mathrm{Res}^{(1)})^*_{n+1}$ の解は P_{n+1} に限る.

証明　(i)　$x_1, \cdots, x_n$ の基本対称式を用いて表現すると

$$\begin{aligned} & P_n \in (\mathrm{Res}^{(1)})^*_n \\ & \quad \Longleftrightarrow \ s_n = s_{n-1} + 1 \\ & \quad \Longleftrightarrow \ s_n(s_n + 1) = (s_{n-1} + 1)(s_n + 1) \\ & \quad \Longleftrightarrow \ s_n(s_n + 1) = (s_n + 1)s_{n-1} + s_n + 1 \\ & \quad \Longleftrightarrow \ P_{n+1} \in (\mathrm{Res}^{(1)})^*_{n+1}. \end{aligned}$$

(ii)　(i) が成り立つとき $s_n - s_{n-1} = 1$ より

$$
\begin{aligned}
&(\mathrm{Res}^{(1)})^*_{n+1} \ni \{x_1, \cdots, x_n, x\} \\
&\quad\Longleftrightarrow\ x s_n = x s_{n-1} + s_n + 1 \\
&\quad\Longleftrightarrow\ x(s_n - s_{n-1}) = s_n + 1 \\
&\quad\Longleftrightarrow\ x = s_n + 1 \\
&\quad\Longleftrightarrow\ \{x_1, \cdots, x_n, x_{n+1}\} = B_{n+1} \qquad \Box
\end{aligned}
$$

命題 2.5 は，各々の解に 1 個の正整数を追加することによって，解の集合 $(\mathrm{Res}^{(1)})^*_n$ から $(\mathrm{Res}^{(1)})^*_{n+1}$ への写像が得られること，しかもそのような写像が

$$
\begin{cases}
\phi_* : (\mathrm{Res}^{(1)})^*_n \longrightarrow (\mathrm{Res}^{(1)})^*_{n+1}, \\
\phi_*(\{x_1, \cdots, x_n\}) = \{x_1, \cdots, x_n, x_1 \cdots x_n + 1\}
\end{cases}
\tag{2.31}
$$

に限ることを述べています．この写像 ϕ_* は明らかに単射です．これらの性質は，次のように視覚的に表現できます (次ページの図 2.3 参照)：

定理 2.6　不定方程式 (2.28) の系 $(n \geqq 1)$ において，

(i)　任意の解 $P_n \in (\mathrm{Res}^{(1)})^*_n$ はちょうど 1 本の放射線 l^* 上に位置する．

(ii)　$P_n = \{x_1, \cdots, x_n\}$ が l^* の始発解であるための条件は $x_n \neq x_1 \cdots x_{n-1} + 1$ となることである．

不定方程式 $(\mathrm{Res}^{(1)})^*_n$ は $(\mathrm{Res}^{(1)})_n$ において定数 1 の位置を左右に逆転したもので，この操作を「鏡」に例えたのでした．では，上の写像 ϕ_* を同じ鏡でもとの不定方程式 $(\mathrm{Res}^{(1)})_n$ の世界に映すと，どうなるのでしょうか？

実は, ϕ_* の鏡像はもとの世界では存在しません．すなわち ϕ_* のように, 一定の定め方で成分を 1 つ追加するという操作では，写像 $(\mathrm{Res}^{(1)})_n \longrightarrow (\mathrm{Res}^{(1)})_{n+1}$ を定義することはできません．しかし，2 つの世界の間で n から $n+1$ への写像が存在する，という形で上の問いに答えているのが次の観察です：

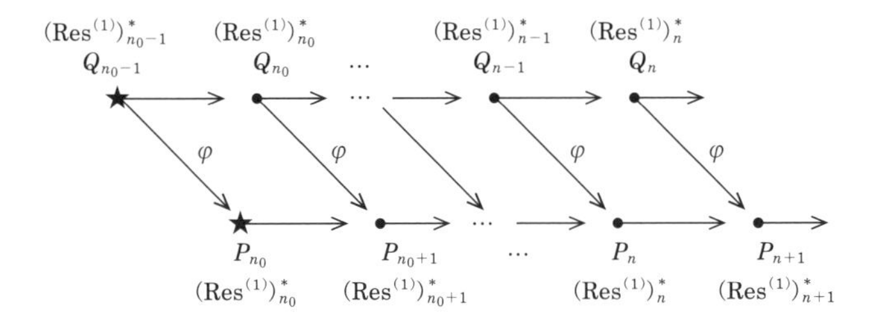

図 **2.3** 放射線とその鏡像

命題 2.6 任意の $n \geqq 2$ に対して以下の写像 (単射) が存在する：

$$\begin{cases} \varphi : (\mathrm{Res}^{(1)})^*_n \longrightarrow (\mathrm{Res}^{(1)})_{n+1}, \\ \varphi(\{x_1, \cdots, x_n\}) = \{x_1, \cdots, x_n, x_1 \cdots x_n - 1\}. \end{cases} \tag{2.32}$$

証明 命題 2.5 の証明のように $P_n = \{x_1, \cdots, x_n\}$ と書いて基本対称式を用いて表現すると

$$\begin{aligned} P_n \in (\mathrm{Res}^{(1)})^*_n &\iff s_n - 1 = s_{n-1} \\ &\iff s_n(s_n - 1) + 1 = s_{n-1}(s_n - 1) + s_n \\ &\iff \varphi(B_n) \in (\mathrm{Res}^{(1)})_{n+1} \end{aligned}$$

□

命題 2.5, 命題 2.6 と定理 2.6 を組み合わせると前節の最後に生じた疑問のうち，最初のものの完全な解答が得られます：

命題 2.7 $(\mathrm{Res}^{(1)})_n$ の解 $P_n = \{x_1, \cdots, x_n\}$ が放射線 (主線) 上の解であるための必要十分条件は $\varphi(Q_{n-1}) = P_n$ をみたす $(\mathrm{Res}^{(1)})^*_{n-1}$ の解 Q_{n-1} が存在することである．また，このとき $x_n = x_1 \cdots x_{n-1} - 1$ となる．

定理 2.3, 2.4 の証明 ここまで来ると，証明を保留した定理 2.3, 2.4 はもはや明らかです．実際，定理 2.3 は $(\mathrm{Res}^{(1)})^*_5$ の解 B_5, C_6 を始点とする無限列に命題 2.7 を適用することによって得られます (図 2.3 参照)．定理 2.4 も $(\mathrm{Res}^{(1)})^*_6$ の解 D_6, E_6, F_6, G_6, H_6 から同様に導かれます． □

ここで以上の観察をまとめておきます．

定理 2.7　$n \geqq 2$ に対して，不定方程式 $(\mathrm{Res}^{(1)})_n^*$ の解の個数を N_n^* とし，$Q_n^{(j)}$ $(1 \leqq j \leqq N_n^*)$ を解の全体とする．このとき

(i)　数列 $\{N_n^*\}$ は単調増加列である：$N_n^* \leqq N_{n+1}^*$.

(ii)　列 $\{\varphi(Q_n^{(j)})\}$ は $\{(\mathrm{Res}^{(1)})_n\}$ における解の放射線対の主線を形成する．

(iii)　$\{(\mathrm{Res}^{(1)})_n\}$ における解の放射線対は，すべて (ii) のようにして生じる．

(iv)　$\{(\mathrm{Res}^{(1)})_n\}$ における解の放射線対のうち，$n = n_0\,(n_0 \geqq 3)$ の解を始発解とするものの個数は $N_{n_0-1}^* - N_{n_0-2}^*$ である．

表 2.5

n	2	3	4	5	6	7	8
N_n^*	1	1	1	3	8	26	?
$N_{n-1}^* - N_{n-2}^*$	0	1	0	0	2	5	18

●——(Q-1) への解答

命題 2.5 によって得られた写像 ϕ の果たした役割を考えると，同様なアイデアをもう一歩進めて，さらに奥深いところまで探検したくなります．

そこで n 個の正整数の組 $B_n = \{b_1, \cdots, b_n\}$ に対して $(b_1 \cdots b_n)^2 + 1$ を 2 個の正整数の積に分解する：

$$(b_1 \cdots b_n)^2 + 1 = ab, \qquad 0 < a < b.$$

このような分解の各々に応じて $B_n(a,b)$ を次のように定めます：

$$B_n(a,b) = \{b_1, \cdots, b_n,\, s_n + a,\, s_n + b\} \qquad (s_n = b_1 \cdots b_n). \tag{2.33}$$

このとき次の命題が成立します：

命題 2.8

(i)　$B_n \in (\mathrm{Res}^{(1)})_n^*$ と $B_n(a,b) \in (\mathrm{Res}^{(1)})_{n+2}^*$ は同値である．

(ii) $B_n \in (\mathrm{Res}^{(1)})^*_n$ のとき，$\{b_1, \cdots, b_n, x, y\}$ の形の $(\mathrm{Res}^{(1)})^*_{n+2}$ の解は $B_n(a,b)$ の形のものに限る．

証明 (i) $b_1, \cdots, b_n$ の基本対称式を用いて

$$x_a = s_n + a, \quad y_b = s_n + b, \quad s_n - s_{n-1} = c$$

とおくとき

$$\begin{aligned}
&B_n(a,b) \in (\mathrm{Res}^{(1)})^*_{n+2} \\
&\iff x_a y_b s_n = s_n x_a + s_n y_b + s_{n-1} x_a y_b + 1 \\
&\iff c x_a y_b = s_n x_a + s_n y_b + 1 \\
&\iff (c-1) x_a y_b + (x_a - s_n)(y_b - s_n) = {s_n}^2 + 1 \\
&\iff (c-1) x_a y_b + ab = ab \\
&\iff c = s_n - s_{n-1} = 1 \\
&\iff B_n \in (\mathrm{Res}^{(1)})^*_n.
\end{aligned}$$

(ii) (i) が成り立つとき $s_n - s_{n-1} = 1$ より

$$\begin{aligned}
&(\mathrm{Res}^{(1)})^*_{n+2} \ni \{b_1, \cdots, b_n, x, y\} \\
&\iff xys_n = xys_{n-1} + s_n(x+y) + 1 \\
&\iff (x - s_n)(y - s_n) = s_n^2 + 1 \\
&\iff x = s_n + a, \ y = s_n + b, \ ab = s_n^2 + 1 \\
&\iff \{b_1, \cdots, b_n, x, y\} = B_n(a,b).
\end{aligned}$$

□

さて $(\mathrm{Res}^{(1)})^*_n$ の解 $B_n = \{b_1, \cdots, b_n\}$ について ${s_n}^2 + 1$ の素因数分解を

$$(b_1 \cdots b_n)^2 + 1 = {p_1}^{e_1} {p_2}^{e_2} \cdots {p_r}^{e_r} \qquad (e_i > 0)$$

とすると，命題 2.8 のような分解はちょうど $\dfrac{1}{2}(e_1+1)\cdots(e_r+1)$ 通り存在し

ます．

例 2.1 $(\mathrm{Res}^{(1)})_5^*$ の解 $B_5 = \{2, 3, 11, 23, 31\}$ に対して

$$ab = (2{\cdot}3{\cdot}11{\cdot}23{\cdot}31)^2 + 1 \;=\; 5{\cdot}37{\cdot}73{\cdot}163973 \qquad (0 < a < b),$$

$$\begin{aligned}(a, b) = (1, 2214455365),\ &(5, 442891073),\ (37, 59850145),\\ (73, 30335005),\ &(13505, 163973),\ (185, 11970029),\\ (365, 6067001),\ &(2701, 819865)\end{aligned}$$

のように 8 個の $(\mathrm{Res}^{(1)})_7^*$ の解 $B_5(a, b)$ が得られます．

この例のように，${s_n}^2 + 1$ が素数でない場合は 1 つの解 B_5 から $B_5(a, b)$ の形の解が複数個得られます．また，${s_n}^2 + 1 = ab$ の形の分解のうち，自明なもの

$$(a, b) = (1,\ {s_n}^2 + 1)$$

から得られる $(\mathrm{Res}^{(1)})_{n+2}^*$ の解は，命題 2.5 の写像 ϕ を 2 回繰り返したもの (合成) と一致します：

$$\begin{aligned}\phi^2(B_n) &= \phi(\{b_1, \cdots, b_n, s_n + 1\})\\ &= \{b_1, \cdots, b_n, s_n + 1, s_n + {s_n}^2 + 1\}.\end{aligned}$$

この意味で，命題 2.6 は命題 2.4 の拡張であることに注意します．

さて $(\mathrm{Res}^{(1)})_7^*$ は，表 2.6 の A から Z までちょうど 26 個の解をもちます．このうち A から H は $(\mathrm{Res}^{(1)})_6^*$ の 8 個の解の命題 2.5 による「延長」として得られますが，$(\mathrm{Res}^{(1)})_5^*$ の 3 個の解に上述の例のように命題 2.8 を適用することによって，これらを含む A から S の 19 個が得られます．残る T から Z の 7 個の解は，これまでの結果ではその「現れ方」が説明できないものです．以上の探索結果を図 2.2 のように表わすと 52 ページ図 2.4 のようになります．

ここまで来ると，もとの世界 $\{(\mathrm{Res}^{(1)})_n\}$ にも命題 2.5 や命題 2.8 に相当する性質があるのでは？ と考えたくなります．もしそうなら私たちの「鏡」で，逆にこれらを映せるのではないでしょうか？

ところが，$\{(\mathrm{Res}^{(1)})_n\}$ では物事はそのようにすんなりといきません．この

表 2.6 $(\mathrm{Res}^{(1)})_7^*$ の正整数解

$\{b_3,\cdots,b_7\}$ $(b_1=2,\, b_2=3)$	$\{b_3,\cdots,b_7\}$ $(b_1=2,\, b_2=3)$
$A:\{7,43,1807,3263443,10650056950807\}$,	$N:\{11,23,31,47095,59897203\}$
$B:\{11,23,31,47059,2214502423\}$,	$O:\{11,23,31,47131,30382063\}$
$C:\{7,47,395,779731,607979652631\}$,	$P:\{11,23,31,60563,211031\}$
$D:\{7,43,1823,193667,637617223447\}$,	$Q:\{11,23,31,47243,12017087\}$
$E:\{7,47,403,19403,15435513367\}$,	$R:\{11,23,31,47423,6114059\}$
$F:\{7,47,415,8111,6644612311\}$,	$S:\{11,23,31,49759,866923\}$
$G:\{7,47,583,1223,1407479767\}$,	$T:\{7,43,3263,4051,2558951\}$
$H:\{7,55,179,24323,10057317271\}$,	$U:\{7,43,3559,3667,33816127\}$
$I:\{7,43,1807,3263447,2130014000915\}$,	$V:\{7,67,187,283,334651\}$
$J:\{7,43,1807,3263591,71480133827\}$,	$W:\{11,17,101,149,3109\}$
$K:\{7,43,1807,3264187,14298637519\}$,	$X:\{11,25,29,1097,2753\}$
$L:\{7,47,395,779831,6020372531\}$,	$Y:\{11,31,35,67,369067\}$
$M:\{11,23,31,47063,442938131\}$,	$Z:\{13,25,29,67,2981\}$

ことは，$\{(\mathrm{Res}^{(1)})_n\}$ においては「放射線対」の上にない解 (図 2.2 の白丸) が多く存在することからも判りますが，命題 2.8 の証明をもとの世界でなぞってみると事情がはっきりします．

命題 2.8 は，各々の解に 2 個の正整数を追加することによって，解の集合 $(\mathrm{Res}^{(1)})_n^*$ から $(\mathrm{Res}^{(1)})_{n+1}^*$ への「多価写像」が得られること，しかもそのような多価写像が

$$\begin{aligned}\phi:(\mathrm{Res}^{(1)})_n^* &\longrightarrow (\mathrm{Res}^{(1)})_{n+2}^*,\\ \phi(\{b_1,\cdots,b_n\}) &= \{B_n(a,b)\mid ab=(b_1\cdots b_n)^2+1\}\end{aligned} \tag{2.34}$$

に限ることを述べています．

実際，n 個の正整数の組 $B_n=\{b_1,\cdots,b_n\}$ を取り，$(b_1\cdots b_n)^2+1=ab$ という形の分解を考えます．このとき $B_n(a,b)$ の定め方を (2.33) と同一にするとうまくいきません．そこで，符号を変えて

$$B_n(a,b)=\{b_1,\cdots,b_n,\,s_n-a,\,s_n-b\} \tag{2.35}$$

と定めてみます $(s_n=b_1\cdots b_n)$．すると

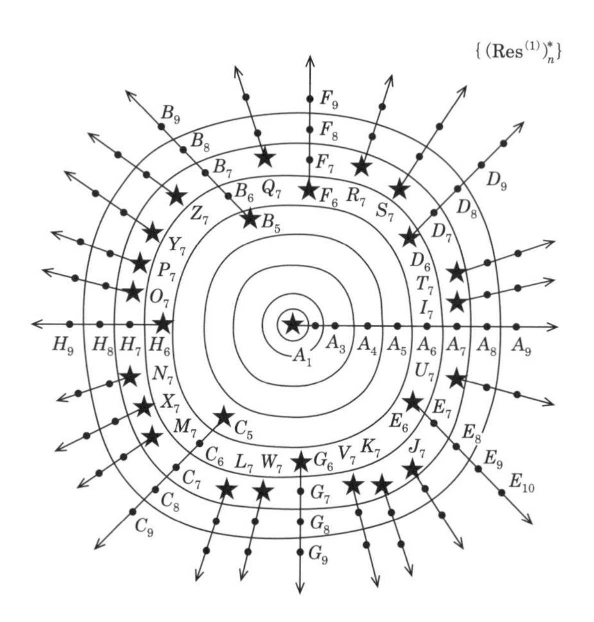

図 **2.4**　$\displaystyle\bigcup_{n\geqq 1}(\mathrm{Res}^{(1)})_n^*$ の構造

$$x_a = s_n - a, \qquad y_b = s_n - b, \qquad s_n - s_{n-1} = c$$

とおいて条件 $(\mathrm{Res}^{(1)})_{n+2}$ の等式を変形すると

$$\begin{aligned}
&B_n(a,b) \in (\mathrm{Res}^{(1)})_{n+2} \\
&\quad\Longleftrightarrow x_a y_b s_n + 1 = s_n x_a + s_n y_b + s_{n-1} x_a y_b \\
&\quad\Longleftrightarrow c x_a y_b + 1 = s_n x_a + s_n y_b \\
&\quad\Longleftrightarrow (c+1) x_a y_b + 1 + {s_n}^2 = (x_a + s_n)(y_b + s_n) \\
&\quad\Longleftrightarrow (c+1) x_a y_b + ab = ab \\
&\quad\Longleftrightarrow c = s_n - s_{n-1} = -1 \\
&\quad\Longleftrightarrow B_n \in (\mathrm{Res}^{(1)})_n
\end{aligned}$$

が成立し，命題 2.8 とそっくりな結果が得られます！—— ところが，この議論に

は実は「落とし穴」があります．x_a, y_a が正整数 $(x_a,\, y_a > 1)$ という条件から

$$\begin{aligned} x_a &= s_n - a > 1,\ y_b = s_n - b > 1 \\ &\Longrightarrow a > s_n + 1,\ b > s_n + 1 \\ &\Longrightarrow ab > (s_n + 1)^2 > {s_n}^2 + 1 = ab \end{aligned}$$

となって，矛盾が導かれてしまいます．その理由は，(2.35) の後の等式の同値な変形はすべて正しいのですが，そもそも $B_n(a,b)$ の成分 x_a, y_a が正整数ではなかったことによります．

このように，$(\mathrm{Res}^{(1)})_n$ のすべての解から統一的に成分を追加することによって $(\mathrm{Res}^{(1)})_{n+1}$ の解や $(\mathrm{Res}^{(1)})_{n+2}$ の解を構成する規則は存在しないことが判りました．しかし，上の議論を注意深く観察すると，以下の性質が成立することが示されます：

命題 2.9　n 個の正整数の組 $P_n = \{b_1, \cdots, b_n\}$ に対して $(b_1 \cdots b_n)^2 - 1$ を 2 個の正整数の積に分解する：

$$(b_1 \cdots b_n)^2 - 1 = ab, \qquad 0 < a < b. \tag{2.36}$$

このような分解の各々に応じて正整数の組を

$$P_n(a,b) = \{b_1, \cdots, b_n,\ s_n + a,\ s_n + b\} \tag{2.37}$$

で定める $(s_n = b_1 \cdots b_n)$ とき，

(i)　$P_n \in (\mathrm{Res}^{(1)})_n^*$ と $P_n(a,b) \in (\mathrm{Res}^{(1)})_{n+2}$ は同値である．

(ii)　(i) のもとで，$\{b_1, \cdots, b_n,\ x,\ y\}$ の形の $(\mathrm{Res}^{(1)})_{n+2}$ の解は $P_n(a,b)$ の形のものに限る．

シルヴェスター数列 $\{a_n\}$ の最初の $n-2$ 項と，未知の正整数 x, y から作った n 個の正整数の組

$$A_n(x,y) := \{a_1, \cdots, a_{n-2},\ x,\ y\} \tag{2.38}$$

が不定方程式 $(\mathrm{Res}^{(1)})_n : s_n + 1 = s_{n-1}$ の解となる条件を考えます．

この条件は等式

$$1+\frac{1}{a_1\cdots a_{n-2}xy}=\frac{1}{a_1}+\cdots+\frac{1}{a_{n-2}}+\frac{1}{x}+\frac{1}{y}$$

と同値です．ここで命題 2.3 の等式 (iii) から

$$\frac{1}{a_1}+\cdots+\frac{1}{a_{n-2}}=1-\frac{1}{a_{n-1}-1}$$

に注意し，$l:=a_1\cdots a_{n-2}$ とおいてこの等式の分母を払い，整理すると

$$xy-l(x+y)+1=0$$

となります．さらに漸化式 (2.12) から

$$l=a_1\cdots a_{n-2}\ =\ a_{n-1}-1$$

が成立するので，上式は次のように変形できます：

$$(x-l)(y-l)=a_{n-1}(a_{n-1}-2). \tag{2.39}$$

かくして，整数 $a_{n-1}(a_{n-1}-2)$ を 2 つの正整数の積に分解する仕方と，(2.38) の形で与えられる $(\mathrm{Res}^{(1)})_n$ の解 $A_n(x,y)$ とが 1 対 1 に対応することが判ります．とくに，自明な分解

$$1\times(a_{n-1}(a_{n-1}-2)),\qquad a_{n-1}\times(a_{n-1}-2)$$

と (2.39) との比較から 2 組の解

$$\begin{cases}(x,y)=(a_{n-1},\ a_{n-1}(a_{n-1}-1)-1)\ =\ (a_{n-1},\ a_n-2),\\(x,y)=(2a_{n-1}-3,\ 2a_{n-1}-1)\end{cases}$$

が得られ，放射線上の解 A_n, A'_n が再構成されます．これら以外の分解が放射線上にない解を与えるわけです．たとえば，$n=6$ のとき

$$a_5(a_5-2)=5\cdot13\cdot19^2\cdot139$$

となり，この数を 2 つの正整数の積に分解する仕方は順序を無視すると 12 通

りありますが，このうち $12-2=10$ 個が，図 2.2 の $n=6$ に対する白丸 (13 個) の大部分を与えます．このように，解 $A_n(x,y)$ からすべての白丸が得られるわけではありませんが，$a_{n-1}, a_{n-1}-2$ がともに素数である場合を除いて，少なくとも 1 つ放射線上にない解が得られることが判ります．

シルヴェスターの数列 a_n が，素数の無限性に関連してフェルマー数列の「変種」として得られたことを思い出すと，その素因数分解にこのような意味がつけられたことは，とても興味深いことだと思われます．

第 2 章の問題

問題 1　本文中における $(\mathrm{Res})_3$, $(\mathrm{Res})_4$ の決定と同様な方法で，計算機を使用せずに $(\mathrm{Res})_5$ を決定せよ．

問題 2　命題 2.4 の証明中で用いた「素数の逆数の和が発散すること」を以下の方針で示せ．

(i)　$f(n) := \displaystyle\prod_{j=1}^{n}\left(1-\frac{1}{p(j)}\right)^{-1}$ とおくとき $f(n)\to+\infty \quad (n\to+\infty)$.

(ii)　不等式 $-\log(1-x) > x\,(0<x<1)$ が成立する．

(iii)　$\log(f(n)) > \xi(n)$ が成立する．

(iv)　以上から，$\displaystyle\lim_{n\to\infty}\xi(n) = \sum_{p}\frac{1}{p} = \infty.$

問題 3　フェルマー数 F_n とシルヴェスター数 a_n について次の不等式を示せ：

$$F_{n-2} < a_n < F_{n-1} \qquad (n>2).$$

問題 4　シルヴェスター数列 $\{a_n\}$ について以下の等式を示せ．

$$\sum_{n=1}^{\infty}\frac{1}{a_n} = 1.$$

第3章　数の森の F-位相

冷えてゆく坩堝の金の溶液に沈みきらない魔術師のゆび
—— 塚本邦雄『水葬物語』

第 1, 2 章で観察した素数の無限性の証明についての話題は 18 世紀ころまでに知られていたもので，今では「初等整数論」に含まれることがらです．

この章の探検では，20 世紀以降の数学の概念に基づいて「素数」の新しい側面を探検します．その鍵となる概念は「**位相**」です．

集合 X の位相構造とは，「開集合」と呼ばれる，X の部分集合の族 $\mathcal{O}(X)$ で，以下の条件をみたすものを指定することでした．

(O-1)　$\emptyset$ (空集合), X は開集合：$\emptyset, X \in \mathcal{O}(X)$.

(O-2)　有限個の開集合 $O_1, \cdots, O_n \in \mathcal{O}(X)$ の交わりは開集合：$\bigcap_{i=1}^{n} O_i \in \mathcal{O}(X)$.

(O-3)　任意個の開集合 $O_i \in \mathcal{O}(X)$ $(i \in I)$ の和集合は開集合：$\bigcup_{i \in I} O_i \in \mathcal{O}(X)$.

このような $\mathcal{O}(X)$ を与えられた集合 X を「位相空間」と呼ぶのでした．また開集合の補集合を「閉集合」といいます．一般に X の位相を考えるのに，開集合の全体を記述するのは大変なので，その代わりに以下のような性質をもつ「基本開集合」の系 $\mathcal{B}(X) \subseteqq \mathcal{O}(X)$ を指定して議論するのが便利です．

(B-1)　任意の $x \in X$ に対して，$x \in U$ をみたす $U \in \mathcal{B}(X)$ が存在する．

(B-2)　任意の $U_1, U_2 \in \mathcal{B}(X)$ と任意の $x \in U_1 \cap U_2$ に対して，$x \in U \subseteqq U_1 \cap U_2$ をみたす $U \in \mathcal{B}(X)$ が存在する．

このとき，任意の開集合 $O \in \mathcal{O}(X)$ はいくつかの基本開集合の和集合となります．この意味で $\mathcal{O}(X)$ は $\mathcal{B}(X)$ によって生成されます．ユークリッド空間 $\mathbb{R}^n$ のように 2 点間の距離 $d(x, y)$ が定まっている位相空間 (距離空間) では，開球

$$U_\varepsilon(x) = \{y \in X \mid d(x, y) < \varepsilon\}$$

からなる族が 1 つの基本開集合系となります：

$$\mathcal{B}(X) = \{U_\varepsilon(x) \mid x \in X, \varepsilon > 0\}.$$

位相の極端な例として，$\mathcal{O}(X)$ が X のすべての部分集合からなる場合があります．この位相は一点集合 $\{x\}$ $(x \in X)$ の族を基本開集合系にもち，「離散位相」と呼ばれます．

位相空間 X, Y の間の写像 $f: X \to Y$ が「連続」とは，任意の開集合 $O \in \mathcal{O}(Y)$ に対し，その逆像が開集合 $f^{-1}(O) \in \mathcal{O}(X)$ となることでした．また，位相空間の族 X_λ $(\lambda \in \Lambda)$ に対して

$$X = \prod_{\lambda \in \Lambda} X_\lambda = \{(x_\lambda)_{\lambda \in \Lambda} \mid x_\lambda \in X_\lambda\}$$

をその直積集合とするとき，各成分への射影 $pr_\lambda : X \to X_\lambda$ がすべて連続となる最も弱い (開集合が少ない) X の位相を考え，これを「積位相」と呼びます．この位相では，有限個の成分 $X_{\lambda_1}, \cdots, X_{\lambda_r}$ の開集合 $O_{\lambda_1}, \cdots, O_{\lambda_r}$ から作った

$$O_{\lambda_1} \times \cdots \times O_{\lambda_r} \times \prod_{\lambda' \neq \lambda_1, \cdots, \lambda_r} X_{\lambda'} \tag{3.1}$$

という形の部分集合の族が基本開集合系となります．

素数の無限性：「位相」による証明

1955 年にフルシュテンベルグ (H. Fürstenberg) は，整数の環 $\mathbb{Z}$ に一見奇妙な位相構造を導入することによって，とても鮮やかに素数が無限に存在することを証明しました．

フルシュテンベルグによる証明　整数 a と正整数 b に対して

$$N_{a,b} := \{a + bn \mid n \in \mathbb{Z}\}$$

とおきます．すなわち $N_{a,b}$ は，a を含み両側に無限に伸びる，公差 $\pm b$ の等差数列です．そこで，以下のように定めます：

定義 3.1　$\mathbb{Z}$ の部分集合 O が開集合とは，O が空集合であるか，または，任意の $a \in O$ に対して $N_{a,b} \subseteqq O$ となる正整数 b が存在することをいう．

このとき上記の位相の条件 (O-1), (O-3) が成り立つことは明らかです ($N_{a,1} = \mathbb{Z}$ に注意)．また，開集合 $O_1, \cdots, O_n$ の交わりが空集合でないとき，これらの共通元 a を任意にとると，

$$N_{a,b_i} \subseteqq O_i \qquad (i = 1, \cdots, n) \implies N_{a,\, b_1 \cdots b_n} \subseteqq \bigcap_{i=1}^{n} O_i$$

となることから条件 (O-2) も成り立ち，これで $\mathbb{Z}$ は位相空間となります．さらに，以下の性質 (A), (B) が成立します：

(A)　空でない開集合は無限集合である．

(B)　各 $N_{a,b}$ は開であると同時に閉集合でもある．

(A) は $N_{a,b}$ が無限集合であることから，また (B) は

$$N_{a,b} = \left(\bigcup_{j=1}^{b-1} N_{a+j,b} \right)^c \qquad (X^c \text{ は } X \text{ の補集合})$$

から判ります．ここで，次のような $\mathbb{Z}$ の部分集合を考えます：

$$U := \bigcup_{p:\text{素数}} N_{0,p} = \bigcup_{p:\text{素数}} p\mathbb{Z}.$$

もし素数の集合が有限ならば U は有限個の閉集合の合併であり，(B) より U 自身も閉集合となります．するとその補集合 U^c は開集合ですが，その元はいかなる素数の倍数にもならないので

$$U^c = \left(\bigcup_p p\mathbb{Z}\right)^c = \{\pm 1\}$$

となります．かくして，空でない有限 (2 元) な開集合が存在することになり，(A) に矛盾します．よって仮定は誤りで，素数が無限個存在することが導かれました．　□

この証明に初めて接した読者は，目の前で不思議な魔術 (マジック) を見せられたような感じを抱くのではないかと思います．

実際，実数 $\mathbb{R}$ の通常の位相では離散的な部分集合である $\mathbb{Z}$ に奇妙な (?) 位相を導入するアイデアの斬新さに加えて，この証明では読者の注意を一見は素数とは無関係な，$\mathbb{Z}$ の位相についての話に向けさせておき，最後に突然結論が飛び出します．そこで読者の受ける印象は，奇術師が空っぽのシルクハットから，生きたウサギやハトを取り出したときの驚きに似ています．

そこで今回の探検では，この魔術のような証明の「カラクリ」とその背後にあるものを，詳しく調査してみようと思います．探検の目的は，上記の証明中に現れた $\mathbb{Z}$ の位相が一体どのようにして出てきたのか，その由来を突き止めることです．

素数が定める $\mathbb{Z}$ の位相

素数 p を任意に選んで固定すると，素因数分解の一意性により，0 でない各整数 n は一意的に

$$n = p^k \cdot n' \qquad (n', k \in \mathbb{Z},\ k \geqq 0,\ p \nmid n')$$

の形に表わされます．このとき $k = v_p(n)$ と書き，この値 k を n の p **進付値**と呼びます．また $v_p(0) = +\infty$，$p^{-\infty} = 0$ と定めます．そして任意の整数 $x, y \in \mathbb{Z}$ に対して

$$d_p(x, y) := p^{-v_p(x-y)} \tag{3.2}$$

とおくと，$d_p(x, y)$ は次の性質をみたし，集合 $\mathbb{Z}$ に距離を与える関数になることが判ります．

(i)　$d_p(x, y) \geqq 0$ が成立．さらに $d_p(x, y) = 0 \iff x = y$,

(ii)　$d_p(x, y) = d_p(y, x)$,

(iii)　$d_p(x, z) \leqq d_p(x, y) + d_p(y, z)$.

上の定義から，$\mathbb{Z}$ のどの 2 点 x, y についてもその距離は 1 以下であることに注意しましょう．この事実に関連して，性質 (iii) の「三角不等式」はもっと強い，次の形で成り立つことが容易に示されます：

(iii*)　$d_p(x, z) \leqq \max(d_p(x, y),\ d_p(y, z))$,

$(d_p(x, y) \neq d_p(y, z) \Longrightarrow$ 等号が成立$)$

この距離から定まる位相に関して $\mathbb{Z}$ の演算 (加法・減法・乗法) が連続であることも容易に判ります (章末問題 1)．また，この位相における基本開集合系 $\mathcal{B}_p(\mathbb{Z})$ として次の形の集合

$$a + p^e\mathbb{Z} \qquad (a \in \mathbb{Z}, e \geqq 0) \tag{3.3}$$

からなるものを取ることができます．この位相で見ると，整数列 $(a_n)_{n=1}^{\infty}$ がコーシー列 (基本列) であることは

$$v_p(a_n - a_m) \to \infty \qquad (n,\ m \to \infty)$$

を意味します．とくに数列 $p,\ p^2,\ p^3,\ \cdots$ は 0 に収束します．他方，$\mathbb{Z}$ はこの位相では完備ではありません．すなわち $\mathbb{Z}$ には**極限をもたないコーシー列が存在**します．ここでは，そのような例のうち，特に興味深いものについて観察し

ます．

正整数 a を $\{1, 2, \cdots, p-1\}$ の中から 1 つ選びます．このとき，第 1 章の末尾で示したフェルマーの小定理によって $a^p - a$ は p で割り切れます．そこで $a^p = a + pb$ と書いて全体を p 乗して展開すると $a^{p^2} \equiv a^p \pmod{p^2}$ が得られます．以下同様にして，任意の正整数 k に対して

$$a^{p^k} \equiv a^{p^{k-1}} \pmod{p^k} \tag{3.4}$$

を示すことができます．よって

$$c(a,k) := \frac{a^{p^k} - a^{p^{k-1}}}{p^k}$$

は整数です．そこで

$$a_n = a + \sum_{k=1}^{n} c(a,k) \cdot p^k \qquad (n = 1, 2, 3, \cdots) \tag{3.5}$$

とおきます．上の注意から $(a_n)_{n=1}^{\infty}$ が $\mathbb{Z}$ におけるコーシー列 (基本列) であることは明らかです．他方，$c(a,k)$ の値を (3.5) に代入して計算すると容易に

$$a_n = a^{p^n}, \qquad a_{n+1} = (a_n)^p \tag{3.6}$$

が得られます．いま，この数列が極限値 α に収束すると仮定すると，上の関係式から

$$\alpha = \lim_{n\to\infty} a_n = \lim_{n\to\infty} a_{n+1} = \alpha^p$$

となります．$\alpha \equiv a \pmod{p}$ より $\alpha \neq 0$ は明らかなので上式から

$$\alpha^{p-1} = 1 \tag{3.7}$$

が導かれます．ところが，この等式 (3.7) をみたす整数 $\alpha \in \mathbb{Z}$ は $p = 2$ のときは $\alpha = 1$ のみ，$p > 2$ のときは $\alpha = \pm 1$ のみです．

かくして，$p > 3$ で $a \neq 1, p-1$ のとき，整数列 $\{a_n\}_{n=1}^{\infty}$ は $\mathbb{Z}$ の p 進付値に関して，極限値をもたないコーシー列 (基本列) であることが判りました．

解明：$\mathbb{Z}$ の F-位相

各素数 p に対して前項で述べたように，$\mathbb{Z}$ に p 進付値に基づく位相が定まります．ここでは，この位相空間が素数 p に依存することを明記するため，これを $\mathbb{Z}_{(p)}$ と記すことにします．そこで，すべての素数 p にわたる位相空間 $\mathbb{Z}_{(p)}$ の直積を

$$X := \prod_{p:\text{素数}} \mathbb{Z}_{(p)}$$

とおきます．もちろん X には冒頭で復習した**積位相**を与え，これによって X を位相空間とみなします．また X は，成分ごとの演算によって可換環ともみなせ，その演算は $X \times X$ から X への連続写像となります．さて，ここで X の元で，そのすべての成分が等しいものの全体を $\mathbb{Z}_{(F)}$ とおきます (対角線集合)：

$$\mathbb{Z}_{(F)} := \{(a, a, a, \cdots) \in X \mid a \in \mathbb{Z}\}. \tag{3.8}$$

$\mathbb{Z}_{(F)}$ の元 $(a, a, a, \cdots)$ は $a \in \mathbb{Z}$ と 1 対 1 に対応し，これによって $\mathbb{Z}_{(F)}$ は $\mathbb{Z}$ と同一視できますが，重要なのは，X の位相から誘導される位相構造によって $\mathbb{Z}_{(F)}$ は位相空間となっていることです．すなわち $\mathbb{Z}_{(F)}$ の部分集合 $O_{(F)}$ が開集合である，とは

$$O_{(F)} = \mathbb{Z}_{(F)} \cap O \qquad (\exists O \in \mathcal{O}(X))$$

が成立すること，と定めます．

これで，フルシュテンベルグによる素数の「無限性」の証明に用いられた，一見奇妙な $\mathbb{Z}$ の位相のカラクリを解明できるところまで来ました．

命題 3.1　定義 3.1 によって定まる $\mathbb{Z}$ の位相は，$\mathbb{Z}_{(F)}$ の位相と同一である．

証明　X の基本開集合として (3.1) の形のものを取ることができます．ここで，$X_{\lambda_i} = \mathbb{Z}_{(p_i)}$ とすると O_{λ_i} は (3.3) より

$$O_{\lambda_i} = a_i + p_i^{e_i}\mathbb{Z}_{(p_i)} \qquad (a_i \in \mathbb{Z},\ e_i \geqq 0)$$

の形をしています．このとき，次節で述べる「中国式剰余定理」によって

$$a \equiv a_i \pmod{p_i^{e_i}} \qquad (1 \leqq i \leqq r)$$

をみたす $a \in \mathbb{Z}$ が存在します．さらに $a + \mathbb{Z} = \mathbb{Z}$ であることに注意すると，X の基本開集合として次の形の集合がとれることが判ります：

$$a + \left(p_1^{e_1}\mathbb{Z}_{(p_1)} \times \cdots \times p_r^{e_r}\mathbb{Z}_{(p_r)} \times \prod_{p \neq p_1, \cdots, p_r} \mathbb{Z}_{(p)} \right).$$

すると，$\mathbb{Z}_{(F)}$ の基本開集合は，　$b = p_1^{e_1} p_2^{e_2} \cdots p_r^{e_r}$ とおけば

$$N_{a,b} := \{a + bn \mid n \in \mathbb{Z}\}$$

の形になることが判ります． □

中国式剰余定理

第 1 章の最後の部分で，正整数 n を法とする $\mathbb{Z}$ の剰余類環 $\mathbb{Z}/n\mathbb{Z}$ について述べました．これについて次の重要な定理が成り立ちます：

定理 3.1 (**中国式剰余定理**)　自然数 n_1, n_2 が互いに素であるとき，$\mathbb{Z}/n_1n_2\mathbb{Z}$ の各剰余類 $\overline{k} = k + n_1n_2\mathbb{Z}$ に $(\mathbb{Z}/n_1\mathbb{Z}) \times (\mathbb{Z}/n_1\mathbb{Z})$ の類 $(k + n_1\mathbb{Z}, k + n_2\mathbb{Z})$ を対応させる自然な写像

$$\psi : \mathbb{Z}/n_1n_2\mathbb{Z} \longrightarrow (\mathbb{Z}/n_1\mathbb{Z}) \times (\mathbb{Z}/n_2\mathbb{Z}),$$

$$\psi(k + n_1n_2\mathbb{Z}) = (k + n_1\mathbb{Z},\ k + n_2\mathbb{Z})$$

が存在し，ψ は同型写像 (全単射準同型) となる．

ただし，定理の右辺の $(\mathbb{Z}/n_1\mathbb{Z}) \times (\mathbb{Z}/n_2\mathbb{Z})$ は，集合の直積

$$(\mathbb{Z}/n_1\mathbb{Z}) \times (\mathbb{Z}/n_2\mathbb{Z}) := \{(k_1, k_2) \mid k_1 \in \mathbb{Z}/n_1\mathbb{Z},\ k_2 \in \mathbb{Z}/n_2\mathbb{Z}\}$$

において，成分ごとに「加・減・乗」の演算を定めたもので，これは再び可換環となります．

証明　上記の写像 ψ が矛盾なく定まっていること，および準同型となることは明らかです．ψ が単射であることは以下のように示されます：

$$
\begin{aligned}
&\psi(k+n_1n_2\mathbb{Z})=\psi(k'+n_1n_2\mathbb{Z})\\
&\quad\Longrightarrow k\equiv k' \pmod{n_1},\quad k\equiv k' \pmod{n_2}\\
&\quad\Longrightarrow k-k'\equiv 0 \pmod{n_1},\quad k-k'\equiv 0 \pmod{n_2}\\
&\quad\Longrightarrow k-k'\in n_1\mathbb{Z}\cap n_2\mathbb{Z}=n_1n_2\mathbb{Z}\\
&\quad\Longrightarrow k\equiv k' \pmod{n_1n_2}.
\end{aligned}
$$

ψ が全射であることは単射性から自動的に成り立ちます[1] が，念のために確認しておきましょう．任意の $(a+n_1\mathbb{Z},\ b+n_2\mathbb{Z})\in\mathbb{Z}/n_1\mathbb{Z}\times\mathbb{Z}/n_2\mathbb{Z}$ に対して

$$
\begin{aligned}
&\psi(k+n_1n_2\mathbb{Z})=(a+n_1\mathbb{Z},\ b+n_2\mathbb{Z})\\
&\quad\Longleftrightarrow k\equiv a \pmod{n_1},\quad k\equiv b \pmod{n_2}
\end{aligned}
$$

となる $k\in\mathbb{Z}$ を見つければよいわけですが，n_1, n_2 は互いに素であることに注目すると，$n_1x+n_2y=1$ をみたす整数 $x, y\in\mathbb{Z}$ が存在します．そこで，$k:=an_2y+bn_1x$ とおくと，

$$
\begin{aligned}
k&\equiv an_2y \equiv a(1-n_1x)\equiv a \pmod{n_1},\\
k&\equiv bn_1x \equiv b(1-n_2y)\equiv b \pmod{n_2}. \qquad \square
\end{aligned}
$$

「中国式剰余定理」は次のように述べると，最も印象的で，その意味を理解しやすいと思います：実数 $\mathbb{R}$ の直積である座標平面 $\mathbb{R}^2=\mathbb{R}\times\mathbb{R}$ の場合，その中で 2 つの座標が等しい点 (k,k) の全体は「対角線」$y=x$ を形成します．これは $\mathbb{R}^2$ 内で面積が 0 の小さな部分集合です．これに対して，$\gcd(n_1, n_2)=1$ のとき直積空間 $\mathbb{Z}/n_1\mathbb{Z}\times\mathbb{Z}/n_2\mathbb{Z}$ の世界では，「対角線」上の点の集合が全体と一致するのです!!

以上では 2 個の場合を述べましたが，一般に n の分解 $n=n_1n_2\cdots n_r$ において因子 $n_1,\cdots,n_r$ はどの 2 つも互いに素であるとすると，自然な写像

$$
\begin{aligned}
&\psi:\ \mathbb{Z}/n\mathbb{Z}\longrightarrow\mathbb{Z}/n_1\mathbb{Z}\times\cdots\times\mathbb{Z}/n_r\mathbb{Z},\\
&\psi(k+n\mathbb{Z})=(k+n_1\mathbb{Z},\cdots k+n_r\mathbb{Z})
\end{aligned}
$$

[1] すなわち，X, Y を位数が等しい有限集合とするとき，写像 $\psi: X\to Y$ が単射であること，全射であること，全単射であること，はすべて同値です．

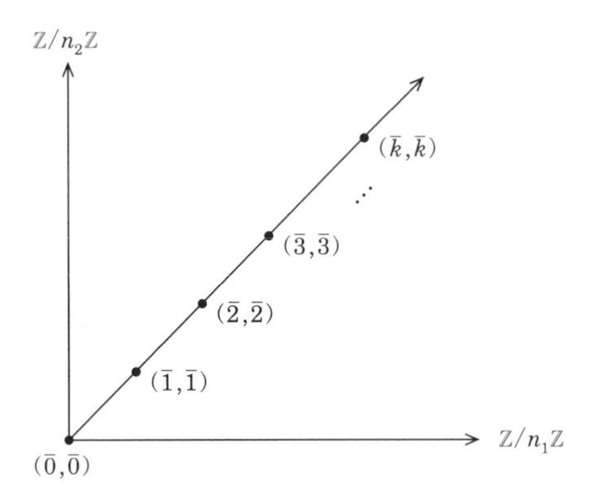

図 **3.1**

は，やはり同型写像となります.

素数の無限性：J-根基による別証明

ここでは,「位相」とは直接には関係しませんが，素数の無限性について，フルシュテンベルグによる証明と議論の進め方がかなり似ている，もう 1 つの証明を与えます.

一般に (可換とは限らない) 環 R に対して，そのすべての極大左イデアルの交わりを $J(R)$ と表記し，R の J-根基 (Jacobson radical) といいます：

$$J(R) := \bigcap_{R \supset \mathcal{P}:\text{極大左イデアル}} \mathcal{P}$$

次の命題は J-根基のもつ本質的な意味を述べているものです.

命題 3.2 $a \in R$ が $J(R)$ の元であるための必要十分条件は，任意の $x \in R$ に対して $R(1-xa) = R$ となることである，すなわち

$$J(R) = \{a \in R \mid R(1-xa) = R \quad (\forall x \in R)\}.$$

証明 $a \in R$ について

$$R(1-xa) \neq R \qquad (\exists x \in R)$$

とすると $R(1-xa)R$ は R の真の左イデアルとなります．すると，ツォルンの補題を用いて $R(1-xa) \subseteqq \mathcal{P}$ をみたす極大左イデアル $\mathcal{P}$ が存在することが示されます．このとき $1-xa \in \mathcal{P}$ から

$$xa = 1-(1-xa) \notin \mathcal{P}$$

であり，$a \notin \mathcal{P}$ となります．よって $a \notin J(R)$ となり，これで $J(R)$ が右辺の集合に含まれることが示されました．逆に $a \notin J(R)$ とすると，$a \notin \mathcal{P}$ をみたす極大左イデアル $\mathcal{P}$ が存在します．このとき $\mathcal{P}$ の極大性から $\mathcal{P}+Ra = R$, よって

$$b+xa = 1 \qquad (\exists b \in \mathcal{P},\ \exists x \in R),$$

すなわち $1-xa \in \mathcal{P}$．かくして $a \notin J(R)$ から

$$R(1-xa) \subseteqq \mathcal{P} \neq R$$

が導かれ，この対偶をとって，右辺の集合は $J(R)$ に含まれることが示されました．以上を合わせて命題 3.2 が証明されました．□

ここまで来ると「**素数の無限性**」の新しい証明は目の前です．

●——素数の無限性の新証明

まず $R=\mathbb{Z}$ の場合に命題 3.2 を応用してみます．

命題 3.3　$J(\mathbb{Z}) = \{0\}$.

証明　実際，$J(\mathbb{Z}) \ni a$ について命題 3.2 の x として $x=-a$ を取ると

$$1+a^2 \in \mathbb{Z}^\times = \{\pm 1\},\ \text{よって}\quad a = 0.$$

□

さて，可換環 $\mathbb{Z}$ のイデアル $\mathcal{P}$ が極大イデアルであるとき，$\mathcal{P}$ に含まれる最小の正整数 p は素数であること，および $\mathcal{P}=p\mathbb{Z}$ となること[2)] は容易に判ります —— 結局，素数は可換環 $\mathbb{Z}$ の極大イデアルと 1 対 1 に対応します．

素数が有限個しか存在しないとすると，それらの積は $J(\mathbb{Z})$ の 0 とは異なる

[2)] 実は，$\mathbb{Z}$ の任意のイデアルについて，この性質 (単項イデアルであること) が成立します．

元になり，命題 3.3 の結論に矛盾します．したがって，素数は無限に存在することが判ります．

第 3 章の問題

問題 1　整数の加法 $f : \mathbb{Z}^2 \ni (a, b) \mapsto a + b \in \mathbb{Z}$ および乗法 $g : \mathbb{Z}^2 \ni (a, b) \mapsto ab \in \mathbb{Z}$ は $\mathbb{Z} = \mathbb{Z}_{(F)}$ の位相 (F-位相) で連続な写像であることを，位相の定義 3.1 に基づいて示せ．

問題 2　正整数の数列 $\{a_n\}, \{b_n\}$ を以下のように定める：

$$a_n = 2^{13^n} + 7^{13^n}, \qquad b_n = 10^{2\cdot 17^n} + 12^{2\cdot 17^n}.$$

このとき，$\{a_n\}$ は距離空間 $\mathbb{Z}_{(13)}$ において，$\{b_n\}$ は距離空間 $\mathbb{Z}_{(17)}$ において，それぞれコーシー列となることを示せ．またこれらの極限値は $\mathbb{Z}_{(13)}, \mathbb{Z}_{(17)}$ には存在しないことを示せ．

問題 3　定理 3.1 (中国式剰余定理) を以下のように表現することができることを示せ (この主張は**近似定理**と呼ばれる)．

定理　$\mathbb{Z}_{(F)}$ は直積位相に関する位相環 $X := \prod_p \mathbb{Z}_{(p)}$ の稠密部分環である．

問題 4　整数係数の多項式の環 $\mathbb{Z}[X]$ の Krull 次元は 2 であり，極大イデアルは単項ではない．このことと第 1 章の問題 2 を用いて素数の無限性を示せ．
ヒント：素数の個数が有限としそれらの積を N とすると $\mathbb{Z}\left[\dfrac{1}{N}\right] = \mathbb{Q}$ となる．これより可換環の全射準同型 $\varphi : \mathbb{Z}[X] \to \mathbb{Q}$, $\varphi(X) = \dfrac{1}{N}$ が得られ，その核 $\mathrm{Ker}(\varphi)$ は $\mathbb{Z}[X]$ の極大イデアルとなる．

問題 5　本文で述べた，可換環の J-根基による「素数の無限性」の証明法において，J-根基をべき零根基：$\mathrm{rad}(R) := \bigcap_{R \supset \mathcal{P}:\,\text{素イデアル}} \mathcal{P}$ で置き換えるとうまくいかない．その理由を説明せよ．

第 4 章　整数の極限 = End の構造

古き砂時計の砂は秘かなる 湿り保ちつつ落つる 未来へ
—— 塚本邦雄『水葬物語』

前章に引き続き，「位相構造」を通じて数の世界 (密林) をさらに奥深く探検します．本章の目標は，数の密林の「果て = 極限」に見えるものを観察すること，すなわち整数の集合 $\mathbb{Z}$ や有理数の集合 $\mathbb{Q}$ の世界を，前章で扱った位相に関して「完備」な体系にまで延長することにあります．

その拡張の仕方 (完備化) にいくつかの方法があることは，実数 $\mathbb{R}$ の場合と同様ですが，後者の場合は「数直線」という具体的なモデルを利用して視覚的に理解することができるのに対して，p 進位相による数の拡張 (p 進数) は，日常的な「数」のイメージとはかけ離れたものとして定義されるため，最初は違和感を抱く人が多いと思います．p 進数を「受け入れ」，その取り扱い慣れるまでには，一定の努力が必要です．

第 4 章の探検では，p 進整数の環をふくめて，$\mathbb{Z}$ を完備化 (コンパクト化) した体系に出会うまでの 1 つの道のりを話題にしたいと思います．そのために，まず整数の集合 $\mathbb{Z}$ がもつ「構造」について，これまで既知としていた性質のいくつかを，基本から見直すことを試みます．

なお，本書で扱う位相空間はすべてハウスドルフの分離条件 (T_2) [1] をみたします．このことを一々断るのは煩わしいので，以下本文ではハウスドルフ位相空間を単に位相空間と言うことにします．

今回の探検で最も重要な鍵となる考え方は，「環」の一般的構成法に関するものです．まず環の定義の復習から始めましょう．

---

[1] 位相空間 X の任意の異なる 2 点 x, y に対し，$x \in U$，$y \in V$ かつ $U \cap V = \emptyset$ をみたす開集合 U, V が存在するとき，X はハウスドルフ空間であると言います．

定義 4.1 空でない集合 R が，2 種の 2 項演算「加法 $+$」と「乗法 $\cdot$」をもつとする．$(R,+,\cdot)$ が**環**であるとは，以下の (i), (ii), (iii) が成り立つことである．

(i) $(R,+)$ が加法群 (可換群) をなす．

(ii) $(R,\cdot)$ が単位元をもつ半群をなす．

(iii) 分配律が成り立つ：

$$a(b+c)=ab+ac,\qquad (b+c)a=ba+ca\qquad (\forall a,b,c\in R).$$

乗法が可換：$a{\cdot}b=b{\cdot}a$ $(\forall a,b\in R)$ である環を**可換環**，また，任意の非零元 $a\neq 0$ が乗法に関する逆元をもつ可換環を**可換体**と言うのでした．

言うまでもなく「環」の最初の例は整数全体 $\mathbb{Z}$ であり，上の定義は整数の演算 (加法・乗法) の基本性質を一般化したもの，と考えられます．それでは「整数」やその演算がどのように定義されるのか，と自問すると，すぐに答えられる人は少ないと思います．その一例として，負数の積を定義する問題について触れておきましょう．

$(-1)\times(-1)=+1$ の証明 ??

これは小・中学校で習ったはずの，誰もが知っている等式です．しかし，学校で「負の数」は「不足」や「負債」，「後退」などの日常生活の経験によるイメージで説明され，それによってこの等式がなぜ正しいのか，完全に理解できた人は意外に少ないと思います．

実は，この等式の教育現場での教え方は，今も議論されている課題で，簡単な問題ではないようです．

もちろん，$\mathbb{Z}$ が「環」であることを認めれば，この等式は，環の定義に含まれる「基本法則」から容易に導かれます．まずこれを確認しましょう．

実際，$0+0=0$ と分配律から

$$a{\cdot}0\;=\;a{\cdot}(0+0)\;=\;a{\cdot}0+a{\cdot}0$$

が成り立ち，これから等式 $a\cdot 0\;=\;0$ が導かれます．同様に，等式 $1+(-1)=$

0 と分配律から次の等式が導かれます.

$$(-1)\cdot a = -a \quad (= \text{加法群 } \mathbb{Z} \text{ における } a \text{ の逆元})$$

この等式において $a = -1$ とおくと,

$$(-1)\cdot(-1) = -(-1)$$

が導かれます. この右辺の値は $(-1) + b = 0$ をみたす b にほかならないので $b = 1$. これで問題の等式が導かれました. □

さて, 上の議論は, 等式 $(-1)\times(-1) = +1$ の完全な「証明」と言えるでしょうか? 答えは NO です. その理由は, 今問題にしているのは「負の整数の演算」, とくに乗法の「定義」をどのように定めるか, また, それによって $\mathbb{Z}$ が環になることを示す, という点にあります. 上の議論は, 示すべきことを用いているという理由で,「証明」とは言えないのです.

可換群の自己準同型環

与えられた集合に「環の構造」を付与すること, すなわち「分配律」をみたす結合的な 2 種の 2 項演算を与えるのは, 一般にはかなり難しい問題です.

ここでは, ひとまず「与えられた集合に」という条件を忘れて, 一方の 2 項演算 (= 加法) がすでに与えられている場合に, 他方 (= 乗法) を導くことにします. そのような方法のうち, 最も一般的な考え方が, 可換群の「自己準同型環」というものです.

A を任意の可換群とします. A の演算は加法「+」で表記されている, としても一般性をそこなうことはありません. 以下, これを仮定します.

定義 4.2 加法群 $(A, +)$ から自身への準同型写像の全体を以下のように表わす:

$$\mathrm{End}(A, +) := \{ f \mid f\colon A \to A \text{ は群の準同型 } \}.$$

この集合は, A の加法から誘導される**自然な加法**をもちます. すなわち, 任意の $f, g \in \mathrm{End}(A, +)$ に対して, その和 $f + g \in \mathrm{End}(A, +)$ が

$$(f+g)(a) := f(a)+g(a) \qquad (a \in A)$$

で定まります．これに対して f, g の**乗法** (**積**) は写像の「合成」

$$(f \cdot g)(a) := f(g(a)) \qquad (a \in A)$$

によって定めます． 一般に写像の「合成」が結合律をみたすことから，この積が結合律をみたすことが導かれます．

定理 4.1 任意の可換 (加法) 群 $(A,+)$ に対して，$\mathrm{End}(A,+)$ は上記の演算 (加法，乗法) により「環」となる．

証明 $\mathrm{End}(A,+)$ における加法の結合律は群 A の結合律から直ちに導かれます．乗法の結合律は，上に述べたので，結局，分配律だけが示すべきこととなります．任意の $f,g,h \in \mathrm{End}(A,+)$，$a \in A$ に対して

$$\begin{aligned}((f+g)\cdot h)(a) &:= (f+g)(h(a)) \ = \ f(h(a))+g(h(a)) \\ &= (f\cdot h)(a)+(g\cdot h)(a) \ = \ (f\cdot h+g\cdot h)(a).\end{aligned}$$ □

定理 4.1 の内容はこのようにとても単純で，証明も容易です．代数学の教科書の初めの方の章に出てくる簡単なことがらですので，うっかりするとそのまま素通りしそうな定理ですが，非常に重要で，普遍性のある内容を含んでいます．実際，この定理を特別な可換群に適用することによって，冒頭で述べた問題が解決されるのです．それだけではありません．定理 4.1 は「数」の演算に関する基本的な問題を，もっとも明快に説明する方法を与えています．

巡回群の自己準同型環

定理 4.1 を巡回群に適用するとどうなるでしょうか？ 巡回群とは，1 つの元から生成される群のことで，自動的に可換群となります．また，その演算を加法で表わしても一般性は失われません．この場合，生成元を “1” と書くと，問題の巡回群 A は整数の加法群 $\mathbb{Z}$ または正整数 n を法とする剰余類群 $\mathbb{Z}/n\mathbb{Z}$ のいずれかと同型になります．

さて，このどちらの場合も，$\mathrm{End}(A,+)$ の元 f は生成元の像 $f(1)$ により決

定されます，実際，A の任意の元 k は 1 またはその (加法的) 逆元 -1 を何個か加えたものに等しいので，$f(-1) = -f(1)$ に注意すると

$$\begin{cases} f(k) = f(\overbrace{1 + \cdots + 1}^{k}) = kf(1) \qquad (k \geqq 0), \\ f(k) = f(\overbrace{(-1) + \cdots + (-1)}^{|k|}) = |k|f(-1) \\ \qquad = -|k|f(1) = kf(1) \qquad (k < 0) \end{cases}$$

が成立します．逆に $f(1) \in A$ をどのように選んでも，上式から $f(k)$ が矛盾なく定まり，したがって $f \in \mathrm{End}(A, +)$ がちょうど 1 個決まります．

かくして，対応 $f \mapsto f(1)$ は $\mathrm{End}(A, +)$ から加法群 A への (全単射) 同型を与えることが判りました．しかるに，前者の $\mathrm{End}(A, +)$ は定理 4.1 により環の構造をもちます．すなわち，$a = f(1)$ のとき $f = f_a$ と書くと f_a, f_b の合成写像について

$$(f_b \circ f_a)(1) = f_b(f_a(1)) = f_b(a) = af_b(1) = ab$$

が成立します．ここで，右辺の ab は加法群 A が $\mathbb{Z}$ (または $\mathbb{Z}/n\mathbb{Z}$) であるとして，その通常の「積」を既知とした場合の記号です．よって次の等式が示されました．

$$f_b \circ f_a = f_{ab} \qquad (a, b \in \mathbb{Z} \text{ または } \mathbb{Z}/n\mathbb{Z}). \tag{4.1}$$

このようにして 巡回群 A を $\mathrm{End}(A, +)$ と**同一視**するとき，後者における「写像の合成」が A の「積」を一意的に定めることが判りました!!

さて，巡回群は $\mathbb{Z}$, $\mathbb{Z}/n\mathbb{Z}$ のいずれかと同型になります．これらは可換環の構造をもっていたことを想起すると結局，$\mathbb{Z}$, $\mathbb{Z}/n\mathbb{Z}$ の環構造は，各々を加法群とみなしたときの自己準同型環の構造にほかならないことが判ります．以上をまとめると次のようになります．

定理 4.2 加法群 $(\mathbb{Z}, +)$, $(\mathbb{Z}/n\mathbb{Z}, +)$ について，次の可換環としての同型対応が成立する：

$$\mathrm{End}(\mathbb{Z}, +) \cong \mathbb{Z}, \qquad \mathrm{End}(\mathbb{Z}/n\mathbb{Z}, +) \cong \mathbb{Z}/n\mathbb{Z}.$$

◉── $(-1)\times(-1)=+1$ の証明

定理 4.2 によって，負の整数の積がキチンと定まることになります．とくに，問題の等式は，以下のように証明されます．

$$f_{(-1)} \in \mathrm{End}(\mathbb{Z},+) : f_{(-1)}(x) = -x$$

は加法群 $\mathbb{Z}$ の各元 x をその逆元 $-x$ に移す自己準同型にほかなりません．一般に，群の元 x の逆元が y であることと，y の逆元が x であることは同値ですから

$$f_{(-1)} \circ f_{(-1)} = \mathrm{id} = f_{(+1)}$$

が成立します．これは等式 $(-1)\times(-1)=+1$ を意味します． □

$\mathbb{Q}/\mathbb{Z}$ の自己準同型環

ここからが，今回の探検の核心です．

可換群の自己準同型環の考え方を巡回群に適用すると，その巡回群を可換環にすることができる，というのが定理 4.2 の内容でした．今度はこの考え方を，巡回群に最も「近い」可換群に適用するとどうなるかを考えます．「近い」の意味は確定しているわけではありませんが，

- その任意の有限生成部分群は巡回群である

という性質をもつ可換群は，巡回群に最も「近い」可換群の第一候補と言えるでしょう．有理数の全体からなる加法群 $\mathbb{Q}$ は，巡回群ではありませんが，この性質をもっています．その証明は読者への練習問題とします．さて，有理数の加法群 $\mathbb{Q}$ の場合も定理 4.2 の内容がそのまま成立します：

命題 4.1 次の可換環としての同型対応が成立する：

$$\mathrm{End}(\mathbb{Q},+) \cong \mathbb{Q}.$$

証明 $f \in \mathrm{End}(\mathbb{Q},+)$ なら任意の有理数 $\dfrac{m}{n} \in \mathbb{Q}$ に対して

$$
\begin{aligned}
nf\left(\frac{m}{n}\right) &= f\left(\frac{m}{n}+\cdots+\frac{m}{n}\right) = f(m) \\
&= f(1+\cdots+1) = mf(1), \\
f\left(\frac{m}{n}\right) &= \frac{m}{n}f(1).
\end{aligned}
$$

よって $f:\mathbb{Q}\to\mathbb{Q}$ は $f(1)$ によって一意的に定まります．したがって，主張は定理 4.2 と同様に示されます． □

このように，加法群 $\mathbb{Q}$ の自己準同型環から，もとの可換環 (体) が再現されますが，それ以上のものは得られません．

そこで，上記の性質をみたす，もう 1 つの例として，$\mathbb{Q}$ の $\mathbb{Z}$ による剰余類群 $\mathbb{Q}/\mathbb{Z}$ を考えます．

命題 4.2 $\mathbb{Q}/\mathbb{Z}$ の任意の有限生成部分群は，1 つの正整数 $n\in\mathbb{N}$ によって $H_n=\dfrac{1}{n}\mathbb{Z}/\mathbb{Z}$ と表わされる．H_n は位数 n の巡回群 $\mathbb{Z}/n\mathbb{Z}$ と同型である．

証明 実際，$\mathbb{Q}/\mathbb{Z}$ の部分群 H の任意の元 $\alpha\neq 0$ は既約分数 $\dfrac{m}{n}$ $(n>0)$ で代表されます．このとき，$\gcd(m,n)=1$ より $xm+ny=1$ をみたす整数 $x,y\in\mathbb{Z}$ が存在します．すると

$$
x\,\alpha=\frac{xm+ny}{n}+\mathbb{Z}=\frac{1}{n}+\mathbb{Z}\ \in H, \qquad \therefore\quad \frac{1}{n}\mathbb{Z}/\mathbb{Z}\subseteqq H.
$$

他方，H が有限生成であることから，$\dfrac{1}{n}\mathbb{Z}/\mathbb{Z}\subseteqq H$ をみたす正整数 n は有界です．そこでこのような正整数 n の最大値をあらためて n とおけば，容易に $H=H_n$ が示されます． □

命題 4.2 の主張から，$\mathbb{Q}/\mathbb{Z}$ の部分群で，位数が n のものは H_n のみであることが判ります．ここで明らかに

$$
\mathbb{Q}/\mathbb{Z}=\bigcup_{n\in\mathbb{N}} H_n \tag{4.2}
$$

が成り立ちます．したがって，任意の準同型 $f:\mathbb{Q}/\mathbb{Z}\ \to\ \mathbb{Q}/\mathbb{Z}$ について

$$f(H_n) \subseteqq H_n \qquad (\forall\, n \in \mathbb{N})$$

が成立します．すなわち $f \in \mathrm{End}(\mathbb{Q}/\mathbb{Z}, +)$ から定義域の制限によって $f_n \in \mathrm{End}(H_n, +)$ が定まり，対応 $f \mapsto f_n$ は自然な環の準同型写像

$$\mathrm{res}_n : \ \mathrm{End}(\mathbb{Q}/\mathbb{Z}, +) \longrightarrow \mathrm{End}(H_n, +)$$

を定めます．また，$m, n \in \mathbb{N}$ に対して次の関係も明らかです：

$$H_m \subseteqq H_n \Longleftrightarrow m \,|\, n.$$

そして，このとき上と同様に $f_n \in \mathrm{End}(H_n, +)$ から定義域の制限によって $f_m \in \mathrm{End}(H_m, +)$ が定まり，対応 $f_n \mapsto f_m$ から次の自然な環の準同型写像が得られます：

$$\mathrm{res}_{m,n} : \ \mathrm{End}(H_n, +) \longrightarrow \mathrm{End}(H_m, +).$$

ここで，包含関係を表わす「埋め込み」写像を

$$i_n : H_n \longrightarrow \mathbb{Q}/\mathbb{Z}, \qquad i_{m,n} : H_m \longrightarrow H_n \qquad (m \,|\, n)$$

と書くとき，このことは，次の可換図式によって視覚的に表現されます．

$$\begin{array}{ccccc}
H_m & \xrightarrow{i_{m,n}} & H_n & \xrightarrow{i_n} & \mathbb{Q}/\mathbb{Z} \\
{\scriptstyle f_m}\downarrow & & \downarrow{\scriptstyle f_n} & & \downarrow{\scriptstyle f} \\
H_m & \xrightarrow{i_{m,n}} & H_n & \xrightarrow{i_n} & \mathbb{Q}/\mathbb{Z}
\end{array}$$

図 4.1

さて，以上の観察結果を一般に表現する概念として，「射影極限」というものがあります．その説明を後回しにして，上の観察結果を述べたものが以下の定理です．

定理 4.3　加法群 $\mathbb{Q}/\mathbb{Z}$ の自己準同型環は，正整数を法とする剰余類環の射影系に対する，射影極限 $\widehat{\mathbb{Z}}$ と同型である：

$$\mathrm{End}(\mathbb{Q}/\mathbb{Z}, +) \cong \widehat{\mathbb{Z}} \ := \ \varprojlim \ \mathbb{Z}/n\mathbb{Z}. \tag{4.3}$$

射影極限

一般に (擬) 順序集合 Λ によって添え字付けられた集合のシステム $\{X_\lambda \mid \lambda \in \Lambda\}$ が与えられたとき，以下の条件をみたす写像のシステム $\{\phi_{\mu,\lambda} \mid \mu \leqq \lambda,\ \lambda, \mu \in \Lambda\}$ を**射影系**と言います．

(i) $\phi_{\lambda,\lambda} = \mathrm{id} \qquad (\forall\ \lambda \in \Lambda)$
(ii) $\phi_{\rho,\mu} \circ \phi_{\mu,\lambda} = \phi_{\rho,\lambda} \qquad (\lambda, \mu, \rho \in \Lambda,\ \rho \leqq \mu \leqq \lambda)$.

このとき，直積集合 $\prod_{\lambda \in \Lambda} X_\lambda$ の元で，以下の条件をみたすもの全体からなる部分集合を $\varprojlim X_\lambda$ で表わし，射影系 $\{\phi_{\mu,\lambda} : X_\lambda \to X_\mu \mid \lambda, \mu \in \Lambda,\ \mu \leqq \lambda\}$ の**射影極限**と呼びます．すなわち

$$\varprojlim X_\lambda = \{(x_\lambda)_{\lambda \in \Lambda} \mid \phi_{\mu,\lambda}(x_\lambda) = x_\mu \quad (\forall\ \lambda, \mu \in \Lambda,\ \mu \leqq \lambda)\}. \tag{4.4}$$

各 X_λ が空集合でなくても，射影極限は空集合となることがあります．一方，射影極限が空集合でない場合は，任意の $\lambda \in \Lambda$ に対して射影

$$\phi_\lambda : \varprojlim X_\lambda \longrightarrow X_\lambda, \qquad (x_\lambda)_{\lambda \in \Lambda} \mapsto x_\lambda \tag{4.5}$$

が定まり，等式

$$\phi_{\mu,\lambda} \circ \phi_\lambda = \phi_\mu \qquad (\forall\ \lambda, \mu \in \Lambda,\ \mu \leqq \lambda)$$

が成立します．

多くの場合，各 X_λ とその直積は，群や環，位相空間などの構造をもつ集合であり，その場合は写像 $\phi_{\mu,\lambda}$ は準同型性，連続性などの条件をみたすことを要求します．射影極限もそれらから自然に誘導される，同種の構造をもつ集合となります．

正整数の全体 $\mathbb{N}$ には，$m \,|\, n$ のとき $m \leqq n$ と定めることによって「半順序」が定まります．前項の定理 4.3 で述べた射影系はこの半順序集合 $\mathbb{N}$ に関するものです．特に射影極限 $\widehat{\mathbb{Z}}$ は，剰余類環のシステム $X_n := \mathbb{Z}/n\mathbb{Z}$ $(n \in \mathbb{N})$ の間の標準写像

$$\phi_{m,n} : \mathbb{Z}/n\mathbb{Z} \longrightarrow \mathbb{Z}/m\mathbb{Z} \qquad (m \,|\, n),$$

$$k + n\mathbb{Z} \mapsto k + m\mathbb{Z}$$

から定まる，自然な射影系の射影極限です．

◉——射影極限 $\widehat{\mathbb{Z}}$ の位相

ここで，前章で触れた位相空間の族の直積集合における積位相を思い出しましょう．

有限環 $\mathbb{Z}/n\mathbb{Z}$ を離散位相によってコンパクトなハウスドルフ空間とみなすと，積位相によって，

$$X := \prod_{n=1}^{\infty} \mathbb{Z}/n\mathbb{Z}$$

もハウスドルフ位相空間となります．ここで一般に，コンパクトな位相空間族の直積は再びコンパクトな位相空間になるという，チコノフ (Tikhonov) の積定理を適用すると，X はコンパクトであることが判ります．他方，$\widehat{\mathbb{Z}}$ は X の閉部分集合，すなわち $\widehat{\mathbb{Z}}$ の補集合 $\widehat{\mathbb{Z}}^c$ は開集合となります．すなわち，$\widehat{\mathbb{Z}}^c$ の任意の元 $\alpha = (a_n)$ に対して，α の開近傍で $\widehat{\mathbb{Z}}^c$ に含まれるものが存在することが，以下のように示されます．まず射影極限の定義によって，$\alpha = (a_n) \in \widehat{\mathbb{Z}}^c$ は，$m_0 \,|\, n_0$ をみたす $m_0, n_0 \in \mathbb{N}$ が存在して

$$(*) : a_{m_0} \neq \phi_{m_0,n_0}(a_{n_0})$$

となることに注意します．このとき，

$$U_{m_0,n_0} := \{a_{m_0}\} \times \{a_{n_0}\} \times \prod_{n \neq m_0, n_0} \mathbb{Z}/n\mathbb{Z} \subset X$$

は X における α の開近傍ですが，上の条件 $(*)$ から $U_{m_0,n_0} \subseteqq \widehat{\mathbb{Z}}^c$ となります．

次に，整数 $a \in \mathbb{Z}$ に対して，各成分の代表元が a である $\widehat{\mathbb{Z}}$ の元を対応させることによって環の準同型写像

$$i : \mathbb{Z} \longrightarrow \widehat{\mathbb{Z}}, \quad i(a) = (a + n\mathbb{Z})_{n\in\mathbb{N}}$$

が得られることに注目します．i の核は

$$a \in \mathrm{Ker}(i) \Longleftrightarrow a \in \bigcap_n n\mathbb{Z} = \{0\}$$

より $\mathrm{Ker}(i) = \{0\}$，すなわち i は単射です．よって $\widehat{\mathbb{Z}}$ は (i を介して) $\mathbb{Z}$ を部分環として含みます．また上で議論したように，$\widehat{\mathbb{Z}}$ の位相に関する基本開集合として

$$U := \left(\{a_{n_1}\} \times \cdots \times \{a_{n_r}\} \times \prod_{n \neq n_1, \cdots, n_r} \mathbb{Z}/n\mathbb{Z}\right) \cap \widehat{\mathbb{Z}}$$

の形のものが取れますが，射影系の条件

$$n_i \mid n_j \ (1 \leqq i, j \leqq r) \Longrightarrow a_{n_j} + n_i\mathbb{Z} = a_{n_i} + n_i\mathbb{Z}$$

が成立するので，中国式剰余定理によって

$$a + n_i\mathbb{Z} = a_{n_i} + n_i\mathbb{Z} \qquad (1 \leqq i \leqq r)$$

をみたす $a \in \mathbb{Z}$ が存在します．したがって $i(a) \in U$ となり，これで $\widehat{\mathbb{Z}}$ の任意の空でない開集合は $\mathbb{Z}$ と交わることが示されました．

かくして次の定理が得られました．

定理 4.4 $\widehat{\mathbb{Z}}$ はコンパクトな位相環で，$\mathbb{Z}$ はその稠密な部分環である．

射影極限と p 進整数環

前項で観察したコンパクトな位相環 $\widehat{\mathbb{Z}}$ についてさらに観察を続けます．ここで，加法群 $\mathbb{Q}/\mathbb{Z}$ に対する性質 (4.2) に注意して，$H_n \cong \mathbb{Z}/n\mathbb{Z}$ に中国式剰余定理を適用すると，容易に次の主張が示されます：

命題 4.3 加法群 $\mathbb{Q}/\mathbb{Z}$ は p 群[2] H_{p^∞} の直和に一意的に分解する (p は素数)：

$$\mathbb{Q}/\mathbb{Z} = \bigoplus_p H_{p^\infty}, \qquad H_{p^\infty} := \bigcup_{k=1}^{\infty} \frac{1}{p^k}\mathbb{Z}/\mathbb{Z}. \tag{4.6}$$

2) 素数 p に対して位数が p^n の群を p 群と言います．

この分解の一意性から，任意の準同型 $f : \mathbb{Q}/\mathbb{Z} \to \mathbb{Q}/\mathbb{Z}$ について

$$f(H_{p^\infty}) \subseteqq H_{p^\infty} \qquad (\forall\, p)$$

が成立します．すなわち $f \in \mathrm{End}(\mathbb{Q}/\mathbb{Z}, +)$ から定義域の制限によって $f_n \in \mathrm{End}(H_n, +)$ が定まり，対応 $f \mapsto f_{p^n}$ から自然な環の準同型写像

$$\mathrm{res}_{p^\infty} :\ \mathrm{End}(\mathbb{Q}/\mathbb{Z}, +) \longrightarrow \mathrm{End}(H_{p^\infty}, +)$$

が得られます．また，これによって環の直積分解

$$\mathrm{End}(\mathbb{Q}/\mathbb{Z}, +) = \prod_p \mathrm{End}(H_{p^\infty}, +) \tag{4.7}$$

が引き起こされます．

さて H_{p^∞} の真部分群は H_{p^n} $(n \in \mathbb{N})$ だけであり，$m, n \in \mathbb{N}$ に対して次の関係も明らかです：

$$H_{p^m} \subseteqq H_{p^n} \iff m \leqq n.$$

このことから，前項とまったく同じ考察を部分群のシステム H_{p^n} $(n \in \mathbb{N})$ に対して繰り返すことができます．すなわち，正整数の全体 $\mathbb{N}$ を上記のように

$$m \,|\, n \iff m \preceq n$$

によって半順序集合とみなすとき，1 つの素数 p のべき乗 p^n の形の数の全体からなる部分集合は，同じ順序で全順序集合となります．この順序は，p^n の代わりにそのべき指数 n を考えれば，$\mathbb{N}$ の通常の大小関係による順序と同じです．

すると，このとき得られる射影系は，有限巡回 p 群 $\mathbb{Z}/p^n\mathbb{Z}$ $(n \in \mathbb{N})$ たちの間に標準写像

$$\phi_{m,n} : \mathbb{Z}/p^n\mathbb{Z} \longrightarrow \mathbb{Z}/p^m\mathbb{Z} \qquad (m \leqq n),$$
$$k + p^n\mathbb{Z} \mapsto k + p^m\mathbb{Z}$$

を定めた，自然な射影系です．その射影極限である $\mathbb{Z}_p$ は p **進整数環** と呼ばれます．定理 4.4 と同様に，以下の定理が成り立ちます．

定理 4.5　p 進整数環

$$\mathbb{Z}_p \;=\; \varprojlim \; \mathbb{Z}/p^n\mathbb{Z} \tag{4.8}$$

はコンパクトな位相環で，$\mathbb{Z}$ はその稠密な部分環である．

ここで，$\mathbb{Z}_p$ の位相について少し詳しく観察します．この位相では基本開近傍として

$$U_m := \left(\{a_1\} \times \cdots \times \{a_m\} \times \prod_{k>m} \mathbb{Z}/p^k\mathbb{Z}\right) \cap \mathbb{Z}_p$$

の形のものが取れますが，$0 \in U_m$ および射影系の条件

$$1 \leqq i \leqq j \leqq m \Longrightarrow a_j + p^i\mathbb{Z} \;=\; a_i + p^i\mathbb{Z}$$

を考慮すると，$a_i = 0 \in \mathbb{Z}/p^i\mathbb{Z}$ $(1 \leqq i \leqq m)$ が導かれます．よって

$$p^m\,\mathbb{Z}_p = \left(\{0\} \times \cdots \times \{0\} \times \prod_{k>m} \mathbb{Z}/p^k\mathbb{Z}\right) \cap \mathbb{Z}_p \qquad (m \in \mathbb{N})$$

が 0 の基本開近傍となり，これらは同時に $\mathbb{Z}_p$ の (開かつ閉) 部分群となっています．また明らかに

$$\bigcap_{m=1}^{\infty} \; p^m\,\mathbb{Z}_p = \{0\}$$

が成立するので，$\alpha \in \mathbb{Z}_p$，$\alpha \neq 0$ に対して

$$v_p(\alpha) = \max\{m \in \mathbb{N} \mid \alpha \in p^m\,\mathbb{Z}_p\}$$

が確定します ($v_p(0) = \infty$ とおきます)．すなわち

$$v_p(\alpha) \;=\; m \Longleftrightarrow \alpha\mathbb{Z}_p \;=\; p^m\,\mathbb{Z}_p$$

であり，この写像 $v_p : \mathbb{Z}_p \;\to\; \mathbb{N} \cup \{\infty\}$ は $\mathbb{Z}$ における p 進付値を $\mathbb{Z}_p$ に拡張したものにほかなりません！　また，上の注意から

$$v_p(\alpha) = 0 \Longleftrightarrow \alpha\mathbb{Z}_p \;=\; \mathbb{Z}_p \Longleftrightarrow \alpha \in \mathbb{Z}_p \setminus p\mathbb{Z}_p$$

であり，これは α が $\mathbb{Z}_p$ の可逆元 (単元) であることとも同値です．このことから，とくに可換環 $\mathbb{Z}_p$ は整域であることが判ります．$\mathbb{Z}_p$ の分数体を $\mathbb{Q}_p$ と記し，p **進数体**と呼びます．

直積分解 (4.7) を書き直すと以下のようになります：

$$\widehat{\mathbb{Z}} = \prod_p \mathbb{Z}_p. \tag{4.9}$$

すると，前章の主題であった $\mathbb{Z}$ における "F-位相" は，有限環 $\mathbb{Z}/n\mathbb{Z}$ のシステムからなる自然な射影極限の位相 (= 副有限位相と呼ばれます) を，その部分環である $\mathbb{Z}$ に誘導したものであることが判ります．

アデール環と近似定理

定義 4.3 $\widehat{\mathbb{Z}}$ は加法群の構造をもつので $\mathbb{Z}$ 上の加群とみなせます．この加群の係数 (スカラー) の環を $\mathbb{Z}$ から $\mathbb{Q}$ に拡張したものを $\mathbb{Q}_{A_f}$ と書き，有限アデール環と言います．

すなわち，$\mathbb{Q}_{A_f}$ は 有限個の $\alpha_1, \cdots, \alpha_n \in \widehat{\mathbb{Z}}$ の $\mathbb{Q}$-係数 1 次結合

$$\alpha = c_1\alpha_1 + c_2\alpha_2 + \cdots + c_2\alpha_n \qquad (c_1, \cdots, c_n \in \mathbb{Q})$$

からなる加法群です．上記の元 α について，素数 p が有理数 $c_1, \cdots, c_n$ の分母の因子でなければ $c_1, \cdots, c_n \in \mathbb{Z}_p$ となり，α の p 成分は

$$\alpha_p = c_1\alpha_{1p} + \cdots + c_2\alpha_{np} \in \mathbb{Z}_p$$

となります．したがって，$\mathbb{Q}_{A_f}$ を集合の記号で表現すると次のようになります：

$$\mathbb{Q}_{A_f} = \left\{ (\alpha_p) \in \prod_{p<\infty} \mathbb{Q}_p \;\middle|\; \alpha_p \in \mathbb{Z}_p \ (\forall\forall p) \right\}$$

ここで記号 $(\forall\forall p)$ は，「有限個の例外を除く，すべての p について」ということを表わします．

その名前が示すように，$\mathbb{Q}_{A_f}$ は元の $\widehat{\mathbb{Z}}$ と同じく成分ごとの演算によって可換環となります．また，$\mathbb{Q}_{A_f}$ は

$$\mathbb{Q}_{A_f} = \bigcup_{c\in\mathbb{Q},\, c\neq 0} c\widehat{\mathbb{Z}}$$

の形の和集合に表わされます．このことから，$\mathbb{Q}_{A_f}$ には $a+c\widehat{\mathbb{Z}}$ $(a,c\in\mathbb{Q},\, c\neq 0)$ を基本開集合とする位相が定まり，$\widehat{\mathbb{Z}}$ はその開かつコンパクトな部分環となることが判ります．

さて，$\mathbb{Q}_\infty := \mathbb{R}$ も考慮にいれて

$$\begin{aligned}\mathbb{Q}_A &:= \mathbb{Q}_\infty \times \mathbb{Q}_{A_f} \\ &= \left\{ (\alpha_p) \in \prod_{p\leqq\infty} \;\middle|\; \alpha_p \in \mathbb{Z}_p \ (\forall\forall p) \right\}\end{aligned}$$

を $\mathbb{Q}$ の**アデール環**と言います．これまでと同様に，すべての成分が a に等しいアデール $(a,a,\cdots,a,\cdots)\in\mathbb{Q}_A$ を有理数 a と同一視することによって，$\mathbb{Q}$ は $\mathbb{Q}_A$ の部分環となります．位相環 $\mathbb{Q}_\infty$，$\mathbb{Q}_{A_f}$ の直積によって $\mathbb{Q}_A$ も位相環となります．これについて，次の結果はとても重要です：

定理 4.6 $\mathbb{Q}$ は $\mathbb{Q}_A$ の離散的部分集合である．

証明 任意の $a\in\mathbb{Q}$ に対して，$\mathbb{Q}_\infty=\mathbb{R}$ の開区間 $(a-1,a+1)$ を取り，

$$\begin{aligned}U &:= (a-1,a+1)\times(a+\widehat{\mathbb{Z}}) \\ &= a \ + \ \left((-1,1)\times\widehat{\mathbb{Z}}\right) \ \subseteqq \ \mathbb{Q}_\infty\times\mathbb{Q}_{A_f}\end{aligned}$$

を考えます．U は $\mathbb{Q}_A$ における a の開近傍です．この開集合と $\mathbb{Q}$ の交わりが 1 点 a のみからなることは，成分の比較から容易に判ります． □

●——素数の無限性：もう 1 つの位相的証明

前項の定理 4.6 から，「素数の無限性」の「位相」を用いた新しい証明が得られます．このことを示すため，前回観察した「中国式剰余定理」を以下の定理 4.7 のように表現することができることに注意します (証明は読者への練習問題とします)．この主張は**弱近似定理**と呼ばれます．

定理 4.7　相異なる有限個の素数 $p_1, \cdots, p_n$ に対して $\mathbb{Q}$ は $\mathbb{Q}_\infty \times \mathbb{Q}_{p_1} \times \cdots \times \mathbb{Q}_{p_n}$ の稠密部分環である.

定理 4.6 と定理 4.7 を合わせると, 再び「素数の無限性」が導かれます. 実際, 素数が有限個しか存在しないとすると, $\mathbb{Q}_A$ は位相も込めて $\mathbb{Q}_\infty \times \mathbb{Q}_{p_1} \times \cdots \times \mathbb{Q}_{p_n}$ と一致することになりますが, このとき定理 4.6 と定理 4.7 は互いに逆のことを主張しているので矛盾です.

第 4 章の問題

問題 1　有理数の全体からなる加法群 $\mathbb{Q}$ の, 任意の有限生成部分群は巡回群であることを示せ.

問題 2　実数の全体からなる加法群 $\mathbb{R}$ の有限生成部分群は巡回群とは限らない. そのような部分群の例を挙げよ. また, p 進数のなす加法群 $\mathbb{Q}_p$ について, 同様な問題を考えよ.

問題 3　$A = \mathbb{Z}^{\oplus m}$ (ランク n の自由アーベル群) について, その自己準同型環 $\mathrm{End}(A)$ の構造を述べよ.

問題 4　複素数の乗法群 $\mathbb{C}^\times = \mathbb{C}\backslash\{0\}$ において, 位数が有限な元の全体からなる部分群 $\mu(\mathbb{C})$ は加法群 $\mathbb{Q}/\mathbb{Z}$ と同型であることを示せ.

問題 5　加法群 $\mathbb{Q}$ の部分群 A で, その自己準同型環 $\mathrm{End}(A)$ が斜体 (すべての元 $a \neq 0$ が逆元をもつ環) となるものを決定せよ.

第5章　p 進数の森とヘンゼル

君と浴みし森の夕日がやはらかく 補蟲網につつまれて忘られ
—— 塚本邦雄『水葬物語』

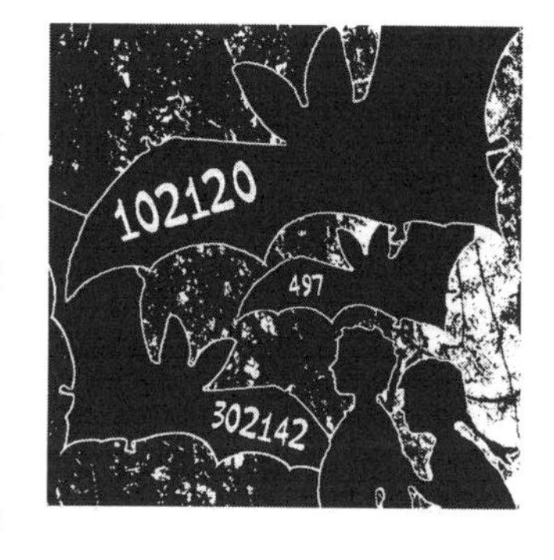

素数 p が 1 つ与えられると，p 進付値が定まり，これによって有理数の体 $\mathbb{Q}$ は距離空間となります．p 進数体 $\mathbb{Q}_p$ は，この位相に関して $\mathbb{Q}$ を完備化したもので，前章でその構成法について 1 つの道筋を述べましたが，読者の中には

なぜこれが「数」なのか？

と感じられた方も多いのではないかと思われます．実際，19 世紀末から 20 世紀初頭に，数学者ヘンゼル (K. Hensel, 1861–1941) が p 進数の理論を提唱したときは，数学界からも多くの抵抗と批判があったようです．

21 世紀の私たちは，好奇心と勇気をもって新しい「モノ」を認め，受け入れることが必要で，「出会い」を警戒し過ぎては NO です．

(実) 数は普段，どのように理解され扱われているでしょうか？ 例えば「円周率」π は円周と直径の長さの比，と定義されますが，普段はこれを 3.14 や 3.14159 などのように，10 進法による小数展開で認識しています．

p 進数についても，これを収束する無限級数 (p 進展開) によって表示することが可能で，このような表示によって p 進数を実数の場合と同様に扱うことができます．本章では，p 進展開を通じて p 進数の森[1] の奥に分け入り，そこで展開される数学の話題の中から，興味深いと思われるものをいくつか選んで，

[1] 余談ですが，本章の「森」は，密林 (ジャングル) というより，ドイツのメルヘンに現れる，奥深い森林をイメージしています．

観察します．その際，以下の問を念頭において話を進めます．

- p 進数の世界 $\mathbb{Q}_p$ における数学は，完備な数体系の元祖である実数の世界 $\mathbb{R}$ の数学と，どこが同じで，どこがどのように異なるのでしょうか？

p 進整数 $\mathbb{Z}_p$ (復習)

まず前章の内容から，p 進整数 $\mathbb{Z}_p$ に関する部分の要点を，おさらいすることから始めましょう．

$\mathbb{Z}$ の法 p^n による剰余環を $A_n = \mathbb{Z}/p^n\mathbb{Z}$ $(n \in \mathbb{N})$ と書きます．$m \leqq n$ のとき，これらの間には標準写像

$$\phi_{m,n} : A_n \longrightarrow A_m, \qquad k + p^n\mathbb{Z} \mapsto k + p^m\mathbb{Z}$$

が存在します．$A_n (n \in \mathbb{N})$ に $\phi_{m,n}$ を合わせて考えたシステム (射影系) の**射影極限**として $\mathbb{Z}_p$ が定義されました．すなわち，$\mathbb{Z}_p$ は直積 $\displaystyle\prod_{n \in \mathbb{N}} A_n$ の元 $(a_n)_{n \in \mathbb{N}}$ で次の条件をみたすものの全体からなる集合です：

$$\phi_{m,n}(a_n) = a_m \qquad (m \leqq n). \tag{5.1}$$

$\alpha \in \mathbb{Z}_p$ に対してその n 番目の成分を $a_n = \phi_n(\alpha)$ と書くと，自然な環の準同型写像 (全射) $\phi_n : \mathbb{Z}_p \to A_n$ が得られます (図 5.1 参照)．

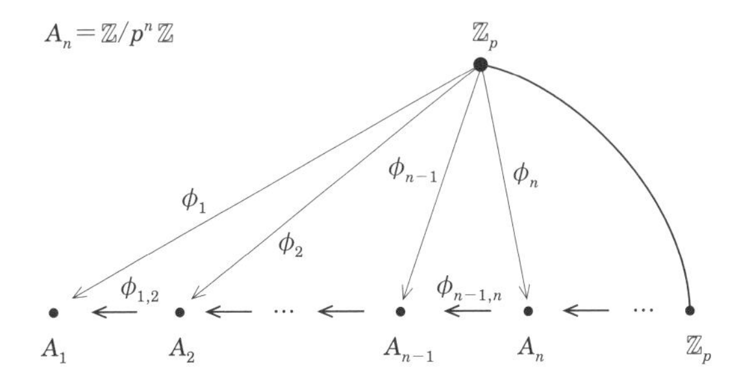

図 5.1

a_n は α を $\bmod p^n$ で「近似」したもの，とみなすことができ，このように考えると，条件 (5.1) は，近似が n の増加とともに精密になっていく状態を表

わしている，と理解できます．また $\mathbb{Z}_p$ には，有限環 A_n たちの離散位相の積位相から誘導される位相が定まります．この位相では

$$p^m \mathbb{Z}_p = \{\alpha \in \mathbb{Z}_p \mid \phi_m(\alpha) = 0\} \qquad (m \geqq 1)$$

が 0 の基本開近傍系をなし，これらは同時に $\mathbb{Z}_p$ の (開かつ閉) 部分群となっているのでした．とくに，$\mathbb{Z}_p$ はコンパクトな位相環となり，これから $\mathbb{Z}_p$ の完備性が導かれます．

また整数 $a \in \mathbb{Z}$ を，任意の $n \in \mathbb{N}$ について $\phi_n(\alpha) = a$ である $\alpha \in \mathbb{Z}_p$ と同一視します．これにより $\mathbb{Z}$ は $\mathbb{Z}_p$ の稠密な部分環となります (定理 4.5)．ここで，$\alpha \in \mathbb{Z}_p$ に対して

$$v_p(\alpha) = \max\{m \in \mathbb{N} \mid \alpha \in p^m \mathbb{Z}_p\}, \qquad v_p(0) = \infty$$

とおくと，写像 $v_p : \mathbb{Z}_p \to \mathbb{N} \cup \{\infty\}$ は $\mathbb{Z}$ の p 進付値の $\mathbb{Z}_p$ への拡張となります．そこで第 3 章の式 (3.2) と同様に，任意の 2 整数 $x, y \in \mathbb{Z}_p$ に対して

$$d_p(x, y) := p^{-v_p(x-y)} \quad (= |x-y|_p \text{ とも書く})$$

とおくと，$d_p(x, y)$ は $\mathbb{Z}_p$ の p 進位相を定める距離関数になります．さらに

$$v_p(\alpha) = m \Longleftrightarrow \alpha = p^m u, \qquad u \in \mathbb{Z}_p^\times$$

であり，とくに $v_p(\alpha) = 0$ であることと α が $\mathbb{Z}_p$ の可逆元 (単元) であることは同値で，これから可換環 $\mathbb{Z}_p$ は整域であることが判ります．$\mathbb{Z}_p$ の分数体を $\mathbb{Q}_p$ と記し，p **進数体**と呼びます．上の注意から $\mathbb{Q}_p$ は以下のように互いに交わらない可算個の部分集合に分割されることが判ります：

$$\mathbb{Q}_p = \{0\} \cup \bigcup_{n=-\infty}^{+\infty} p^n \mathbb{Z}_p^\times. \tag{5.2}$$

さて，p 進数と実数の間の大きな差は何か，という問題に対する最初の答えは，次の命題です．実数体 $\mathbb{R}$ の場合にはこの命題が成り立たないことは，例えば $a_n = \dfrac{1}{n}$ $(n \in \mathbb{N})$ のとき，級数が発散することから明らかです．

命題 5.1　p 進数体 $\mathbb{Q}_p$ における無限級数

$$\sum_{n=1}^{\infty} a_n = a_1 + a_2 + \cdots + a_n + \cdots \tag{5.3}$$

が収束するための必要十分条件は,

$$\lim_{n\to\infty} |a_n|_p = 0 \quad \text{すなわち} \quad \lim_{n\to\infty} v_p(a_n) = +\infty$$

が成立することである.

証明　この条件が必要であることは明らかです．他方，この級数の第 n 項までの部分和を s_n とおくとき付値 v_p の性質から $n > m$ に対して

$$\begin{aligned} v_p(s_n - s_m) &= v_p(a_{m+1} + \cdots + a_n) \\ &\geqq \min\{v_p(a_{m+1}), \cdots, v_p(a_n)\} \end{aligned}$$

が成立します．これより命題中の条件が成り立てば，$\{s_n\}$ はコーシー列となることが判ります．すると $\mathbb{Q}_p$ の完備性から収束列となり，(5.3) が収束することが導かれます．　□

●──実数の 10 進法表示

$\mathbb{R}$ の場合との比較のため，まず実数の表示について復習しておきます．一般に，正整数が 10 進法や 2 進法で表示されることは誰もが知るところです．同様に，任意の正整数 $q > 1$ に対して数の q 進法表示が可能です．すなわち任意の正整数は q 個の数 $0, 1, \cdots, q-1$ を用いて，次の形にただ 1 通りに表現されます $(a_n \neq 0)$：

$$\begin{aligned} a &= a_n\, a_{n-1} \cdots a_0 \quad {}_{(q)} \\ &= a_n q^n + a_{n-1} q^{n-1} + \cdots + a_0. \end{aligned} \tag{5.4}$$

a が負の整数のときも $-a$ の q 進法表示の先頭にマイナスを付けて，(5.4) と同様な表示ができます．また $0 < a < 1$ なる任意の実数が

$$\begin{aligned} a &= 0.a_1\, a_2 \cdots a_n \cdots \quad {}_{(q)} \\ &= \frac{a_1}{q} + \frac{a_2}{q^2} + \cdots + \frac{a_n}{q^n} + \cdots \end{aligned} \tag{5.5}$$

の形に展開されることも周知のとおりです．この事実は，$\dfrac{a}{q^n}$ $(a \in \mathbb{Z},\ n \geqq 0)$ の形の有理数の全体 $\mathbb{Z}\left[\dfrac{1}{q}\right]$ が $\mathbb{R}$ の稠密な部分環であることから導かれることに注意しましょう．ただし，(5.5) の表示の一意性については注意が必要で，ある番号 m から先のすべての $k \geqq m$ について $a_k = q-1$ となる場合，表示は一意的でなくなります．例えば $q=10$ のとき

$$0.09999\cdots \;=\; 0.10000\cdots \quad {}_{(10)}.$$

また，有理数の無限小数展開 (5.5) は必ずある番号から**循環**することもよく知られた事実です．例えば，$\dfrac{1}{7}$ の 10 進法による小数展開は

$$\frac{1}{7} = 0.\overline{142857} \;=\; 0.142857142857\cdots \quad {}_{(10)} \tag{5.6}$$

のように 142857 の 6 桁が循環します．

p 進数の p 進展開表示

p 進整数の環 $\mathbb{Z}_p$ は $\mathbb{Z}$ を完備化したものでした．このことは，逆に $\mathbb{Z}$ が $\mathbb{Z}_p$ の稠密な部分環であることを意味します．したがって，上に述べた実数の q-進展開表示の議論がほぼそのまま成立します．このことを少し詳しく観察しましょう．

p 進整数 $\alpha \in \mathbb{Z}_p$ に対して，その第 n 成分 $\phi_n(\alpha)$ は $A_n = \mathbb{Z}/p^n\mathbb{Z}$ の元ですから $0 \leqq a_n < p^n$ をみたす整数 a_n で代表されます．この a_n を p 進表示して

$$\begin{aligned} &a_n = c_{n,0} + c_{n,1}p + \cdots + c_{n,n-1}p^{n-1}, \\ &c_{n,i} \in \{0,1,\cdots,p-1\} \qquad (0 \leqq i \leqq n-1) \end{aligned} \tag{5.7}$$

のように一意的に表示できます．このとき条件 (5.1) は $m \leqq n$ をみたす任意の m,n に対して $a_n \equiv a_m \pmod{p^m}$，すなわち

$$c_{n,i} \;=\; c_{m,i} \qquad (0 \leqq i \leqq m-1)$$

が成立することと同値です．したがって $\alpha \in \mathbb{Z}_p$ の成分の代表元からなる整数列 $\{a_n\}$ は p 進付値から定まる距離に関してコーシー列であることが判ります．

さらに，復習のところで述べた注意から

$$v_p(\alpha - a_n) \geqq n \qquad (\forall n \in \mathbb{N})$$

が成立します．これは，数列 $\{a_n\}$ の極限値が $\alpha \in \mathbb{Z}_p$ であることにほかなりません．かくして，次の定理の前半が得られました．後半は，上の議論を逆にたどれば容易に示されます．

定理 5.1　任意の p 進整数 $\alpha \in \mathbb{Z}_p$ は

$$\alpha = c_0 + c_1 p + \cdots + c_n p^n + \cdots, \qquad c_i \in \{0, 1, \cdots, p-1\} \qquad (\forall n \in \mathbb{N}) \tag{5.8}$$

の形の収束無限級数に一意的に展開される．逆にこの形の無限級数はつねに収束し，1 つの p 進整数 $\alpha \in \mathbb{Z}_p$ を定める．　□

この定理における無限級数表示は，実数の q-進小数展開 (5.5) とそっくりではありませんか！ 両者の違いは，実数の場合は一般項が $\dfrac{a_n}{q^n} \to 0\ (n \to \infty)$ であるのに対して，p 進整数の級数表示では一般項が $c_n p^n \to 0\ (n \to \infty)$ となることです．後者は慣れるまで奇異に感じられるかもしれませんが，p 進付値による絶対値では $|p^n|_p = p^{-n}$ であることから当然のことなのです．

例 5.1　$-1 \in \mathbb{Z}_p$ の p 進展開は

$$-1 = (p-1) + (p-1) \cdot p + \cdots + (p-1) \cdot p^n + \cdots.$$

例 5.2　$p \neq 2$ のとき，上式の両辺を 2 で割ってから 1 を加えると $\dfrac{1}{2} \in \mathbb{Z}_p$ の p 進展開が得られます：

$$\frac{1}{2} = \left(\frac{p+1}{2}\right) + \left(\frac{p-1}{2}\right) \cdot p + \left(\frac{p-1}{2}\right) \cdot p^2 + \cdots + \left(\frac{p-1}{2}\right) \cdot p^n + \cdots.$$

さて，実数の世界 $\mathbb{R}$ における有理数の少数展開の場合と同じように，一般に次の性質が成り立ちます．

命題 5.2 有理数 α の分母が素数 p で割り切れないとき $\alpha \in \mathbb{Z}_p$ であり，その p 進展開 (5.8) はあるところから循環する．逆に循環する p 進展開をもつ $\alpha \in \mathbb{Z}_p$ は有理数であり，分母が p と素な既約分数で表わされる．

この命題の証明は，これをさらに精密化した以下の命題 5.3 (92 ページ) のところで行います．まず，最も簡単な有理数である単位分数 (= 分子が 1 の有理数) の例から観察しましょう．

例 5.3 $p \neq 3$ のとき，$\dfrac{1}{3} \in \mathbb{Z}_p$ の p 進展開は以下のようになります．

(i) $p \equiv 1 \pmod 3$ のときは第 2 項から同じ数 $\dfrac{2(p-1)}{3}$ が続きます．

$$\frac{1}{3} = \frac{2p+1}{3} + \sum_{k=1}^{\infty} \frac{2(p-1)}{3} \cdot p^k$$

(ii) $p \equiv 2 \pmod 3$ のときは第 3 項から長さ 2 の配列 $\dfrac{p-2}{3}$, $\dfrac{2p-1}{3}$ が循環します．

$$\frac{1}{3} = \frac{p+1}{3} + \frac{2p-1}{3} \cdot p + \sum_{k=1}^{\infty} \left(\frac{p-2}{3} \cdot p^{2k} + \frac{2p-1}{3} \cdot p^{2k+1} \right)$$

例 5.4 今度は $\dfrac{1}{7}$ について，実数 $\mathbb{R}$ での少数展開 (5.6) と $\mathbb{Z}_p$ での p 進展開 (5.8) を，いくつかの p について比較します．

(i) まず $p = 2$ のときは次のように展開されます：

$$\frac{1}{7} = (1 + 1 \cdot 2 + 1 \cdot 2^2) + \sum_{k=1}^{\infty} (0 + 1 \cdot 2 + 1 \cdot 2^2) \cdot 2^{3k}.$$

すなわち，4 項目から $0, 1, 1$ の 3 **桁が循環する**ことが観察できます．この展開を導くには，無限等比級数の和の公式

$$\sum_{k=0}^{\infty} x^k = \frac{1}{1-x} \qquad (x \in \mathbb{Q}_p) \tag{5.9}$$

を利用します．$|x^n|_p = |x|_p^n$ ですから，この無限級数が $\mathbb{Q}_p$ において収束する条件は命題 5.1 により，

$$\lim_{n\to\infty} |x|_p^n = 0 \iff |x|_p < 1 \iff x \in p\mathbb{Z}_p$$

であることが判ります．そこで $p = 2, x = 8 \in 2\mathbb{Z}_2$ にこれを適用して

$$\sum_{k=0}^{\infty} 2^{3k} = \frac{1}{1-8} = -\frac{1}{7}$$

したがって

$$\frac{1}{7} = \frac{7-2-4}{7} = 1 + \frac{-2}{7} + \frac{-4}{7} = 1 + \sum_{k=0}^{\infty} \left(2\cdot 2^{3k} + 4\cdot 2^{3k}\right).$$

$k = 0$ の部分を切り離して整理すると，求める等式が得られます．

(ii)　$p = 3$ のとき．$3^6 - 1$ が 7 の倍数であること (フェルマーの小定理) に着目して $3^6 - 1 = 7\cdot 104$ と表わすと，まず次のような計算変形が可能です：

$$\begin{aligned}\frac{1}{7} &= \frac{7-6}{7} = 1 + \frac{(-6)\cdot 104}{7\cdot 104} = 1 + \frac{624}{1-3^6} \\ &= 1 + \frac{1\cdot 3 + 2\cdot 3^3 + 1\cdot 3^4 + 2\cdot 3^5}{1-3^6}.\end{aligned}$$

これから上と同様に (5.9) を適用して

$$\frac{1}{7} = (1 + 1\cdot 3 + 2\cdot 3^3 + 1\cdot 3^4 + 2\cdot 3^5) + \sum_{k=1}^{\infty} (1\cdot 3 + 2\cdot 3^3 + 1\cdot 3^4 + 2\cdot 3^5)\cdot 3^{6k}.$$

これで $\frac{1}{7} \in \mathbb{Z}_3$ の 3 進展開が得られました．この展開は第 7 項目から $0, 1, 0, 2, 1, 2$ の 6 桁が循環します．この現象は実数の世界における $\frac{1}{7} \in \mathbb{R}$ の少数展開 (5.6) とそっくり同じです！

(iii)　$p = 11$ のときは等式

$$\frac{1}{7} = \frac{7-6}{7} = 1 + \frac{(-6)\cdot 190}{7\cdot 190} = 1 + \frac{1140}{1-11^3}$$

を用いて計算すると

$$\frac{1}{7} = (8 + 4{\cdot}11 + 9{\cdot}11^2) + \sum_{k=1}^{\infty} (7 + 4{\cdot}11 + 9{\cdot}11^2){\cdot}11^{3k}$$

のようになって，第 4 項目から $7, 4, 9$ が循環し，**循環節の長さは** 3 です．

(iv) 最後に $p = 13$ の場合を考えます．このときは等式

$$\frac{1}{7} = \frac{7-6}{7} = 1 + \frac{(-6){\cdot}24}{7{\cdot}24} = 1 + \frac{144}{1-13^2}$$

が成立します．このことから次の 13 進展開が得られます：

$$\frac{1}{7} = (2 + 11{\cdot}13) + \sum_{k=1}^{\infty} (1 + 11{\cdot}13){\cdot}13^{2k}.$$

したがって，この場合は 第 3 項目から $1, 11$ が循環し，**循環節の長さは** 2 となります．

このように，同じ有理数 $\frac{1}{7}$ でも，p が異なるとその p 進展開の循環節の長さはいろいろ変化します．このことは例 5.2 の $\frac{1}{3}$ の場合でもすでに観察されていたことに注意します．

- 循環節の長さは，p のいかなる性質によって決まるのでしょうか？

命題 5.3 既約分数 $\alpha = \frac{m}{q} \in \mathbb{Q}$ について，$q > 1$, $\gcd(q, p) = 1$ とする．このとき α の p 進展開 (5.8) は循環し，循環節の長さは $(\mathbb{Z}/q\mathbb{Z})^{\times}$ における p の位数に等しい．

証明 話を簡単にするため，ここでは $\alpha = \frac{1}{q}$ (単位分数) の場合を示します．q を法とする既約剰余類の群 $(\mathbb{Z}/q\mathbb{Z})^{\times}$ における p の位数を l とするとき

$$p^l \equiv 1, \quad p^k \not\equiv 1 \pmod{q}, \qquad (1 \leqq k < l)$$

となるので $p^l - 1 = aq$ $(a \in \mathbb{N})$ という形の等式が成立します．これを「変形」すると

$$
\begin{aligned}
\frac{1}{q} &= \frac{-a}{1-p^l} = \sum_{k=0}^{\infty} (-a)\cdot p^{kl} \\
&= (p^l - a) + (p^l - a - 1)p^l + (p^l - a - 1)p^{2l} + \cdots . \qquad (*)
\end{aligned}
$$

ここに現れた整数 a は $0 < a < p^l - 1$ をみたすので，

$$1 < p^l - a < p^l, \qquad 0 < p^l - a - 1 < p^l$$

が成り立ちます．したがって $p^l - a,\, p^l - a - 1$ の p 進展開は l 桁の表示をもち，

$$p^l - a = \sum_{k=0}^{l-1} a_k p^k, \qquad p^l - a - 1 = (a_0 - 1) + \sum_{k=1}^{l-1} a_k p^k$$

という形になります．よって上の式 $(*)$ から $\dfrac{1}{q}$ の p 進展開 (5.8) は，第 $l+1$ 桁目から

$$(a_0 - 1),\, a_1,\, a_2,\, \cdots,\, a_{l-1}$$

が循環して現れ，循環節の長さが l であることが判ります． □

p 進 2 次無理数

今度は，有理数とは限らない p 進数について考えます．有理数でない実数は「無理数」にほかなりません．最も簡単な無理数の例は，平方数でない整数の「平方根」です．

c が正の実数のとき，その正の平方根は実数として一意的に定まります ($\sqrt{c} \in \mathbb{R}$)．すると，有理数の全体 $\mathbb{Q}$ が $\mathbb{R}$ において稠密であることから，$\sqrt{c}$ に収束する有理数の数列 $\{\alpha_n\}$ が存在します．そのような数列 $\{\alpha_n\}$ を具体的に求めることは，ニュートン近似法によって実行することができます．

●――ニュートン近似法

一般に $f(x)$ が区間 $[a,b]$ において下に凸な C^1 級関数で，$f(a) < 0,\ f(b) > 0$ をみたすとします．このとき，$f(\alpha) = 0$ をみたす実数 $\alpha \in [a,b]$ がただ 1 つ存在することが示されます．この $\alpha \in [a,b]$ は，以下のような数列 $\{\alpha_n\}$ の極

限として得られます．上記の条件をみたす $f(x)$ に対して，数列 $\{a_n\}$ を漸化式

$$\alpha_{n+1} = \alpha_n - \frac{f(\alpha_n)}{f'(\alpha_n)}, \qquad \alpha_0 = b \tag{5.10}$$

で定めるとき

$$\lim_{n\to\infty} \alpha_n = \alpha.$$

ここで，α_{n+1} は，$y = f(x)$ のグラフ上の点 $(\alpha_n, f(\alpha_n))$ における，この曲線の接線と x 軸の交点の座標です．これを図示すると以下の図 5.2 のようになります．

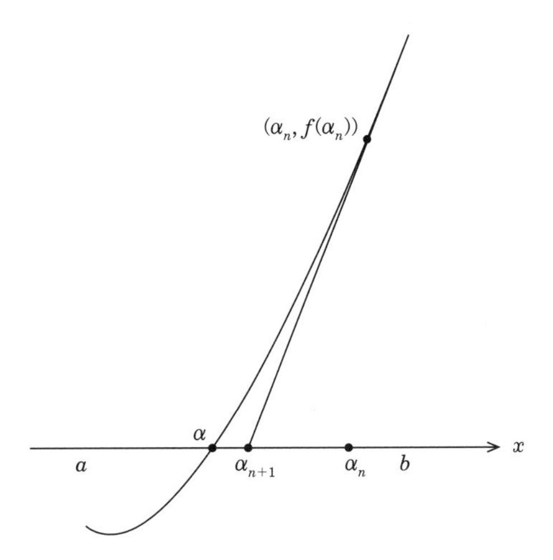

図 **5.2**

関数 $f(x) = x^2 - c$ は凸関数であることに注意して，(5.10) を適用すれば，次の漸化式を得ます．

$$\alpha_{n+1} = \frac{\alpha_n^2 + c}{2\alpha_n} \tag{5.11}$$

したがって，初項 $\alpha_0 > 0$ を $\alpha_0^2 > c$ をみたす有理数に取ると，有理数からなる収束数列で，その極限値が α となるものが得られます．

さて，上の議論はそっくりそのまま（！）p 進数の場合にも適用できることが判ります．以下このことを詳しく観察します．p を奇素数とし，p で割り切れ

ない整数 $c \in \mathbb{Z}$ が与えられたとします.

命題 5.4 $\alpha^2 = c$ をみたす p 進数 $\alpha \in \mathbb{Z}_p$ が存在するための必要十分条件は $\left(\dfrac{c}{p}\right) = +1$，すなわち $\alpha_0^2 \equiv c \pmod p$ をみたす $\alpha_0 \in \mathbb{Z}$ が存在することである ($\left(\dfrac{*}{p}\right)$ はルジャンドルの平方剰余記号，第 13 章参照). このとき，α_0 を初項として漸化式 (5.11) から定まる有理数の数列 $\{\alpha_n\}$ は $\mathbb{Z}_p$ における収束数列であり，その極限値 α は $\alpha^2 = c$ をみたす.

証明 初項の取り方から，$v_p(\alpha_0^2 - c) > 0$ であり，また，これと $v_p(c) = 0$ から $v_p(\alpha_n) = 0$ となることに注意します．これより，次のことが帰納法を用いて示せます：

$$(*)_n : v_p(\alpha_n) = 0 \quad \text{かつ} \quad v_p(\alpha_n^2 - c) \geqq 2^n$$

実際，$n = 0$ の場合 $(*)_0$ は上の注意にほかなりません．また漸化式 (5.11) から

$$\begin{aligned} \alpha_{n+1}^2 - c &= \frac{({\alpha_n}^2 + c)^2 - 4c\alpha_n^2}{4\alpha_n^2} \\ &= \frac{({\alpha_n}^2 - c)^2}{4\alpha_n^2} \qquad (n = 0, 1, 2, \cdots) \end{aligned}$$

が成立します．これより $(*)_n$ を仮定すると，

$$\begin{aligned} v_p(\alpha_{n+1}^2 - c) &= 2v_p(\alpha_n^2 - c) - v_p(4\alpha_n^2) \\ &= 2v_p(\alpha_n^2 - c) \geqq 2^{n+1}. \end{aligned}$$

また，このとき $v_p(\alpha_{n+1} - c) \neq v_p(c)$ に注意すると

$$\begin{aligned} v_p(\alpha_{n+1}) &= \frac{1}{2}\, v_p(\alpha_{n+1}^2 - c + c) \\ &= \frac{1}{2}\min\{v_p(\alpha_{n+1} - c), v_p(c)\} = 0 \end{aligned}$$

となって，$(*)_{n+1}$ が成立します．これで帰納法が完成しました．ここで同じ漸

化式 (5.11) から

$$\alpha_{n+1} - \alpha_n = -\frac{\alpha_n^2 - c}{2\alpha_n}$$

が成立します．よって上の結果から

$$v_p(\alpha_{n+1} - \alpha_n) = v_p(\alpha_n^2 - c) \geqq 2^n \qquad (n = 0, 1, 2, \cdots).$$

これから数列 $\{\alpha_n\}$ はコーシー列であることが判ります．すると $\mathbb{Z}_p$ の完備性から数列 $\{\alpha_n\}$ は極限値 $\alpha \in \mathbb{Z}_p$ に収束します．このとき

$$\alpha^2 - c = \lim_{n\to\infty} ({\alpha_n}^2 - c) = 0. \qquad \square$$

$p = 2$ のとき，命題 5.4 の主張は次の形で成立します：

命題 5.4*　$c \in \mathbb{Z}$ を奇数とするとき，$\alpha^2 = c$ をみたす 2 進数 $\alpha \in \mathbb{Z}_2$ が存在するための必要十分条件は $c \equiv 1 \pmod 8$ が成立することである．このとき，

$$\alpha_0^2 \equiv c \pmod 8, \qquad \alpha_0 \in \mathbb{Z}$$

をみたす α_0 が存在する．α_0 を初項として漸化式 (5.11) から有理数の数列 $\{\alpha_n\}$ を定めるとき，この数列は $\mathbb{Z}_2$ における収束数列であり，その極限値 α は $\alpha^2 = c$ をみたす．

ここで，上記の命題 5.4, 5.4* に関して，実数 $\mathbb{R}$ における平方根の場合と異なる，2 つの重要な注意を述べます．その 1 つは，p 進数の平方根の場合は c が正という条件が不要になることです．例えば $p \equiv 1 \pmod 4$ をみたす素数 p については $\mathbb{Z}_p$ の中に $\sqrt{-1}$ が存在します！ 次に，p 進数の世界では正・負の定義がないため，2 つの平方根を区別することは，その第 1 近似である $\phi_1(\alpha) = \overline{\alpha_0} \in \mathbb{F}_p$ を指定することによって可能となることです．したがって，定理 5.1 のように正規化された p 進展開 (5.8) では 2 つの平方根の表示は大きく異なります．たとえば，$p = 5$ のとき $\sqrt{-1}$ に該当する 2 つの p 進数の展開は以下のようになります：

$$\begin{cases} \sqrt{-1} = 2 + 1{\cdot}5 + 2{\cdot}5^2 + 1{\cdot}5^3 + 3{\cdot}5^4 + 4{\cdot}5^5 + 2{\cdot}5^6 + 3{\cdot}5^7 + \cdots, \\ -\sqrt{-1} = 3 + 3{\cdot}5 + 2{\cdot}5^2 + 3{\cdot}5^3 + 1{\cdot}5^4 + 0{\cdot}5^5 + 2{\cdot}5^6 + 1{\cdot}5^7 + \cdots. \end{cases}$$

ヘンゼルの補題

p 進整数を係数にもつ多項式

$$f(X) = a_0X^n + \cdots + a_{n-1}X + a_0, \quad (a_i \in \mathbb{Z}_p) \tag{5.12}$$

について，各係数 a_i を法 p による剰余類 $\overline{a_i} \in \mathbb{F}_p$ $(0 \leqq i \leqq n)$ で置き換えた多項式を $\overline{f}(X)$ と書きます：

$$\overline{f}(X) = \overline{a_0}X^n + \cdots + \overline{a_1}X + \overline{a_n} \ \in \ \mathbb{F}_p[X].$$

このとき，対応 $f(X) \mapsto \overline{f}(X)$ は可換環の自然な準同型写像 $\pi : \mathbb{Z}_p[X] \to \mathbb{F}_p[X]$ を定めます．π は明らかに全射で，任意の $\xi(X) \in \mathbb{F}_p[X]$ に対して $\overline{f}(X) = \xi(X)$, $\deg(f) = \deg(\xi)$ をみたす $f(X) \in \mathbb{Z}_p[X]$ が存在することに注意します．ここで，$\xi(X)$ がモニック多項式 (すなわち，最高次の係数が 1) ならば，$f(X)$ もモニック多項式となるようにできます．さて，本章の探検の最終目標は次の定理です．

定理 5.2 (ヘンゼルの補題) $f(X) \in \mathbb{Z}_p[X]$ に対して $\overline{f}(X)$ が互いに素，すなわち共通因子のない多項式の積に分解すると仮定する：

$$\overline{f}(X) = \xi(X)\eta(X), \qquad \xi, \eta \in \mathbb{F}_p[X]. \tag{5.13}$$

このとき $f(X)$ は $\mathbb{Z}_p[X]$ において以下のように分解する：

$$\begin{cases} f(X) = g(X)h(X), \qquad g, h \in \mathbb{Z}_p[X], \\ \overline{g}(X) = \xi(X), \qquad \overline{h}(X) = \eta(X) \\ \deg(g) = \deg(\xi). \end{cases} \tag{5.14}$$

ここで，$\xi(X)$ がモニック多項式のときは，$g(X)$ もモニックにできる．

この定理の証明は後回しにして，まずその応用例についての観察を行いましょう.

応用例 5.1　ヘンゼルの補題のもっとも簡単な応用は，2 次式 $f(X) = X^2 - c \in \mathbb{Z}_p[X]$ の場合で，これから前項で扱った命題 5.4 (の十分条件) の別証明が得られます．実際，奇素数 p に対して $c \in \mathbb{Z}_p$ が p で割れないとき，条件 $\left(\dfrac{c}{p}\right) = +1$ は $\overline{f}(X) \in \mathbb{F}_p[X]$ がモニックで互いに素な 2 個の 1 次式の積に分解することを意味します．よってヘンゼルの補題が適用可能で，$f(X) = X^2 - c$ は $\mathbb{Z}_p[X]$ において 2 個の 1 次式の積に分解します．これは $f(X)$ の根 (解) α が $\mathbb{Z}_p[X]$ に存在すること，言い換えれば $\exists\, \alpha \in \mathbb{Z}_p[X]$，$\alpha^2 = c$ を意味します.

応用例 5.2　p を奇素数とし，正整数 a を $\{1, 2, \cdots, p-1\}$ から任意に 1 つ選び $\mathbb{Z}$ における数列 $\{a_n\}$ を

$$a_n = a^{p^n} \qquad (n \in \mathbb{N})$$

で定めると，この整数列は p 進付値による位相でコーシー列となることを，第 3 章の探検で観察しました．$\mathbb{Z}_p$ は完備な距離空間ですから $\mathbb{Z}_p$ において これらは各々ある極限値 $\zeta_a \in \mathbb{Z}_p$ に収束します．ここで，この数列の隣接項の関係式

$$a_{n+1} = (a_n)^p$$

から極限値 $\zeta_a \in \mathbb{Z}_p$ が

$${\zeta_a}^p = \zeta_a, \qquad {\zeta_a}^{p-1} = 1$$

をみたすことも第 3 章で注意しました．また，初項から導かれる合同式 $\zeta_a \equiv a \pmod p$ よりこれらは互いに異なることが判ります．以上より，次の重要な命題が得られました：

命題 5.5　p を奇素数とするとき，p 進単数群 $\mathbb{Z}_p^\times$ は 1 の $p-1$ 乗根の全体からなる $p-1$ 次巡回群を部分群として含む.

証明　この命題もヘンゼルの補題を応用して，次のように別証明が得られま

す．第 1 章の末尾で述べた，$\mathbb{F}_p[X]$ における恒等式 (1.26) に注目します：

$$X^{p-1}-1=(X-1)\cdots(X-(p-1)).$$

この等式の左辺の $f(X)=X^{p-1}-1$ を $\mathbb{Z}_p[X]$ に属する多項式とみなすと，等式は $\overline{f}(X)\in\mathbb{F}_p[X]$ がモニックで互いに素な $p-1$ 個の 1 次式の積に分解することを意味します．したがってヘンゼルの補題が適用できます．こうして $f(X)$ は $\mathbb{Z}_p[X]$ において $p-1$ 個の 1 次式の積に分解することが導かれます．したがって，その根である 1 の $p-1$ 乗根がすべて $\mathbb{Z}_p$ に含まれます． □

逆に，p 進体 $\mathbb{Q}_p$ に含まれる 1 のべき根は ζ_a $(1\leqq a\leqq p-1)$ に限ることも示せます (章末問題 2).

定理 5.2 の証明

最後に，ヘンゼルの補題を証明します．まず体上の多項式環について，次の性質を思い出します．

命題 5.6 体 K に係数をもつ多項式 $\xi(X),\eta(X)\in K[X]$ について，次の (i), (ii) は同値である：

(i) $\xi(X),\eta(X)$ は互いに素.

(ii) $\alpha(X)\xi(X)+\beta(X)\eta(X)=1$ をみたす $\alpha(X),\beta(X)\in K[X]$ が存在する.

ヘンゼルの補題の証明にかかります．以下のアイデアは，前項の「ニュートン近似法」と同じく，逐次近似の考え方に基づいています．

$\deg(f)=n$, $\deg(\xi)=r$ $(r\leqq n)$ とおきます．標準写像 $\pi:\mathbb{Z}_p[X]\to\mathbb{F}_p[X]$ の全射性から，

$$\overline{g_1}(X)=\xi(X),\quad \overline{h_1}(X)=\eta(X),\quad \deg(g_1)=r,\quad \deg(h_1)\leqq n-r$$

をみたす $g_1(X),h_1(X)\in\mathbb{Z}_p[X]$ が存在します．このとき $f(X)\equiv g_1(X)h_1(X)$ $(\mathrm{mod}\ p)$ が成立します．これらから出発して，2 組の多項式列 $g_k(X),h_k(X)\in\mathbb{Z}_p[X]$ $(k=1,2,3,\cdots)$ で，次の条件をみたすものを帰納的に求めていきます：

$$\begin{cases} (H_1)_k \ : \ g_k(X) \equiv g_{k+1}(X) \pmod{p^k}, \\ \qquad\qquad h_k(X) \equiv h_{k+1}(X) \pmod{p^k}, \\ (H_2)_k \ : \ f(X) \equiv g_k(X) h_k(X) \pmod{p^k}, \\ (H_3)_k \ : \ \deg(g_k) \ = \ r, \quad \deg(h_k) \ \leqq \ n - r. \end{cases}$$

$k = 1$ のとき $g_1(X), h_1(X) \in \mathbb{Z}_p[X]$ はすでに求められているので，帰納的に $g_s(X), h_s(X)$ まで求められたとして，暫定的に $u_s(X), v_s(X) \in \mathbb{Z}_p[X]$ を任意に取り

$$\begin{cases} g_{s+1}(X) \ := g_s(X) + p^s u_s(X), \\ h_{s+1}(X) \ := h_s(X) + p^s v_s(X) \end{cases}$$

とおきます．これらがみたすべき条件のうち，$(H_2)_{s+1}$ は，上の 2 式を代入して整理すると

$$f(X) - g_s(X) h_s(X) \equiv p^s \left(g_s(X) v(X) + h_s(X) u(X) \right) \pmod{p^{s+1}} \tag{5.15}$$

と表現されます．この左辺は $(H_2)_s$ が成立していることから

$$f(X) - g_s(X) h_s(X) \ = \ p^s q(X), \qquad q(X) \in \mathbb{Z}_p[X]$$

と表わせます．ここで $\deg(f(X)) = n$ と $(H_3)_s$ から $\deg(q(X)) \leqq n$ が成立します．すると，(5.15) が成り立つためには

$$g_s(X) v(X) + h_s(X) u(X) \equiv q(X) \pmod{p} \tag{5.16}$$

が成立すればよいことになります．そのために，まず条件 $(H_1)_k$ が $1 \leqq k \leqq s$ で成立することから

$$\overline{g_s}(X) \ = \ \overline{g_1}(X) \ = \ \xi(X), \qquad \overline{h_s}(X) \ = \ \overline{h_1}(X) \ = \ \eta(X)$$

であり，また $\xi(X), \eta(X)$ が互いに素であること，に注意します．すると命題 5.6 から

$$\alpha(X) \xi(X) + \beta(X) \eta(X) = 1$$

をみたす $\alpha(X), \beta(X) \in \mathbb{F}_p[X]$ が存在します．この等式の両辺に $\overline{q}(X)$ を掛けることにより

$$\alpha'(X)\xi(X)+\beta'(X)\eta(X)=\overline{q}(X)$$

をみたす $\alpha'(X), \beta'(X) \in \mathbb{F}_p[X]$ が得られます．ここで，

$$\beta'(X) = \xi(X)\mu(X)+\rho(X), \qquad \deg(\rho(X))<r$$

と書くと，上の式は

$$\overline{q}(X) = (\alpha'(X)+\mu(X)\eta(X))\xi(X)+\rho(X)\eta(X), \qquad \deg(\rho(X)\eta(X))<n$$

となります．この等式で $\deg(\xi(X))=r$ に注意すると

$$\deg(\alpha'(X)+\mu(X)\eta(X)) \leqq n-r$$

が判ります．また $\delta(X) := \alpha'(X)+\mu(X)\eta(X)$ とおくとこの等式は次のように表現されます：

$$\overline{q}(X)=\delta(X)\xi(X)+\rho(X)\eta(X),$$

$$\deg(\rho(X)) < r, \qquad \deg(\delta(X)) \leqq n-r$$

そこで $u_s(X), v_s(X) \in \mathbb{Z}_p[X]$ を

$$\begin{cases} \overline{u_s}(X) = \rho(X), \qquad \overline{v_s}(X) = \delta(X), \\ \deg(u_s(X)) = \deg(\rho(X)) < r, \\ \deg(v_s(X)) \leqq n-r \end{cases}$$

と取れば (5.16), (5.15) がみたされ, $k=s+1$ で条件をみたす $g_{s+1}(X), h_{s+1}(X)$ が得られます．これで帰納法が成立し，多項式列 $g_k(X), h_k(X) \in \mathbb{Z}_p[X]$ $(k = 1, 2, 3, \cdots)$ の存在が示されました．さて，条件 (H_1) からこの多項式列のそれぞれについて，同じ次数の係数からなる $\mathbb{Z}_p$ 内の数列はすべてコーシー列であることが判ります．すると $\mathbb{Z}_p$ の完備性からこれらは収束列であり，条件 (H_3) と合わせると，$\{g_k(X)\}$, $\{h_k(X)\}$ はそれぞれある多項式 $g(X), h(X) \in \mathbb{Z}_p$ に収束します．このとき (H_3) から

$$\deg(g(X)) = r, \qquad \deg(h(X)) \leqq n-r$$

であることが，また (H_2) から $f(X) = g(X)h(X)$ が導かれます．これで定理 5.2 が証明されました．　□

第 5 章の問題

問題 1　命題 5.3 において，有理数 $\alpha = \dfrac{m}{q}$ $(m > 1)$ の場合の証明を試みよ．

問題 2　p が奇素数，$n \geqq 1$ のとき，集合 $U_n := 1 + p^n\mathbb{Z}_p$ は乗法に関して $\mathbb{Q}_p^\times$ の部分群となり，これに属する位数が有限の元は単位元のみであることを示せ．このことを用いて，p 進体 $\mathbb{Q}_p$ に含まれる 1 のべき根は ζ_a $(1 \leqq a \leqq p-1)$ (応用例 5.2 参照) に限ることを示せ．

問題 3　素数 p が $p \equiv 1 \pmod 4$ をみたすとき，$c^2 \equiv -1 \pmod p$ となる整数 c が存在する (式 (13.7) を参照)．このとき整数列 $a_n = c^{p^n}$ $(n \in \mathbb{N})$ は $\mathbb{Z}_p$ において収束し，その極限値 ζ_c は 1 の原始 4 乗根であることを示せ：

$$\zeta_c = \lim_{n\to\infty} c^{p^n} \implies \zeta_c^2 = -1.$$

問題 4　素数 p が $p \equiv 1 \pmod 8$ をみたすとき，法 p の原始根 $g_1, g_2 \in \mathbb{N}$ を $g_1 g_2 \equiv 1 \pmod p$ をみたすように選ぶ．このとき

$$a_n = g_1^{\frac{(p-1)p^n}{8}} + g_2^{\frac{(p-1)p^n}{8}} \qquad (n \in \mathbb{N})$$

で定まる正整数の数列 $\{a_n\}$ は $\mathbb{Z}_p$ において収束し，その極限値 α は $\alpha^2 = 2$ をみたすことを示せ．

問題 5　素数 p が $p \equiv -1 \pmod 8$ をみたすとき，$2c^2 \equiv 1 \pmod p$ となる整数 c が存在する．このとき行列 $A, B \in \mathrm{M}_2(\mathbb{Z})$ を以下のように定めると，$A^{p^{2n}} + B^{p^{2n}}$ はスカラー行列となることを示せ $(a_n \in \mathbb{Z},\ n \in \mathbb{N})$：

$$A = \begin{pmatrix} c & c \\ -c & c \end{pmatrix}, \quad B = \begin{pmatrix} c & -c \\ c & c \end{pmatrix} \implies A^{p^{2n}} + B^{p^{2n}} = a_n \begin{pmatrix} 1 & 0 \\ 0 & 1 \end{pmatrix}.$$

また整数列 $\{a_n\}$ は $\mathbb{Z}_p$ において収束し，その極限値 α は $\alpha^2 = 2$ をみたすことを示せ (c の存在については第 13 章 (13.8) を参照).

第6章　p 進数の森とガロア

緑野，毛蟲のメタモルフォーズ．はたはたと翅とじておもき哲学辞典

—— 塚本邦雄『水葬物語』

引き続き，p 進数の森の探検を行います．この章における探検の目的は，完備な数体系の元祖である実数体 $\mathbb{R}$ の世界と，同じく完備な p 進数体 $\mathbb{Q}_p$ の世界とで，展開される数学現象の違いを対比させ，観察することです．

両世界で展開されながら結果が大きく異なる数学現象は，未知のものも含めて数多く存在します．ここでは最も基本的で由緒正しいテーマである「代数方程式の構造」についての話題を取り上げます．すなわち，p 進数体 $\mathbb{Q}_p$ 上の多項式の既約性と，そのべき根による解法の存在が今回の探検課題です．その際，重要な役割を果たすのは，前章で登場した「ヘンゼルの補題」です —— このように，数学の世界でもヘンゼルを主人公とする興味深い物語が存在します!!

さて，複素数の体 $\mathbb{C}$ については，「**代数学の基本定理**」とばれる，次の事実が知られています：

定理 $\mathbb{C}$　複素数体 $\mathbb{C}$ は「代数閉体」である．すなわち，定数でない複素数係数の任意の多項式 $f(X)$ は，$\mathbb{C}[X]$ において 1 次式の積に分解される．

この定理の 1 つの証明についても，最後に述べることにします．定理 $\mathbb{C}$ は，実数の体 $\mathbb{R}$ に関する次の定理と同値です．

定理 $\mathbb{R}$　実数体 $\mathbb{R}$ を係数とする任意の多項式 $f(X)$ は $\mathbb{R}[X]$ において 1 次式または 2 次式の積に因数分解される．

- 完備な体である $\mathbb{Q}_p$ でもこのような定理が成立つのでしょうか？

これは有理数体を取り囲む，さまざまな完備体の奥深さに関する問題で，重要であるばかりでなく，その解答には大いに興味をそそられます．

今回の探検の最終目標は次の定理を証明することです：

定理 $\mathbb{Q}_p$　任意の正整数 n に対して n 次の既約多項式 $f(X) \in \mathbb{Q}_p[X]$ が存在する．代数方程式 $f(X) = 0$ は $\mathbb{Q}_p$ 上可解であり，p 進数とべき根を用いて解くことができる．

この定理は，$\mathbb{R}$ と $\mathbb{Q}_p$ の違いを鮮やかに表現する，衝撃的と言えるほどの結果ですが，同時に誤解を招く危険性も含んでいます．私たちは，実数体 $\mathbb{R}$ や複素数体 $\mathbb{C}$ について，すでに長い時間学んできており，数直線や複素平面によってこれらを視覚的に把握することもできるので，定理 $\mathbb{R}$ や定理 $\mathbb{C}$ を抵抗なく受け入れられますが，定理 $\mathbb{Q}_p$ の場合は事情がかなり異なります．

まず $f(X) \in \mathbb{Z}_p[X]$ が既約な多項式であるとき，「その根とは何者で，どこにあるのか？」という疑問です．さらに，定理の後半では $f(X)$ の「**解の一般公式**」が存在することを主張しているわけではない，という点にも注意をはらう必要があります．これらの論点 (疑問) をキチンと把握しておかないと，本章の探検は

数の森の奥で，(狐か狸に出会って) 幻(まぼろし)を見せられた

というに等しい体験で終わってしまいます．

既約多項式と根体

最初に体 K とその上の既約な n 次多項式について一般的な観察を行います．

体 K に関して既約な多項式は次数 n が 1 の場合を除いて K 内には「根」をもちません．したがって，$f(X)$ の根が存在する「場所」は K ではなく，そ

の外の世界です．通常は，これを K を含む大きな体 (拡大体) として取り上げ，そのうち $f(X)$ の (1 つの) 根を含むもの，または n 個の根全部を含むもの，の 2 種類を考察します．

K が単独に与えられる場合 (すなわち，K がすでに大きな体に含まれているのではないとき)，これらの体 L は，最小のもの —— このとき，前者を $f(X)$ の K 上の「**根体**」，後者を「**最小分解体**」と言います —— に限っても，無限に存在します．重要なのは，根体 (最小分解体) はすべて K 上同型であることです．すなわち，L_1, L_2 が根体 (最小分解体) ならば K の各元を動かさない体の同型写像 $f : L_1 \to L_2$ が存在します．

根体の存在を示すことは，「コロンブスの卵」の発想と同じで，多項式環 $K[X]$ の，既約な多項式 $f(X) \in K[X]$ の生成するイデアル $I = f(X)K[X]$ による剰余類環 $L = K[X]/I$ が求める「根体」の 1 つとなります．実際 $f(X)$ が既約であることから L は (K を含む) 体となり，$\alpha := X \pmod{I} \in L$ とおくとき $f(\alpha) = 0$ が成立することが，定義から容易 (自明！)[1] に示されます．

また，β が K を含むある環 (整域) の元で，$f(\beta) = 0$ をみたすものとするとき

$$K[\beta] := \{g(\beta) \mid g(X) \in K[X]\}$$

は K の n 次の拡大体となります．実際，$K[X] \ni g(X) \mapsto g(\beta) \in K(\beta)$ は環の全射準同型で，その核は $f(X)$ で割り切れる多項式からなる素イデアル $I = f(X)K[X]$ となり，準同型定理から

$$K[\beta] \cong K[X]/I = K[\alpha] \tag{6.1}$$

です．この環の各元は，次数が n より小さな多項式 $g(X)$ によって $g(\beta)$ の形で表わされます．これは，$g(X)$ を $f(X)$ で割った余りを $g_0(X)$ とするとき $g(\beta) = g_0(\beta)$ となることから明らかです．このことから

$$[K[\beta] : K] = n = \deg(f)$$

であることが判ります．いま，$g(\beta) \neq 0$ とすると $f(X)$ の既約性から $f(X), g(X)$ は互いに素となり，前章の命題 5.6 から

[1] この議論で，記号 “X” の役割 (意味) に注意します．L を定めるときの X は固定され，その元 α は L とは独立な変数 Y の多項式 $f(Y) \in K[Y]$ の根になります．

$$h(X)g(X) + k(X)f(X) = 1$$

をみたす $h(X), k(X) \in K[X]$ が存在します．この等式に $X = \beta$ を代入して $h(\beta)g(\beta) = 1$ が得られ，$K[\beta]$ が体であることが判ります．この体を $K(\beta)$ と記します．$K(\beta)$ は K の拡大体のうち，$f(X)$ の根 β を含む最小のもので，その構造は「根」β を，(K を含む) どの整域から取っても同じであることが判ります．

Eisenstein の既約多項式

定義 6.1 p 進整数を係数とする多項式 $f(X) \in \mathbb{Z}_p[X]$ は，以下の条件をみたすとき Eisenstein **多項式**と呼ばれる．

$$\begin{aligned} &f(X) := X^n + a_1 X^{n-1} + \cdots + a_n \in \mathbb{Z}_p[X], \\ &a_i \in p\mathbb{Z} \ (1 \leqq i \leqq n), \qquad a_n \notin p^2\mathbb{Z} \end{aligned} \tag{6.2}$$

例えば $X^n \pm p$ は Eisenstein 多項式です．次の命題は，任意の $n \in \mathbb{N}$ に対して，$\mathbb{Q}_p[X]$ には n 次の既約多項式が存在することを示しています．これは $\mathbb{R}[X]$ の場合の結果 (定理 $\mathbb{R}$) と比べると大きな違いです．

命題 6.1 Eisenstein 多項式は $\mathbb{Q}_p[X]$ において既約である．

証明 前章で述べたように，$f(X)$ の各係数を法 p で還元することによって得られる $\mathbb{F}_p = \mathbb{Z}_p/p\mathbb{Z}_p$ 上の多項式を $\overline{f}(X)$ とすると，与えられた条件から

$$\overline{f}(X) = X^n \in \mathbb{F}_p[X]$$

となります．いま，$f(X)$ が $\mathbb{Q}_p[X]$ において可約であると仮定すると，$f(X)$ は $\mathbb{Z}_p[X]$ でも可約であることが判ります (ガウスの補題)．そこで $f(X)$ の非自明な分解を

$$\begin{aligned} &f(X) = g(X)h(X), \quad g(X), h(X) \in \mathbb{Z}_p[X] \\ &\deg(g) = k, \qquad \deg(h) = n - k \qquad (0 < k < n) \end{aligned}$$

とします．ここで，$g(X), h(X)$ はモニック (すなわち，最高次の係数 $= 1$) に

取れます．すると上の注意から

$$X^n = \overline{f}(X) = \overline{g}(X)\overline{h}(X),$$

$$\text{よって，} \overline{g}(X) = X^k, \qquad \overline{h}(X) = X^{n-k} \qquad (0 < k < n)$$

となります．すると $g(X), h(X)$ の定数項はともに p の倍数であることになり，その積である $f(X)$ の定数項 a_n は p^2 の倍数となります．これは条件 $a_n \notin p^2\mathbb{Z}$ に反します．よって仮定は誤りで，$f(X)$ は $\mathbb{Q}_p$ 上既約であることが判ります． □

例 6.1 素数 p と正整数 $n \in \mathbb{N}$ に対して，次の整数係数の多項式を考えます．

$$\begin{aligned}\Phi_{p^n}(X) &= \frac{X^{p^n} - 1}{X^{p^{n-1}} - 1} \\ &= X^{p^{n-1}(p-1)} + X^{p^{n-1}(p-2)} + \cdots + X^{p^{n-1}} + 1 \end{aligned} \tag{6.3}$$

このとき $\Phi_{p^n}(X+1)$ は Eisenstein 多項式となることが，以下のようにして判ります．まず $\Phi_{p^n}(X+1)$ を $\mathbb{F}_p[X]$ の多項式とみなすと

$$\overline{\Phi_{p^n}}(X+1) = \frac{(X+1)^{p^n} - 1}{(X+1)^{p^{n-1}} - 1} = \frac{(X^{p^n} + 1) - 1}{(X^{p^{n-1}} + 1) - 1} = X^{p^{n-1}(p-1)}$$

が成立することから $\Phi_{p^n}(X+1)$ の展開における中間項の係数はすべて p で割り切れます．そして定数項 $a_{p^{n-1}(p-1)}$ は (6.3) の第 2 式から

$$a_{p^{n-1}(p-1)} = f_n(1) = \overbrace{1 + \cdots + 1}^{p} = p \in p\mathbb{Z}_p \backslash p^2\mathbb{Z}_p.$$

したがって命題 6.1 より $\Phi_{p^n}(X+1)$ は $\mathbb{Q}_p[X]$ で既約多項式であり，このとき，$\Phi_{p^n}(X)$ も同様に既約であることが判ります．

体の付値と付値環

一般に体 K の「付値」とは，写像 $|*| : K \to \mathbb{R}_{\geqq 0}$ で以下の条件 (i), (ii), (iii) をみたすものを言います．

$$\begin{cases} \text{(i)} \quad |\alpha| \geqq 0, \ \ |\alpha| = 0 \iff \alpha = 0 \\ \text{(ii)} \quad |\alpha\beta| = |\alpha|\cdot|\beta| \\ \text{(iii)} \quad |\alpha+\beta| \leqq |\alpha| + |\beta| \quad (\text{三角不等式}) \end{cases}$$

ただしここで，すべての $\alpha \in K^{\times}$ に対して $|\alpha| = 1$ となる場合を除外します．

$K = \mathbb{Q}$ のとき，各素数 p に対して p 進付値 v_p が 定まり，

$$|\alpha|_p := p^{-v_p(\alpha)} \tag{6.4}$$

とおくと，上の条件 (i), (ii), (iii) が成立することはすでに観察済みです．$|\alpha|_p$ も p 進付値と呼びます (区別の必要があるときは，v_p を「**指数付値**」と言います)．このとき，

$$d_p(\alpha,\beta) = |\alpha - \beta|_p$$

は距離関数となり，これによって $\mathbb{Q}$ は距離空間となるのでした．さて，p 進付値の場合は，任意の整数 $m \in \mathbb{Z}$ に対して $|m|_p \leqq 1$ となることに注意します．一般に，体 K の付値について，整数 m に対する値 $|m|$ が有界であるとき，これを**非アルキメデス的付値**と呼び，そうでないものを**アルキメデス的付値**呼びます．実数体の部分体 $K \subseteqq \mathbb{R}$ は，通常の絶対値 $|\alpha|$ による付値をもち，これはアルキメデス的です．

非アルキメデス的付値は，(iii) より強い次の条件

$$\text{(iii}^*\text{)} \quad |\alpha+\beta| \leqq \max(|\alpha|, |\beta|)$$

をみたします．逆に，(iii*) をみたす付値は非アルキメデス的であることが容易に示されます．このとき K の部分集合 $\mathcal{O}$ を

$$\mathcal{O} = \{\alpha \in K \mid |\alpha| \leqq 1\} \tag{6.5}$$

で定めると，$\mathcal{O}$ は環になることが判ります．これを非アルキメデス的付値 $|*|$ に対する**付値環**と言います．付値環 $\mathcal{O}$ は，

$$\alpha \notin \mathcal{O} \Longrightarrow \alpha^{-1} \in \mathcal{O} \qquad (\forall \alpha \in K^{\times}) \tag{6.6}$$

という性質をみたすことに注意します．また

$$\wp = \{\alpha \in K \mid |\alpha| < 1\} \tag{6.7}$$

とおくと，

$$\alpha \in \mathcal{O} \setminus \wp \Longleftrightarrow |\alpha| = 1 \Longleftrightarrow \alpha \in \mathcal{O}^{\times}$$

が成立し，これから $\wp$ は付値環 $\mathcal{O}$ のただ 1 つの極大イデアルであり，$\mathcal{O}^{\times} = \mathcal{O} \setminus \wp$ は付値環の単数群となることが判ります．また本章で扱う付値体 K の場合は剰余環 $\mathcal{O}/\wp$ は有限体で，その位数を $N(\wp) = \#(\mathcal{O}_K/\wp)$ と記し $\wp$ のノルムと呼びます．

さて，$|*|$ が K の付値のとき，任意の正数 $s \in \mathbb{R}$ に対して $|*|^s$ は再び K の付値となり，これらは K の同じ位相を定めることが判ります．また非アルキメデス的付値の場合，$|*|^s$ の付値環は $|*|$ の付値環と一致します．逆に，同じ付値環をもつ 2 つの K の付値を $|*|_1, |*|_2$ とすると $|*|_2 = |*|_1^s$ をみたす正数 $s \in \mathbb{R}$ が存在することが示されます．さらにこの関係は，任意の $\alpha \in K$ に対して

$$|\alpha|_1 < 1 \Longrightarrow |\alpha|_2 < 1 \tag{6.8}$$

が成立することと同値であることが示されます．このように，同じ位相を定める K の 2 つの付値を**同値**な付置と呼びます．

さて，体 K の付値が与えられたとき，0 以外の値の全体 $\{|\alpha| \,;\, \alpha \in K^{\times}\}$ は実数の乗法群 $\mathbb{R}^{\times}$ の部分群となることが容易に判ります．これを付値 $|*|$ の**値群**といいます．値群が (無限) 巡回群である付値を**離散付値**といい，その生成元 $|\pi| < 1$ を与える $\pi \in K$ を**素元** といいます．このとき，付値環 $\mathcal{O}$ の極大イデアルは π を生成元とする単項イデアル $\wp = \pi\mathcal{O}$ となります．

p 進付値の延長と一意性

多項式 $f(X) \in \mathbb{Z}_p[X]$ を既約な n 次式とし，α をその 1 つの「根」とします．ここで以下の定理 6.1 で必要となる次の定義をしておきます．

定義 6.2 (ノルム写像)　L/K を 体 K の n 次拡大とするとき，L は K 上の n 次元ベクトル空間とみなされ，各 $\alpha \in L$ に対して写像

$$\varphi_\alpha : L \longrightarrow L, \qquad \varphi_\alpha(x) = \alpha x$$

は L の K 上の線形変換となる．L の K 上の基底を 1 組選ぶと φ_α は K の元を成分とする n 次の行列で表現される．その行列式を α の**ノルム**と呼び，記号 $\mathrm{N}_{L/K}(\alpha)$ で表わす．$\mathrm{N}_{L/K}(\alpha)$ が L の基底の選び方によらないことは周知のとおりで，行列式の乗法性から，次の等式が成立する．

$$\mathrm{N}_{L/K}(\alpha\beta) = \mathrm{N}_{L/K}(\alpha)\mathrm{N}_{L/K}(\beta) \qquad (\forall\ \alpha, \beta \in L).$$

さて $\mathbb{Q}_p$ 上の多項式を任意に取り

$$f(X) = a_n X^n + \cdots + a_1 X + a_0, \quad a_0 a_n \neq 0 \tag{6.9}$$

とします．これについて，以下の話のカギとなる次の性質がヘンゼルの補題から導かれます．

補題 6.1　多項式 $f(X) \in \mathbb{Q}_p[X]$ が既約のとき，次の等式が成立する：

$$\max(|a_0|_p, |a_1|_p, \cdots, |a_n|_p) = \max(|a_0|_p, |a_n|_p)$$

とくに $a_n = 1$ かつ $a_0 \in \mathbb{Z}_p$ ならば $f(X) \in \mathbb{Z}_p[X]$ である．

証明　必要なら $f(X)$ を定数倍して

$$f(X) \in \mathbb{Z}_p[X], \qquad \max(|a_0|_p, |a_1|_p, \cdots, |a_n|_p) = 1$$

として主張を示せば十分です．このとき $a_0, \cdots, a_n$ の中で最初に $|a_k|_p = 1$ となる k $(0 \leqq k \leqq n)$ に注目すれば，$\mathbb{F}_p[X]$ において次の等式が成立します．

$$\overline{f}(X) = X^k(\overline{a_k} + \overline{a_{k+1}}X + \cdots + \overline{a_n}X^{n-k})$$

ここで，$|a_k|_p = 1$ から $\overline{a_k} \neq 0$ であり，X^k と $\overline{a_k} + \cdots + \overline{a_n}X^{n-k}$ は互いに素な多項式であることに注意します．いま，補題の結論を否定して $\max(|a_0|_p, |a_n|_p) < 1$ とすると $1 < k < n$ となります．すると，ヘンゼルの補題から $f(X)$ は可約多項式となり，仮定に反します．したがって

$$\max(|a_0|_p, |a_n|_p) = 1 = \max(|a_0|_p, \cdots, |a_n|_p)$$

が成立します．　□

定理 6.1 K を $\mathbb{Q}_p$ の有限次の代数拡大体とする．このとき，$\mathbb{Q}_p$ の付値 $|*|_p$ は同値なものを除いて一意的に K の付値 $|*|_K$ に拡張される．$|*|_K$ は次式で与えられる：

$$|\alpha|_K = \sqrt[n]{|\mathrm{N}_{K/\mathbb{Q}_p}(\alpha)|_p} \tag{6.10}$$

ただし，$\mathrm{N}_{K/\mathbb{Q}_p} : K^\times \to \mathbb{Q}_p{}^\times$ はノルム写像を表わす．

証明 まず，$\mathbb{Z}_p$ の K における整閉包[2)] を $\mathcal{O}$ とするとき，

$$\mathcal{O} = \{\alpha \in K \mid N_{K/\mathbb{Q}_p}(\alpha) \in \mathbb{Z}_p\} \tag{6.11}$$

となることを注意します．実際，任意の $\alpha \in K^\times$ について α の $\mathbb{Q}_p$ 上の最小多項式を

$$P_\alpha(X) = X^m + a_1 X^{m-1} + \cdots + a_m \tag{6.12}$$

と書くとき，$[K : \mathbb{Q}_p(\alpha)] = \dfrac{n}{m}$ です．ここで，$\alpha \in \mathcal{O}$ ならば $a_m \in \mathbb{Z}_p$ であり，

$$N_{K/\mathbb{Q}_p}(\alpha) = (a_m)^{\frac{n}{m}} \in \mathbb{Z}_p$$

となります．逆に $N_{K/\mathbb{Q}_p}(\alpha) \in \mathbb{Z}_p$ とすると

$$|N_{K/\mathbb{Q}_p}(\alpha)|_p = (|a_m|_p)^{\frac{n}{m}} \leqq 1$$

となり，これから $|a_n|_p \leqq 1$，よって $a_n \in \mathbb{Z}_p$ が成立します．すると補題 6.1 から $P_\alpha(X) \in \mathbb{Z}_p$ となって $\alpha \in \mathcal{O}$ が導かれます．

(延長の存在) そこで，(6.10) によって定まる関数 $|\alpha|_K$ が K の付値となることを示します．付値の条件のうち，(i), (ii) は明らかに成立します．(iii) を示すには，$|\alpha|_K \leqq |\beta|_K$ としても一般性は失わず，さらに両辺を $|\beta|_K$ で割れば，結局示すべきことは

$$|\alpha|_K \leqq 1 \Longrightarrow |\alpha + 1|_K$$

---

2) $\alpha \in K$ の最少多項式がモニックな $\mathbb{Z}_p[X]$ の多項式になるとき，α は $\mathbb{Z}_p$ 上整であるといい，そのような $\alpha \in K$ の全体を $\mathbb{Z}_p$ の K における**整閉包**といいます．

となります．(6.11) によってこの主張は

$$\alpha \in \mathcal{O} \Longrightarrow \alpha + 1 \in \mathcal{O}$$

と同値になりますが，$\mathcal{O}$ が環であることから，これは明らかです．

(延長の一意性)　$|*|'_K$ が $|*|_p$ のもう 1 つの延長であるとし，その付値環を $\mathcal{O}'$，極大イデアルを $\wp'$ とします．このとき $\mathcal{O} \subseteqq \mathcal{O}'$，$\wp \subseteqq \wp'$ が成立することを示します．実際，$\mathcal{O} \setminus \mathcal{O}' \neq \emptyset$ と仮定して $\alpha \in \mathcal{O} \setminus \mathcal{O}'$ を取ると，$|\alpha|'_K > 1$ より $\alpha^{-1} \in \wp'$ です．ここで α の $\mathbb{Q}_p$ 上の最少多項式を (6.12) とするとき $\alpha \in \mathcal{O}$ から $a_1, \cdots, a_m \in \mathbb{Z}_p$ となります．このとき等式 $f(\alpha) = 0$ を変形して

$$1 = -(a_1\alpha^{-1} + \cdots + a_m\alpha^{-m})$$

が導かれ，これより $1 \in \wp'$ が出て矛盾となります．よって $\mathcal{O} \subseteqq \mathcal{O}'$ が成立します．すると $\wp' \cap \mathcal{O} \subseteqq \wp'$ となりますが，$\wp' \cap \mathcal{O}$ は $\mathcal{O}$ の素イデアル $(\neq \{0\})$ であることから $\wp = \wp' \cap \mathcal{O}$，よって $\wp \subseteqq \wp'$ となります．この関係は (6.8) によって $|*|'_K$ が $|*|_K$ の同値であることを意味します．　□

$\mathbb{Q}_p$ のガロア拡大と可解性

$f(X) \in \mathbb{Q}_p[X]$ を n 次既約多項式とします．前節の (6.1) のところで述べたように，その n 個の根をすべて $\mathbb{Q}_p$ に付け加えて得られる拡大体が $f(X)$ の $\mathbb{Q}_p$ 上の最小分解体です．これを K とすると，$K/\mathbb{Q}_p$ はガロア拡大となります．そこで拡大 $K/\mathbb{Q}_p$ の**ガロア群** $G(K/\mathbb{Q}_p)$ が定まります：

$$G(K/\mathbb{Q}_p) := \{\sigma : K \to K \mid \sigma \text{ は体の同型，} \sigma|_{\mathbb{Q}_p} = \text{id.}\} \tag{6.13}$$

$G(K/\mathbb{Q}_p)$ を $f(X)$ の $\mathbb{Q}_p$ 上のガロア群とも呼びます (後者の別の定義については章末の補足を参照)．

ここで重要なことは，$G(K/\mathbb{Q}_p)$ の部分群 H に対して，すべての $\sigma \in H$ で不変である K の元の全体を

$$K^H := \{\alpha \in K \mid \sigma(\alpha) = \alpha \ (\forall \sigma \in H)\} \tag{6.14}$$

とおくとき K/K^H はガロア拡大でそのガロア群は H であり，対応 $H \leftrightarrow K^H$

によって $G(K/\mathbb{Q}_p)$ の部分群と拡大 $K/\mathbb{Q}_p$ の中間体の間に 1 対 1 の対応が成立します．とくに $H = G(K/\mathbb{Q}_p)$ のときは

$$K^{G(K/\mathbb{Q}_p)} = \mathbb{Q}_p$$

が成立します．

本章の探検の最終目標は $G(K/\mathbb{Q}_p)$ が**可解群**であることの証明です．

定義 6.3　有限群 G が**可解群** (solvable group) であるとは，G の部分群の減少列

$$G = G_0 \supseteqq G_1 \supseteqq \cdots \supseteqq G_n = \{e\}$$

で，以下の (i), (ii) をみたすものが存在することである．(i) をみたす列を**正規鎖**と呼ぶ．

(i)　$G_i \triangleright G_{i+1}$　(G_{i+1} は G_i の正規部分群).

(ii)　G_i/G_{i+1}はアーベル群.

例 6.2　対称群 S_3, S_4 は可解群です．実際，次の部分群の減少列は条件 (ii) をみたす正規鎖となります．

(i)　$S_3 \supset A_3 \supset \{e\}$,

(ii)　$S_4 \supset A_4 \supset N \supset \{e\}$,

ここで $N := \{e,\ (12)(34), (13)(24), (14)(23)\}$．変数 $x_1, \cdots, x_4$ に対して

$$\begin{cases} y_1 = x_1x_2 + x_3x_4, \\ y_2 = x_1x_3 + x_2x_4, \\ y_3 = x_1x_4 + x_2x_3 \end{cases} \tag{6.15}$$

とおくとき，S_4 の元である x_1, x_2, x_3, x_4 の置換は y_1, y_2, y_3 の置換を引き起こします．こうして定まる写像 $\psi : S_4 \to S_3$ は群の全射準同型写像で，$\mathrm{Ker}(\psi) = N$ であることが判ります．すなわち

$$\overline{\psi} : S_4/N \cong S_3.$$

●——定理 $\mathbb{Q}_p$ の証明

ここまで来れば，最終目標まであと少しです．

ステップ 1　定理 6.1, (6.10) によって $\mathbb{Q}_p$ の p 進付値 $|*|_p$ は，一意的に K の付値 $|*|_K$ に延長されます．このことから，すべての $\sigma \in G = G(K/\mathbb{Q}_p)$ に対して

$$|\sigma(\alpha)|_K = |\alpha|_K \qquad (\forall \sigma \in G)$$

となり，したがって K の付値環 $\mathcal{O}$ とその極大イデアル $\wp$ は G の作用で自身に写されることが判ります：

$$\sigma(\mathcal{O}) = \mathcal{O}, \quad \sigma(\wp) = \wp \qquad (\forall \sigma \in G). \tag{6.16}$$

すると，任意の正整数 $m > 0$ に対して，各 $\sigma \in G$ は剰余環 $\mathcal{O}/\wp^m$ の自己同型を誘導します．特に $m = 1$ のときは剰余体 $\mathcal{O}/\wp$ の自己同型を誘導します．ここで，$\mathcal{O}$ は $\mathbb{Z}_p$ 上の加群として有限生成であること，および $\wp \cap \mathbb{Z}_p = p\mathbb{Z}_p$ によって剰余体 $\mathcal{O}/\wp$ は $\mathbb{F}_p$ の有限次拡大体，$\mathcal{O}/\wp \cong \mathbb{F}_q$ $(q = p^f)$ となることが判ります．以上から

$$\psi:\ G = G(K/\mathbb{Q}_p) \longrightarrow G(\mathbb{F}_q/\mathbb{F}_p)$$

なる群の (全射) 準同型写像が得られます．ψ の核を T と記し，$\wp$ の**惰性群**と呼びます．すなわち，T は G の正規部分群で，$\mathcal{O}/\wp$ の各元 (法 $\wp$ の剰余類) を固定する σ の全体と一致します．ここで，次の節で述べるように，$G(\mathbb{F}_q/\mathbb{F}_p)$ は f 次巡回群となるので G/T も f 次巡回群となります．

ステップ 2　上の議論と同様に，$m > 0$ に対して $\sigma \in G$ の中で $\mathcal{O}/\wp^{m+1}$ の上に誘導される自己同型が自明 (恒等写像) となるものの全体からなる部分群を V_m と記します．$V_0 = T$ および $V_m \supseteqq V_{m+1}$ が成り立つことに注意します．また，T の場合と同様に，V_m は G の正規部分群であることが容易に判ります．

次に T の各元で固定される K の元の全体を K_T と書きます．K_T は $\mathbb{Q}_p$ の f 次巡回拡大，すなわち $G(K_T/\mathbb{Q}_p) \cong G/T$ となります．また，K の付値 $|*|_K$ の制限により K_T の付値が得られますが，その付値環と極大イデアルは，それぞれ

$$\mathcal{O}_T = \mathcal{O} \cap K_T, \qquad \wp_T = \wp \cap K_T$$

となり，$\mathcal{O}_T$ の剰余体は $\mathcal{O}$ の 剰余体と自然に同一視できます．いま，K の素元 $\pi \in \wp \backslash \wp^2$ を 1 つ選び固定すると，任意の正整数 $m \in \mathbb{N}$ に対して $\mathcal{O}/\wp^{m+1}$ の各類の代表元は

$$\alpha \equiv a_0 + a_1\pi + \cdots + a_m\pi^m \pmod{\wp^{m+1}} \tag{6.17}$$

の形に表わされます．このとき，上の注意から係数 $a_0, \cdots, a_m$ を $\mathcal{O}_T/\wp_T$ の固定された代表系から取ることができます．このことから，

$$\sigma \in V_m \Longleftrightarrow \sigma(\pi) \equiv \pi \pmod{\wp^{m+1}}$$

であることが判ります．そこで，惰性群 T の各元 $\sigma \neq 1$ に対して

$$\sigma(\pi) \equiv \pi \pmod{\wp^{l_\sigma}}, \qquad \sigma(\pi) \not\equiv \pi \pmod{\wp^{l_\sigma+1}}$$

をみたす正整数 $l_\sigma \in \mathbb{N}$ を取ります．l_σ $(\sigma \in T,\ \sigma \neq 1)$ の最大値を l とすると V_m の定め方から $V_l = \{1\}$ となります．かくして G の正規鎖

$$G \supseteqq T = V_0 \supseteqq V_1 \supseteqq \cdots \supseteqq V_l = \{1\} \tag{6.18}$$

が得られました．

ステップ 3 $T = V_0$ の各元 σ に対して $\sigma(\wp) = \wp$ であることから，$\sigma(\pi)$ も $\wp$ の素元となります．ここで (6.17) に $\alpha = \sigma(\pi)$ を適用させると

$$\sigma(\pi) \equiv \gamma_\sigma \pi \pmod{\wp^2}$$

をみたす $\gamma_\sigma \in \mathcal{O}_T^\times$ が存在することが判ります．このとき

$$\gamma_\sigma \equiv 1 \pmod{\wp} \Longleftrightarrow \sigma(\pi) \equiv \pi \pmod{\wp^2} \Longleftrightarrow \sigma \in V_1$$

が成立します．このことから対応 $\sigma \mapsto \gamma_\sigma$ が群の準同型写像

$$T \longrightarrow (\mathcal{O}_T/\mathcal{P}_T)^\times \cong \mathbb{F}_q^\times$$

を引き起こし，その核が V_1 であることが判ります．したがって，T/V_1 は乗法群 $\mathbb{F}_q^\times$ の部分群と同型で，巡回群であることが示されました．

ステップ 4　最後に V_i/V_{i+1} $(i=1,2,\cdots,l)$ の構造を観察します．V_i の各元 σ に対して，その定義から $\sigma(\pi)\equiv\pi \pmod{\wp^{i+1}}$ となり，これから $\alpha=\sigma(\pi)$ として (6.17) を用いると

$$\sigma(\pi)\equiv\pi+\beta_\sigma\,\pi^{i+1}\pmod{\wp^{i+2}}$$

をみたす $\beta_\sigma\in\mathcal{O}_T$ が存在することが判ります．$\sigma'\in V_i$ についても同様に

$$\sigma'(\pi)\equiv\pi+\beta_{\sigma'}\,\pi^{i+1}\pmod{\wp^{i+2}}$$

とすると，$\beta_{\sigma'}\in\mathcal{O}_T$ が T の作用で不変であることから

$$\begin{aligned}\sigma\sigma'(\pi)&\equiv\sigma(\pi+\beta_{\sigma'}\,\pi^{i+1})\equiv\pi+\beta_\sigma\,\pi^{i+1}+\beta_{\sigma'}\,\pi^{i+1}\\&\equiv\pi+(\beta_\sigma+\beta_{\sigma'})\,\pi^{i+1}\pmod{\wp^{i+2}}\end{aligned}$$

が成立します．このことから $\sigma\mapsto\beta_\sigma$ なる対応は群の準同型写像

$$V_i\longrightarrow(\mathcal{O}_T/\mathcal{P}_T)\cong\mathbb{F}_q$$

を引き起こし，その核が V_{i+1} であることが判ります．したがって，V_i/V_{i+1} は加法群 $\mathbb{F}_q$ の部分群と同型で，アーベル群であることが示されました．

以上で $G(K/\mathbb{Q}_p)$ の可解性が示され，定理 $\mathbb{Q}_p$ の証明が完了しました．　□

有限体の代数拡大

位数が有限なる可換体を有限体といいます．任意の有限体 K は，1 つの素数 p について $\mathbb{F}_p$ を含むことが直ちに示されます．すると，有限体 K の位数 q は素数 p のべき $q=p^n$ となります．実際，このとき K は $\mathbb{F}_p$ 上のベクトル空間とみなせ，その次元 n は有限です．この基底を 1 組選んで $\alpha_1,\cdots,\alpha_n$ とすると，$\forall\alpha\in K$ は $\alpha=c_1\alpha_1+\cdots+c_n\alpha_n$ $(c_i\in\mathbb{F}_p)$ の形に一意的に表わされます．したがって K の位数は $q=p^n$ となります．逆に，素数 p と自然数 $n\in\mathbb{N}$ を任意に取るとき，以下の定理が成立します．

定理 6.2　(i)　方程式 $X^{p^n}-X=0$ の ($\mathbb{F}_p$ の適当な拡大体における) 根の全体 $\mathbb{F}_q$ は位数 $q=p^n$ の有限体をなす．

(ii) 位数が q である有限体 $\mathbb{F}_q$ は，同型を除きただ 1 つ存在する．

証明 (i) まず，$\mathbb{F}_q$ の定義から

$$\alpha,\ \beta \in \mathbb{F}_q \Longrightarrow (\alpha \pm \beta)^{p^n} = \alpha^{p^n} \pm \beta^{p^n} = \alpha \pm \beta \Longrightarrow \alpha \pm \beta \in \mathbb{F}_q.$$

同様に

$$\alpha,\ \beta \in \mathbb{F}_q \Longrightarrow \alpha\beta \in \mathbb{F}_q,\ \frac{\alpha}{\beta} \in \mathbb{F}_q \qquad (\beta \neq 0).$$

したがって $\mathbb{F}_q$ は体となります．方程式 $X^{p^n} - X = 0$ は重根をもたないので，$\mathbb{F}_q$ の位数は $q = p^n$ となります．

(ii) $\mathbb{F}_q$ の存在は (i) により示されています．有限体 K の位数が $q = p^n$ であるとき，$K^\times = K \backslash \{0\}$ は位数が $q-1$ の乗法群となるので，その任意の元 x は $x^{q-1} = 1$，よって $x^q = x$ をみたします．したがって K は方程式 $X^{p^n} - X = 0$ の根の全体と一致します．この方程式は q のみで決まるので，その分解体も q のみで決まります． □

定理 6.3 有限体 $\mathbb{F}_q$ と $n \in \mathbb{N}$ に対して，$\mathbb{F}_{q^n}/\mathbb{F}_q$ は n 次ガロア拡大である．そのガロア群 $G(\mathbb{F}_{q^n}/\mathbb{F}_q)$ は n 次巡回群であり，以下の写像 φ_q により生成される：

$$\varphi_q : \mathbb{F}_{q^n} \longrightarrow \mathbb{F}_{q^n}, \qquad \varphi_q(x) := x^q.$$

証明 定理 6.2 より $\mathbb{F}_{q^n}$ は多項式 $X^{q^n} - X$ の $\mathbb{F}_q$ 上の分解体ですから $\mathbb{F}_{q^n}/\mathbb{F}_q$ はガロア拡大となります．$[\mathbb{F}_{q^n} : \mathbb{F}_q] = n$ は 定理 6.2 の証明と同様に示されます．φ_q が $\mathbb{F}_{q^n}$ の自己同型であることは明らかです．一方，$\alpha \in \mathbb{F}_{q^n}$ に対して

$$\varphi_q(\alpha) = \alpha \iff \alpha^q = \alpha \iff \alpha \in \mathbb{F}_q$$

よって，φ_q で不変な $\mathbb{F}_{q^n}$ の元の全体は $\mathbb{F}_q$ であり，φ_q で生成される群を $< \varphi_q >$ と記すとき，ガロア理論の基本定理から

$$\# < \varphi_q > = [\mathbb{F}_{q^n} : \mathbb{F}_q] = n.$$

すなわち $G(\mathbb{F}_{q^n}/\mathbb{F}_q)$ は n 次巡回群となります. □

最後に，次の定理を第 2 章の $\mathbb{F}_p^\times$ の場合と同様に示すことができます．証明は読者への宿題とします.

定理 6.4 有限体 $\mathbb{F}_q$ の乗法群 $\mathbb{F}_q^\times$ は巡回群である.

定理 $\mathbb{R}$ の証明

最後に，実数 $\mathbb{R}$ の世界で成立つ定理 $\mathbb{R}$ の 1 つの証明を観察します．まず，連続関数に対する「中間値の定理」から容易に以下の補題が示されます．以下の証明で，$\mathbb{R}$ が完備体であることを用いるのはこの部分だけです.

補題 6.2 奇数次の実数係数多項式は少なくとも 1 つ実根をもつ

また，定理 $\mathbb{R}$ を証明するには，次の主張を示せばよいことに注意します.

(*) 任意の実数係数多項式 $f(X) \in \mathbb{R}[X]$ は $\mathbb{C}$ 内に少なくとも 1 つ根をもつ.

なぜなら $\alpha \in \mathbb{C}$ が $f(X) \in \mathbb{R}[X]$ の根なら，その複素共役 $\overline{\alpha}$ も根となるので,「因数定理」により，根の実・虚にしたがって $f(X)$ はそれぞれ 1 次，2 次の因子をもち，この因子で割ると商多項式の次数が下がるので，帰納法が適用できます.

$f(X) \in \mathbb{R}[X]$ の次数 $n = \deg(f)$ を

$$n = 2^m k \qquad (k \text{ は奇数})$$

と表わし，(*) を m に関する帰納法で示すことにします.

証明 $m = 0$ のとき $f(X)$ は奇数次なので，(*) は補題 6.2 により成立します.

$m > 0$ とします．式 (6.1) のところで述べた拡大体の構成法を，$K = \mathbb{R}$ から出発して繰り返し適用することにより，$f(X)$ が 1 次式の積に完全分解する $\mathbb{R}$

の拡大体 L の存在が示されます．すなわち，L は $f(X)$ の n 個の根 $\alpha_1, \cdots, \alpha_n$ をすべて含む体であり，言いかえると $f(X)$ は $L[X]$ において完全に分解します：

$$f(X) = (X - \alpha_1) \cdots (X - \alpha_n).$$

このとき，**根と係数の関係** (本章末の「補足」を参照) によって

$$a_j = (-1)^j s_j(\alpha_1, \cdots, \alpha_n) \in \mathbb{R} \qquad (1 \leqq j \leqq n) \tag{6.19}$$

$(s_j$ は j 次基本対称式).

が成り立ちます．そこで，各自然数 $l \in \mathbb{N}$ に対して，多項式

$$g_l(X) := \prod_{1 \leqq i < j \leqq n} \Big(X - (\alpha_i + \alpha_j + l\alpha_i\alpha_j) \Big)$$

を考えます．$g_l(X)$ の各係数は $\alpha_1, \cdots, \alpha_n$ の対称式であり，したがって基本対称式 s_j の多項式として表わされるので (6.19) から $g_l(X) \in \mathbb{R}[X]$ となります．このとき，$g_l(X)$ の次数は

$$\binom{n}{2} = \frac{n(n-1)}{2} = 2^{m-1}k' \qquad (k' \text{ は奇数})$$

となり，2 のべき指数が小さくなります!! したがって，m に関する帰納法の仮定から $g_l(X)$ は $\mathbb{C}$ 内に，少なくとも 1 つ根をもつことが導かれます．すなわち，任意の $l \in \mathbb{N}$ に対して

$$\alpha_i + \alpha_j + l\alpha_i\alpha_j \in \mathbb{C} \tag{6.20}$$

をみたす組 (i, j), $1 \leqq i < j \leqq n$ が存在します．この (i, j) は l に依存しますが，その総数は有限なので，相異なる l, l' に対して同じ (i, j) が対応するように選べます (部屋割り論法)．(6.20) を l, l' に適用して辺々引くと

$$(l - l')\alpha_i\alpha_j \in \mathbb{C}, \qquad b := \alpha_i\alpha_j \in \mathbb{C}.$$

すると，(6.20) から

$$a := \alpha_i + \alpha_j \in \mathbb{C}$$

となります．このとき，α_i, α_j は $\mathbb{C}$ 係数の 2 次方程式

$$X^2 - aX + b = (X - \alpha_i)(X - \alpha_j) = 0$$

の 2 根となり，このことから直ちに $\alpha_i, \alpha_j \in \mathbb{C}$ が導かれます．

以上によって $(*)$ の証明が完了しました． □

ここに与えた証明の中で最も重要な部分は，各 n 次多項式 $f(X) \in \mathbb{R}[X]$ について，その「根」$\alpha_1, \cdots, \alpha_n$ を含む $\mathbb{R}$ の拡大体 L が存在するという主張です —— この「根」は通常の「数」ではないかも知れませんが，ともかくある体 (= 宇宙) L があって，そこに α_j が「存在」することが本質的です．これから $L = \mathbb{C}$ を示す後半の議論は，完全に初等的であることに注意しましょう．

第 6 章の補足： 方程式のガロア群

最後に「方程式のガロア群」について補足的な観察を述べておきます．

「ガロア理論」は本来，方程式の可解性 (代数的解法) の研究から生まれた理論で，その発想の源(みなもと)は 18 世紀後半のラグランジュ (1736–1813) によって根の置換から「分解多項式」が考案され，これらが方程式の解法に重要な役割をはたすことが明らかにされたことにあります．ガロア (1811–1832) に先立ってアーベル (1802–1829) は，同じく根の置換の考え方から「一般方程式」，すなわち n 次のモニックな多項式

$$f(X) = X^n + a_1 X^{n-1} + \cdots + a_{n-1} X + a_n \in K[X] \tag{6.21}$$

の係数 $a_1, \cdots, a_n$ が独立変数 (パラメータ) の場合を考察し， $n \geqq 5$ のときこのような方程式はべき根による解法をもたないことを明らかにしました．

このような経緯から，ガロア理論や数学史の入門書ではしばしば

「**ガロア群とは，方程式の根の置換からなる群である**」

という説明がなされます．この見方は間違いでないものの，初心者を誤らせる要素 (危険性) をはらんでおり，同時に「ガロア理論」がきわめて難解であるという誤解 (?) を生む原因の 1 つになっています．その理由は，このような観点からは

(i) ガロア群が「基礎体」に依存する概念であることが不明瞭
(ii) 根は通常は複素数の集合であり，順序付けられて並んではいない
(iii) 根の置換のすべてが，ガロア群の元とは限らない

ということにあります．この困難を避けるため，現代の代数学の教科書では，本文で述べたように，体の拡大理論の立場からガロア群を定義しています．この「定義」は理論的に最もすっきりしているだけではなく，上記の困難と誤解を避ける意味で安全です．しかし，その一方で，「多項式」という具体的な対象から「体のガロア拡大」への移行により抽象性が一段と増して，「ガロア理論」が難解であるという印象を助長しています．

ここでは，上記の 3 点に注意しながら「根の置換」の立場による方程式のガロア群の定義をキチンと延べ，例を考えることを試みます．

まず n 個の独立変数 $x_1,\cdots,x_n$ に対して，それらの i **次基本対称式**を

$$s_i(x_1,\cdots,x_n) = \sum_{1\leqq k_1<\cdots<k_i\leqq n} x_{k_1}x_{k_2}\cdots x_{k_i} \qquad (i=1,2,\cdots,n)$$

と定めることは本文でも触れた通りです．このとき $x_1,\cdots,x_n$ を根とする n 次方程式は以下のような 積・和の 2 通りに表わされます：

$$(X-x_1)\cdots(X-x_n) = X^n + \sum_{j=1}^{n}(-1)^j s_j(x_1,\cdots,x_n)\,X^{n-j} \tag{6.22}$$

さて，体 K と定数でないモニックな n 次多項式

$$f(X) = X^n + a_1X^{n-1} + \cdots + a_{n-1}X + a_n \in K[X]$$

が与えられたとき，まずその根の全体を「順序付け」し，$\alpha_1,\cdots,\alpha_n$ と名前を付けます．このとき

$$f(X) = (X-\alpha_1)\cdots(X-\alpha_n)$$

と分解するので (6.22) との比較から (6.19) が成立します．これは**根と係数の関係**と呼ばれる基本的な等式で，逆にこれらの等式から (6.22) によって元の方程式が復元できます．すなわち，根と係数の関係は元の方程式と同値です．

このとき，$\alpha_1,\cdots,\alpha_n$ の対称式は，以下に述べる「対称式の基本定理」によって基本対称式で表わされるので，その値は K に属します．ガロア理論で重

要なのは，この逆の問題，すなわち

$$(\diamond) \quad F(\alpha_1, \cdots, \alpha_n) \in K$$

をみたす多項式 $F \in K[x_1, \cdots, x_n]$ は対称式に限るか？ と問うことです．このように「逆方向に眺める視点」が確保できれば問題は一挙に解決します．すなわち上の条件 $(\diamond)$ と同様な条件

$$F(\alpha_1, \cdots, \alpha_n) = 0 \tag{6.23}$$

をみたす多項式 $F \in K[x_1, \cdots, x_n]$ の全体を $I(f)$ とおき，その性質 (構造) を考えるのです．$I(f)$ は明らかに $K[x_1, \cdots, x_n]$ のイデアルとなります．そこで変数 $x_1, \cdots, x_n$ の置換でイデアル $I(f)$ を自身に移すものの全体を

$$G(f) := \{\sigma \in S_n \mid \sigma(I_f) = I_f\} \tag{6.24}$$

とおきます．これが多項式 $f(X) \in K[X]$ のガロア群の正確な定義です．このように，n 次多項式のガロア群とは，その n 個の根の置換の全体ではなく，根 $(\alpha_1, \cdots, \alpha_n)$ を零点にもつ K 上の多項式のなすイデアルを不変に保つ

変数 $x_1, \cdots, x_n$ の置換

からなる S_n の部分群のことです．例えば，一般方程式 (6.22) の場合には，n 個の根が K 上代数的に独立であるため

$$I(f) = \{0\} \tag{6.25}$$

が成立します．したがって任意の置換 $\sigma \in S_n$ が $\sigma(I(f)) = I(f)$ をみたします．

例 6.3 本章の例 6.2 で観察した既約多項式 $\Phi_{p^n}(X)$ で $n = 1$ の場合を考えます．すなわち

$$\Phi_p(X) = X^{p-1} + X^{p-2} + \cdots + X + 1 \in \mathbb{Q}[X] \tag{6.26}$$

この多項式の複素数体 $\mathbb{C}$ における根は

$$e^{\frac{2k\pi\sqrt{-1}}{p}} = \cos\left(\frac{2k\pi}{p}\right) + \sqrt{-1}\sin\left(\frac{2k\pi}{p}\right) \qquad (1 \leqq k \leqq p-1)$$

で，これに $1 = e^0$ $(k = 0)$ を併せた p 個は，複素平面の単位円上で正 p 角形

の頂点を形成しています．これらを $z_k\,(k=0,1,\cdots,p-1)$ と表わすとき，添え字 k は加法群 $\mathbb{Z}/p\mathbb{Z}$ の上を動くとみなせます．このとき以下の等式

$$
\begin{cases}
z_0+\cdots+z_{p-1}\;=\;0 & (z_0=1)\\
z_1z_k-z_{k+1}\;=\;0 & (k\in\mathbb{Z}/p\mathbb{Z})
\end{cases}
$$

が成立し，さらにこの関係式から ${z_k}^p=1\;(k\in\mathbb{Z}/p\mathbb{Z})$ が導かれることが容易に確認できます．このことから，多項式 $\Phi_p(X)$ に関するイデアル $I(\Phi_p)$ は

$$
x_0+\cdots+x_{p-1}+1,\qquad x_1x_k-x_{k+1}\qquad (k\in\mathbb{Z}/p\mathbb{Z})
$$
$$
(x_0=1)
$$

で生成されることが判ります．さて，後半の p 個の関係式は，添え字 k が巡回加法群 $\mathbb{Z}/p\mathbb{Z}$ 上を走ることに対応しています．これより，$\{x_k\}$ の置換 σ で $\sigma(I(f))=I(f)$ をみたすものは巡回加法群 $\mathbb{Z}/p\mathbb{Z}$ の自己同型を引き起こすことが導かれます：

$$
\sigma\in\mathrm{Aut}(\mathbb{Z}/p\mathbb{Z})\;\cong\;(\mathbb{Z}/p\mathbb{Z})^*\;=\;\mathbb{F}_p^\times.
$$

以上のことから $\Phi_p(X)$ の $\mathbb{Q}$ 上のガロア群は $\mathbb{F}_p^\times$ と同型になります．第 1 章の定理 1.2 で観察したように，$\mathbb{F}_p^\times$ は 1 つの元で生成されます．かくして $\Phi_p(X)$ の $\mathbb{Q}$ 上のガロア群は $p-1$ 次巡回群であることが判りました．

例 6.4 $\mathbb{Q}[X]$ に属する既約 5 次式

$$
f_{C_5}(X)=X^5-2X^4-5X^3+13X^2-7X+1 \tag{6.27}
$$

を考えます．この方程式は 5 個の実数根をもちます．ニュートン法によって根の近似値を計算すると

$$
z_1\;=\;0.23648,\qquad z_2\;=\;0.47889,\qquad z_3\;=\;2.20362,
$$
$$
z_4\;=\;-2.51334,\qquad z_5\;=\;1.59435
$$

のようになります．このとき $(z_1,\cdots,z_5)\in\mathbb{R}^5$ はは連立方程式系

$$
x_k+x_{k-1}x_{k+1}-1=0\qquad (k\in\mathbb{Z}/5\mathbb{Z},\;x_0=x_5) \tag{6.28}
$$

の共通零点となっています．この結果は近似的なものではなく，本当の零点です．実際，$(z_1, \cdots, z_5)$ がこれらの等式をみたすとき，最初の 3 個の条件から

$$z_3 = \frac{1-z_2}{z_1}, \qquad z_4 = \frac{z_1+z_2-1}{z_1 z_2}, \qquad z_5 = \frac{1-z_1}{z_2}$$

が得られ，その逆も成立します．これを「根と係数の関係」

$$s_1(z_1, \cdots, z_5) = 2, \qquad s_2(z_1, \cdots, z_5) = -5$$

に代入して整理した式から z_2 を消去すると元の既約方程式 $f_{C_5}(z_1) = 0$ が再現されます (ほかの根についても同様)．このことから 関係式 (6.28) が成立していることが導かれます．また，$x_1, \cdots, x_5$ の 2 次以下の多項式で $(z_1, \cdots, z_5)$ を零点にもつものは (6.28) および $s_1 - 2$, $s_2 + 5$ の 1 次結合で表わされることも容易判ります．さらに，変数 $\{x_k\}$ の置換で，これらが生成するイデアル I_0 を自身に写すものは，変数の添え字 $k = 1, 2, 3, 4, 5$ の巡回置換

$$\sigma = (1\,2\,3\,4\,5) : (x_1,\, x_2,\, x_3,\, x_4,\, x_5) \mapsto (x_2,\, x_3,\, x_4,\, x_5,\, x_1)$$

だけでなく，次の置換 τ も $\tau(I(f)) = I(f)$ をみたします：

$$\tau = (1\,2)(3\,5) : (x_1,\, x_2,\, x_3,\, x_4,\, x_5) \mapsto (x_2,\, x_1,\, x_5,\, x_4,\, x_3).$$

一方，ここで 3 次多項式 $h_1, h_2 \in \mathbb{Q}[x_1, \cdots, x_5]$ を

$$\begin{cases} h_1(x_1, \cdots, x_5) := x_1{x_2}^2 + x_2{x_3}^2 + x_3{x_4}^2 + x_4{x_5}^2 + x_5{x_1}^2 \\ h_2(x_1, \cdots, x_5) := x_1{x_5}^2 + x_2{x_1}^2 + x_3{x_2}^2 + x_4{x_3}^2 + x_5{x_4}^2 \end{cases} \tag{6.29}$$

とおくと，これらの $(z_1, \cdots, z_5) \in \mathbb{R}^5$ における値は

$$h_1(z_1, \cdots, z_5) = 10, \quad h_2(z_1, \cdots, z_5) = -1$$

となります．そして，これらは置換 τ で $\tau(h_1) = h_2$，$\tau(h_2) = h_1$ のように移り合います．このことから，τ はイデアル $I(f_{C_5}(X))$ を自身に写さないことが判ります．よって $f_{C_5}(X)$ のガロア群は 5 次巡回群 $\langle\sigma\rangle$ であることが結論されます．

例 6.5 同じく $K = \mathbb{Q}$ とし，以下の 5 次式を考えます：

$$f_{D_5}(X) = X^5 - 2X^4 + X^3 + X^2 - X + 1 \in \mathbb{Q}[X]. \tag{6.30}$$

この多項式も $\mathbb{Q}[X]$ において既約で，その複素数体 $\mathbb{C}$ 内の 5 根 $z_1, \cdots, z_5$ の近似値を計算すると以下のようになります：

$$z_1 = -0.90879, \qquad z_2 = 1.21634 + 0.65521\sqrt{-1},$$

$$z_3 = 0.23805 + 0.72097\sqrt{-1},$$

$$z_4 = \overline{z_3}, \qquad z_5 = \overline{z_2} \quad (\text{共役複素数})$$

さて例 6.4 の場合と同様に，$(z_1, \cdots, z_5) \in \mathbb{C}^5$ は連立方程式系 (6.28) の共通零点となっています．さらに，$f_{C_5}(X)$ の場合と異なり，$h_1(z_1, \cdots, z_5)$, $h_2(z_1, \cdots, z_5)$ の値は有理数とならず，以下のような 2 次方程式をみたします：

$$h_j(z_1, \cdots, z_5)^2 + 3h_j(z_1, \cdots, z_5) + 14 = 0 \qquad (j = 1, 2).$$

以上のことから，$f_{D_5}(X) = 0$ に対するイデアル $I(f_{D_5}(X)) \subset \mathbb{Q}[x_1, \cdots, x_5]$ は (6.28) と「根と係数の関係」から生成されることが判ります：

$$I(f_{D_5}) = (s_1 - 2,\ s_2 - 1,\ x_k + x_{k-1}x_{k+1} - 1;\ k \in \mathbb{Z}/5\mathbb{Z}) \tag{6.31}$$

したがって $\sigma = (1\,2\,3\,4\,5)$, $\tau = (1\,2)(3\,5)$ がともに $\tau(I(f_{D_5})) = I(f_{D_5})$ をみたします!! そして σ, τ は

$$\tau\sigma\tau^{-1} = \sigma^{-1}, \qquad \sigma^5 = \mathrm{id} = \tau^2$$

をみたすことから，この 2 置換が生成する S_5 の部分群は 2 面体群 D_5 (非可換群，位数は 10) であることが判ります．かくして多項式 $f_{D_5}(X)$ の $\mathbb{Q}$ 上のガロア群は 2 面体群 D_5 あることが結論されます．この群は可解で，

$$D_5 = \langle\sigma, \tau\rangle \triangleright \langle\sigma\rangle \triangleright \{e\}$$

は組成列です．

◉── 「対称式の基本定理」

定義 6.4 (n **変数多項式における辞書式順序**) 単項式

$$M = x_1{}^{a_1} x_2{}^{a_2} \cdots x_n{}^{a_n} \qquad (a_1, \cdots, a_n \geqq 0：整数)$$

に対して

$$d(M) := a_1 + \cdots + a_n$$

を M の次数という．また 単項式の全体を $\mathcal{M}_n$ とおき，$M \in \mathcal{M}_n$, $M = x_1{}^{a_1} x_2{}^{a_2} \cdots x_n{}^{a_n}$ に非負整数の列

$$\partial M := (a_0, a_1, \cdots, a_n) \in \mathbb{Z}^{n+1} \quad ただし\ a_0 = d(M)$$

を対応させて 集合 $\mathcal{M}_n$ に以下のように「**辞書式順序**」を定めます：

$$x_1{}^{a_1} \cdots x_n{}^{a_n} > x_1{}^{b_1} \cdots x_n{}^{b_n}$$
$$\iff \exists i \geqq 0 : a_0 = b_0, \cdots, a_{i-1} = b_{i-1},\ a_i > b_i.$$

辞書式順序に関する帰納法を用いて，対称式の基本定理を証明します：

定理 6.5 (対称式の基本定理)　任意の対称式は，基本対称式の多項式として表わされる．

証明　f を $x_1, \cdots, x_n$ の対称式とし，その項に現れる単項式のうち，上の辞書式順序で最大のものを，

$$M(f) = x_1{}^{a_1} x_2{}^{a_2} \cdots x_n{}^{a_n}, \qquad \partial M = (a_0, a_1, \cdots, a_n) \in \mathbb{Z}^{n+1}$$

とします．そして $M(f)$ より真に小さな ∂ の値をもつ対称式については定理の主張が成立すると仮定して，そのことから f についての主張を導きます (帰納法).

まず $\partial M(f) = (0, \cdots, 0)$ のときは f は定数であり，主張は自明に成立します．そこで $\partial M(f) > (0, \cdots, 0)$ とします．f は対称式なので，任意の $\sigma \in S_n$ に対して単項式 $x_{\sigma(1)}{}^{a_1} x_{\sigma(2)}{}^{a_2} \cdots x_{\sigma(n)}{}^{a_n}$ も f の項です．したがって次の不等式

$$\partial M(f) = (a_0, a_1, \cdots, a_n) \geqq (a_0, a_{\sigma(1)}, \cdots, a_{\sigma(n)})$$

が成立します．すなわち $a_1 \geqq a_2 \geqq \cdots \geqq a_n$．さて基本対称式 $s_1, \cdots, s_n$ をもちいて表わされる多項式で ∂ の値がこれと等しくなるものがあります：すなわち

$$g := {s_n}^{a_n} {s_{n-1}}^{a_{n-1}-a_n} \cdots {s_2}^{a_2-a_3} {s_1}^{a_1-a_2}$$
$$\Longrightarrow M(g) = {x_1}^{a_1} {x_2}^{a_2} \cdots {x_n}^{a_n} = M(f).$$

したがって f における $M(f)$ の係数を c とすると $\partial M(f) > \partial M(f - cg)$ ．すると帰納法の仮定によって，$f - cg$ は定理の主張をみたします．よって $f = (f - cg) + cg$ も同様で $s_1, \cdots, s_n$ の多項式として表わされます． □

第7章　多項式の樹林とニュートン

ゆきたくて誰もゆけない夏の野のソーダ・ファウンテンにあるレダの靴
—— 塚本邦雄『水葬物語』

本章でも引き続き「多項式」の世界の探検を試みます．

前の 2 章の話題が，p 進数体 $\mathbb{Q}_p$ における数学と，実数体 $\mathbb{R}$ における数学の「比較」というテーマに関するものであったのに対して，第 7 章では整数係数の多項式について，その $\mathbb{Q}[X]$ における既約性の判定を主要な目的とします．ただし探検の重要な道具として，有理数体の p 進付値や，それによる $\mathbb{Q}$ の完備化である p 進体 $\mathbb{Q}_p$ の性質などは，今回以降も積極的に用いることにします．たとえば，特定の素数 p を 1 つ見つけて，$f(X)$ が $\mathbb{Q}_p[X]$ において既約であることを示せば問題が解決されます．前章に登場した Eisenstein 多項式の既約性 (命題 6.1) の証明は，そのような既約性判定の典型的な方法です．今回の探検の主題である「ニュートン多角形」は，このアイデアを一般化したもの，とみることができます．

本題にはいる前に少し準備体操をしておきましょう．$\mathbb{Q}_p$ 上の n 次多項式

$$f(X) = a_nX^n + \cdots + a_1X + a_0 \qquad (a_n,\, a_0 \neq 0,\ a_i \in \mathbb{Q}_p) \tag{7.1}$$

の項 a_iX^i のうち $a_i \neq 0$ となるものに対して，座標平面上に格子点[1]

$$P_i = (i,\, v_p(a_i)) \qquad (0 \leqq i \leqq n) \tag{7.2}$$

1) 各座標が整数である点を格子点と言います．

をプロットします．ただし，$v_p(*)$ は p 進付置を表わします．次の図 7.1 は

$$f_n(X) = (X+1)^n \ = \sum_{i=0}^{n} \binom{n}{i} X^i$$

について，$n=6, 8$，$p=2$ の場合を示したものです．

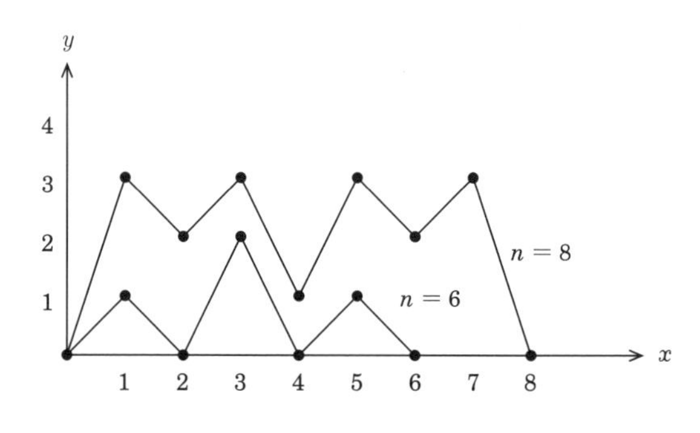

図 7.1

この図から，$f_n(X)\,(n \in \mathbb{N})$ に対する格子点の列 (7.2) には，面白い規則性 (パターン) がありそうだ，という予感がします．この問題については，次の章で本格的な探検を試みます．

ニュートン多角形

(7.1) の形の多項式 $f(X) \in \mathbb{Q}_p[X]$ を考えます．これに対して，上述の (7.2) のように $f(X)$ の項 $a_i X^i$ $(a_i \neq 0)$ に座標平面の格子点 $P_i = (i, v_p(a_i))$ を対応させます．

定義 7.1　多項式 $f(X) \in \mathbb{Q}_p[X]$ の 0 でない項から得られる格子点 $P_i = (i, v_p(a_i))$ $(a_i \neq 0)$ をすべて含む最少の凸多角形を，線分 $\overline{P_0 P_n}$ で二分し，その下半分を $f(X)$ の**ニュートン多角形**といい，記号 $\mathcal{N}(f)$ で表わす．またニュートン多角形の周のうち，$\overline{P_0 P_n}$ の下の部分を**ニュートン折れ線**と呼び，記号

$$\mathcal{L}(f) := \{\mathcal{L}_1, \mathcal{L}_2, \cdots, \mathcal{L}_r\}$$

と表わす．ただし，ニュートン折れ線の成分である**辺** $\mathcal{L}_i$ は傾きの順に並べることとする．

例 7.1　たとえば，$p=3$ とするとき

$$f(X)=3X^6-4X^5-27X^4+16X^3+108X^2-90X-162$$

のニュートン多角形は図 7.2 のようになります．($v_3(27)=v_3(108)=3$, $v_3(90)=2$, $v_3(162)=4$)

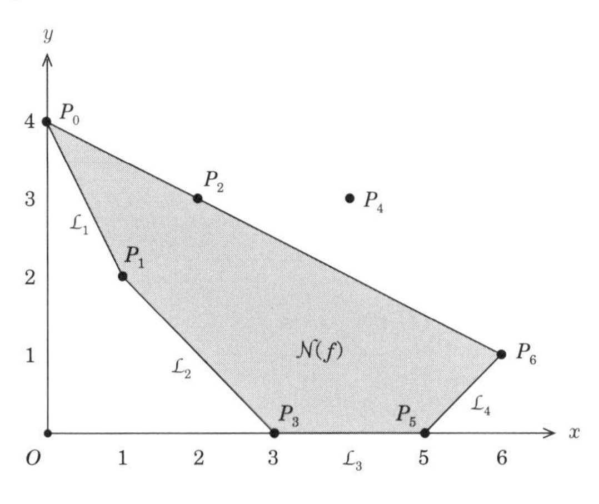

図 **7.2**

さて，ニュートン多角形の頂点はすべて格子点からなるので，その辺の傾きは整数の比 (有理数) となります．これを具体的に表示すると，$\mathcal{N}(f)$ の辺 $\mathcal{L}$ の両端の頂点を P_i, P_j $(j>i)$ とすると，その傾きは

$$m(\mathcal{L})=\frac{v_p(a_j)-v_p(a_i)}{j-i}=-\frac{a}{b}$$

と表わされます．ただし，$-\dfrac{a}{b}$ は既約分数で $a,b\in\mathbb{Z}$, $b>0$ とします．いま

$$m=\gcd(j-i,v_p(a_j)-v_p(a_i))\qquad(m\in\mathbb{N})$$

とおくと，上式の右辺が等しいことから以下の関係式が得られます．

$$\begin{cases} v_p(a_j)-v_p(a_i)=-ma \\ j-i=mb \\ \gcd(a,b)=1 \end{cases}\tag{7.3}$$

逆に，互いに素な整数 $a, b \in \mathbb{Z}\,(b > 0)$ の組を最初に取り，同次 1 次関数 $w(x, y) = ax + by$ の値によって各点 $P_i = (i, v_p(a_i))$ に「重さ」

$$w(P_i) := ai + bv_p(a_i)$$

を対応させます．このとき，$w(P_i)\ (0 \leqq i \leqq n)$ の最小値を与える点 P_i が複数個存在する条件を考えると，これは座標平面上の傾きが $-\dfrac{a}{b}$ である直線

$$l(a, b) : ax + by \ = \ w$$

が次の 2 条件をみたすことと同値です：

- $l(a, b)$ は少なくとも 2 個の P_i を通る．
- $l(a, b)$ の下側には P_i は存在しない．

この考え方によって，ニュートン多角形は「加法的」であること，すなわち次の定理が示されます．

定理 7.1　任意の $f_1(X), f_2(X) \in \mathbb{Q}_p[X]$，$f_1(X), f_2(X) \neq 0$ に対して次の等式が成立する．

$$\mathcal{L}(f_1 f_2) = \mathcal{L}(f_1) \oplus \mathcal{L}(f_2) \tag{7.4}$$

右辺の $\oplus$ の意味は以下の通り：まず線分の和集合 $\mathcal{L}(g_1) \cup \mathcal{L}(g_2)$ に属する辺を，その傾きの大きさの順に並べ，傾きが最小の辺の左の頂点を $(0,\, v_p(f_1(0)f_2(0)))$ の位置に平行移動し，以下順次折れ線となるようにつなぐものとする．その際，同じ傾きの辺を接続したものは 1 つの辺とみなす．

例 7.2　例 7.1 の多項式は 2 つの多項式の積に分解します：

$$f(X) = f_1(X)f_2(X)：$$

$$f_1(X) = X^2 - 2X - 3, \qquad f_2(X) \ = \ 3X^4 + 2X^3 - 14X^2 - 6X + 54.$$

$f_1(X), f_2(X)$ のニュートン多角形は，それぞれ 図 7.3 のようになります．また，$f(X), f_1(X), f_2(X)$ のニュートン折れ線の辺を，その傾き m の大きさの

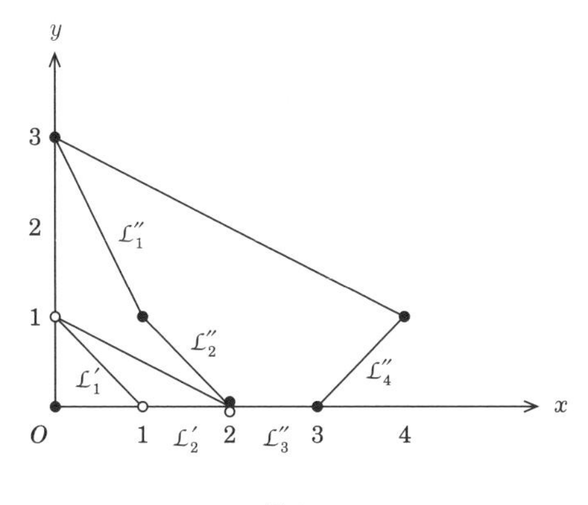

図 **7.3**

表 **7.1**

多項式	$m=-2$	$m=-1$	$m=0$	$m=1$
$f(X)$	$\mathcal{L}_1$	$\mathcal{L}_2$	$\mathcal{L}_3$	$\mathcal{L}_4$
$\parallel$	$\parallel$	$\parallel$	$\parallel$	$\parallel$
$f_1(X)$	$\emptyset$	$\mathcal{L}_1'$	$\mathcal{L}_2'$	$\emptyset$
$\times$	$\oplus$	$\oplus$	$\oplus$	$\oplus$
$f_2(X)$	$\mathcal{L}_1''$	$\mathcal{L}_2''$	$\mathcal{L}_3''$	$\mathcal{L}_4''$

順に並べると上の表 7.1 のようになり，等式 $\mathcal{L}(f) = \mathcal{L}(f_1) \oplus \mathcal{L}(f_2)$ が成立することが判ります．

定理 7.1 の証明　$f(X) = f_1(X)f_2(X)$ とおきます．互いに素な整数 $a, b \in \mathbb{Z}\,(b > 0)$ の組に対して，上のように $f(X), f_1(X), f_2(X)$ の各々について，その各項での 1 次関数 $w = ax + by$ による「重み」の最小値を考えます．最小値を与える項のうち，最高次・最低次のものを表 7.2 のように記します．

表 **7.2**

多項式	最小値	最高次	最低次
$f_1(X)$	w_1	$c_1X^{\lambda_1}$	$d_1X^{\mu_1}$
$f_2(X)$	w_2	$c_2X^{\lambda_2}$	$d_2X^{\mu_2}$

ただし，最小値の項と最高次の項が一致してもよいものとします．このとき $f(X) = f_1(X)f_2(X)$ を展開すると，その各項の重み w は $w \geqq w_1 + w_2$ をみたし，$w = w_1 + w_2$ となる項のうち最高次・最低次の項はそれぞれ表 7.3 のようになります．

表 7.3

多項式	重み	最高次	最低次
$f(X)$	$w_1 + w_2$	$c_1c_2X^{\lambda_1+\lambda_2}$	$d_1d_2X^{\mu_1+\mu_2}$

また，展開項の中に次数が $\lambda_1 + \lambda_2$ である項がほかにあっても，その項の重み w は $w > w_1 + w_2$ となるため，展開の同類項をまとめても上の結果は変化しません．次数が $\mu_1 + \mu_2$ の項についても同様です．よって $w = w_1 + w_2$ は $f(X)$ の各項での $w = ax + by$ による重みの最小値であることが判ります．また上の注意により，$f_i(X)$ で最高次，最低次の項が異なれば，$l(a, b)$ は $f_i(X)$ のニュートン多角形の辺を含み，このとき $f(X)$ についても同じことが言えます．逆に，$f_1(X)$, $f_2(X)$ の各々で重みは w_1, w_2 を取る項がただ 1 つのときは，$f(X)$ の項で重み $w_1 + w_2$ を取る項もただ 1 つであることが判ります．

□

等式 (7.3) と定理 7.1 の証明の議論から次が得られます．

命題 7.1　$f(X)$, $f_1(X)$, $f_2(X)$ を定理 7.1 の多項式とする．このとき，$f(X)$ のニュートン多角形の任意の辺 $\mathcal{L}$ に対して整数 m_1, m_2, r_1, $r_2 \geqq 0$ が定まり，$f_1(X)$, $f_2(X)$ の次数は以下のように表わされる．ただし $\mathcal{L}$ の傾きを $m(\mathcal{L}) = -\dfrac{a}{b}$ (既約分数) とする．

$$
\begin{aligned}
&\deg(f_1(X)) = m_1 b + r_1, \qquad \deg(f_2(X)) = m_2 b + r_2,\\
&m_1 + m_2 = m.
\end{aligned}
\tag{7.5}
$$

特に $\deg(f_1(X)) \geqq b$, $\deg(f_2(X)) \geqq b$ のどちらかが成立する．

証明　等式 (7.3) を $f_1(X)$, $f_2(X)$ のニュートン多角形の辺 $\mathcal{L}_1$, $\mathcal{L}_2$ に適用すると

$$\lambda_1 - \mu_1 = m_1 b, \qquad \lambda_2 - \mu_2 = m_2 b$$

をみたす整数 $m_1, m_2 \geqq 0$ が存在し，$f(X) = f_1(X)f_2(X)$ から

$$m = (\lambda_1 + \lambda_2) - (\mu_1 + \mu_2) = m_1 + m_2$$

となります．このとき

$$\deg(f_1) \geqq \lambda_1 \geqq m_1 b, \qquad \deg(f_2) \geqq \lambda_2 \geqq m_2 b$$

が成立するので (7.5) の形の表示が得られます． □

系 7.1 $f(X)$ のニュートン折れ線 $\mathcal{L}(f)$ がただ 1 つの辺 $\mathcal{L}$ からなり，その傾きを既約分数で表わすと $m(\mathcal{L}) = -\dfrac{a}{b}$ となるとする．このとき $f(X)$ の因子 $f_i(X)$ の次数 $\deg(f_i)$ は b で割り切れる．特に，$b = n$ なら $f(X)$ は既約である．

証明 条件から

$$\lambda_1 + \lambda_2 = n, \qquad \mu_1 + \mu_2 = 0,$$

よって $\mu_1 = \mu_2 = 0$ となります．このとき

$$\deg(f_1) = \lambda_1 = m_1 b, \qquad \deg(f_2) = \lambda_2 = m_2 b$$

は b の倍数であることが導かれます． □

例 7.3 $f(X) \in \mathbb{Z}[X]$ が前章の命題 6.1 で観察した Eisenstein 多項式とします：

$$a_i \in p\mathbb{Z}\ (1 \leqq i \leqq n), \qquad a_0 \notin p^2\mathbb{Z}, \qquad a_n = 1.$$

このとき，$f(X)$ のニュートン折れ線 $\mathcal{L}(f)$ はただ 1 つの辺 $\mathcal{L}$ からなり，その傾きは $m(\mathcal{L}) = -\dfrac{1}{n}$ であることが判ります．したがって，命題 7.1 とその系 7.1 から Eisenstein 多項式の既約性の別証明が得られたことになります．

例 7.4　素数 p と $n \geqq 2$ に対して，以下の整数係数 n 次 3 項式を $f(X)$ とします．

$$f(X) = X^n + pcX + p^2 \in \mathbb{Z}[X], \qquad \gcd(p,c) = 1$$

$n \geqq 3$ のとき，$f(X)$ のニュートン折れ線は 2 個の辺 $\mathcal{L}_1, \mathcal{L}_1$，からなり，その傾きは

$$m(\mathcal{L}_1) = -1, \qquad m(\mathcal{L}_2) = -\frac{1}{n-1}$$

となります (図 7.4).

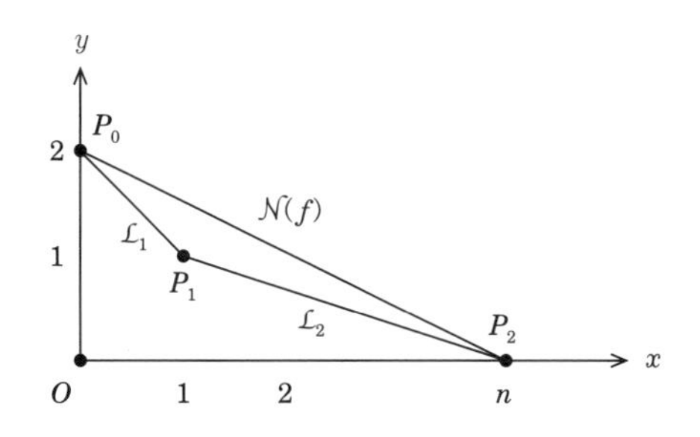

図 **7.4**

いま $f(X)$ が $\mathbb{Q}[X]$ において既約でないとし，命題 7.1 を $\mathcal{L}_2$ に適用すると，その既約因子の 1 つは $(n-1)$ 次以上であることが判ります．すると，$f(X)$ は 1 次式 $f_1(X) = X - e$ と (既約な) $n-1$ 次式 $f_2(X)$ の積に分解します．このとき f_1, f_2 は整数係数のモニックな多項式とすることができます．すると，$e = -f_1(0)$ は整数で $f(0) = p^2$ の約数であることから，$e = \pm 1, \pm p, \pm p^2$ のいずれかとなります．さらに $n \geqq 3$ と等式

$$0 = f_1(e)f_2(e) = f(e) = e^n + pce + p^2$$

が成立することから，$v_p(e) = 1$，すなわち $e = \pm p$ となることが判ります．すると上式より

$$c = \pm(1 + (-1)^n p^{n-2})$$

が得られます．言いかえれば，この場合を除くと $f(X)$ は $\mathbb{Q}[X]$ において既約

となります．以上のことは $n=2$ でも成立します．

定理 7.1 の意味と別証明

$f(X) \in \mathbb{Q}_p[X]$ を (7.1) で与えられる (既約とは限らない) n 次多項式とし，その $\mathbb{Q}_p$ 上の分解体を K とします．すなわち，K は多項式 $f(X)$ の根 $\alpha_1, \cdots, \alpha_n$ をすべて含む $\mathbb{Q}_p$ の拡大体のことで，$[K : \mathbb{Q}_p] = n_0 < \infty$ とします．このとき「根と係数の関係」によって $f(X)$ の係数は

$$a_{n-i} = (-1)^i a_n \sum_{j_1 < \cdots < j_i} \alpha_{j_1} \cdots \alpha_{j_i} \qquad (1 \leqq i \leqq n)$$

のように $\alpha_1, \cdots, \alpha_n$ の基本対称式で表わされます．以下では簡単のため $a_n = 1$ と仮定します．

さて，前章の定理 6.1 で観察したように，$\mathbb{Q}_p$ の付値 $|*|_p$ は一意的に K の付値 $|*|_K$ に拡張されます．$|*|_K$ は，具体的にノルム写像 $\mathrm{N}_{K/\mathbb{Q}_p} : K^\times \to \mathbb{Q}_p^\times$ を用いて

$$|\alpha|_K = \sqrt[n_0]{|\mathrm{N}_{K/\mathbb{Q}_p}(\alpha)|_p}$$

で与えられるのでした．K の付値 $|*|_K$ に対応する指数付値を $v_{p,K}$ と記し，次のように定めます：

$$v_{p,K}(\alpha) = \frac{1}{n_0} \cdot v_p\left(\mathrm{N}_{K/\mathbb{Q}_p}(\alpha)\right). \tag{7.6}$$

ここで $\alpha \in \mathbb{Q}_p$ ならば $\mathrm{N}_{K/\mathbb{Q}_p}(\alpha) = \alpha^{n_0}$ となるので $v_{p,K}(\alpha) = v_p(\alpha)$ が成立します．よって $v_{p,K}$ は $\mathbb{Q}_p$ の指数付値 v_p の K への延長となります．ただし，$v_{p,K}(\alpha)$ は整数とは限らないことに注意します．

定理 7.2 n 次多項式 $f(X) \in \mathbb{Q}_p[X]$ の $\mathbb{Q}_p$ 上の (最少) 分解体を K とする．$f(X)$ のニュートン多角形の折れ線の 1 つ $\mathcal{L}$ をとり，その傾きを $-m$，両端の頂点を

$$P_{n_i} = (n_i, v_p(a_{n_i})), \qquad P_{n_j} = (n_j, v_p(a_{n_j})) \qquad (n_i < n_j)$$

とするとき $f(X)$ は，$v_{p,K}(\alpha) = m$ をみたす根をちょうど $n_j - n_i$ 個もつ．

証明　$v_{p,K}(\alpha_1), \cdots, v_{p,K}(\alpha_n)$ のうち，相異なる値を大きさの順に並べ $m_1 < m_2 < \cdots < m_r$ とします．また，必要なら根の番号をかえて，各 i $(1 \leqq i \leqq r)$ に対して

$$v_{p,K}(\alpha_j) = m_i \quad (n_{i-1} < j \leqq n_i) \tag{7.7}$$

とします．すると，指数付値 $v_{p,K}$ が強い三角不等式

$$v_{p,K}(\alpha+\beta) \geqq \min(v_{p,K}(\alpha), v_{p,K}(\beta))$$
$$(v_{p,K}(\alpha) \neq v_{p,K}(\beta) \text{ なら等号})$$

をみたすことと，$v_p(a_n) = v_p(1) = 0$ に注意すると，次の不等式および等式が導かれます．

$$\begin{cases} v_p(a_{n-1}) \geqq \min\limits_{j}(v_{p,K}(\alpha_j)) = m_1 \\ v_p(a_{n-2}) \geqq \min\limits_{j_1<j_2}(v_{p,K}(\alpha_{j_1}\alpha_{j_2})) = 2m_1 \\ \qquad\qquad\vdots \\ v_p(a_{n-s_1}) = \min\limits_{j_1<\cdots<j_{s_1}}(v_{p,K}(\alpha_{j_1}\cdots\alpha_{j_{s_1}})) = s_1m_1 \end{cases}$$

これより，点 $(n-i,\, v_p(a_{n-i}))$ $(0 \leqq i \leqq s_1)$ に関するニュートン折れ線は両端の 2 点

$$(n,\, v_p(a_n)), \qquad (n-s_1,\, v_p(a_{n-s_1}))$$

を結ぶ 1 つの辺 $\mathcal{L}_1$ となり，その傾きは $m(\mathcal{L}_1) = -m_1$ であることが判ります．まったく同様に，

$$\begin{cases} v_p(a_{n-s_1-1}) \geqq \min\limits_{j_1<\cdots<j_{s_1+1}}(v_{p,K}(\alpha_{j_{s_1}+1}\cdots\alpha_{j_{s_1}+1})) = s_1m_1 + m_2, \\ v_p(a_{n-s_1-2}) \geqq \min\limits_{j_1<\cdots<j_{s_1+2}}(v_{p,K}(\alpha_{j_{s_1}+1}\cdots\alpha_{j_{s_1}+2})) = s_1m_1 + 2m_2, \\ \qquad\qquad\vdots \\ v_p(a_{n-s_2}) = \min\limits_{j_1<\cdots<j_{s_2}}(v_{p,K}(\alpha_{j_1}\cdots\alpha_{j_{s_2}})) = s_1m_1 + (s_2-s_1)m_2 \end{cases}$$

が成立し，点 $(n-s_1-i,\, v_p(a_{n-s_1-i}))$ $(0 \leqq i \leqq s_1-s_2)$ に関するニュートン折れ線は両端の 2 点

$$(n-s_1,\, v_p(a_{n-s_1})), \qquad (n-s_2,\, v_p(a_{n-s_2}))$$

を結ぶ 1 つの辺 $\mathcal{L}_1$ となり，その傾きは $m(\mathcal{L}_1) = -m_2$ であることが判ります．以下同様にして，定理 7.2 の主張が正しいことが示されます． □

このように，$f(X)$ を 1 次式の積として完全に分解すると，定理 7.1 の「加法性」(7.4) は，定理 7.2 の視点から見ると一目瞭然 (！) となります．

●—— 図形版「ヘンゼルの補題」

上の定理 7.2 の証明から，$f(X)$ の $\mathbb{Q}_p[X]$ における可約性についての興味深い性質が導かれます．等式 (7.7) をみたす $(n_i - n_{i-1})$ 個の α_j $(v_{p,K}(\alpha_j) = m_i)$ を根とするモニックな多項式を $f_i(X)$ とします：

$$f_i(X) := \prod_{n_{i-1} < j \leqq n_i} (X-\alpha_j), \quad (1 \leqq i \leqq r) \tag{7.8}$$

このとき $f_i(X) \in K[X]$ となります．また，明らかに次の等式が成り立ちます：

$$f(X) = a_n f_1(X) f_2(X) \cdots f_r(X). \tag{7.9}$$

定理 7.3 (分解定理) $f_i(X)$ $(1 \leqq i \leqq r)$ は $\mathbb{Q}_p[X]$ に属する多項式であり，(7.9) は $f(X)$ の $\mathbb{Q}_p[X]$ における分解である．ただし，$f_i(X)$ は $\mathbb{Q}_p$ 上既約とは限らない．

このように $f(X)$ は，$\mathbb{Q}_p[X]$ の中で，そのニュートン折れ線の辺と 1 対 1 に対応する因子 $f_i(X)$ をもち，これらの因子は共通根をもちません．したがって $f(X)$ は $\mathbb{Q}_p[X]$ において，少なくともニュートン折れ線の辺の個数だけの異なる既約因子をもちます．とくに次の主張が成り立ちます．

系 7.2 $f(X) \in \mathbb{Q}_p[X]$ が既約であれば，そのニュートン折れ線はただ 1 つの辺からなる．

証明 $f(X)$ が $\mathbb{Q}_p[X]$ で既約のとき，その任意の 2 根 α_i, α_j は $\mathbb{Q}_p$ 上共役であり，$\mathrm{N}_{K/\mathbb{Q}_p}(\alpha_i) = \mathrm{N}_{K/\mathbb{Q}_p}(\alpha_j)$ となるので (7.6) から $v_{p,K}(\alpha_i) = v_{p,K}(\alpha_j)$ が導かれます．したがって $f(X) = f_1(X)$ であり，そのニュートン折れ線はただ 1 つの辺からなることが判ります． □

定理 7.3 の証明 $f(X)$ の次数 n に関する帰納法で示します．$n = 1$ のときは $f(X) = f_1(X)$ であり，主張は自明です．$n > 1$ として $f(X)$ の 1 根 α_1 の $\mathbb{Q}_p$ 上の最小多項式を $p(X)$ とします．このとき，$f(X)$ は $p(X)$ で割り切れてその商 $g(X)$ は $g(X) := f(X)/p(X) \in \mathbb{Q}_p[X]$ となることが容易に示されます．一方，$p(X)$ の各根は $\mathbb{Q}_p$ 上共役なので，系 7.2 の証明と同様の議論からその $v_{p,K}$ による付値は $v_{p,K}(\alpha_1)$ と一致します．よって $p(X)$ は $K[X]$ の中では $f_1(X)$ の因子であり，$g_1(X) := f_1(X)/p(X) \in K[X]$ となります．以上から $g(X) \in Q_p[X]$ に対して (7.9) と同様な分解等式

$$g(X) = g_1(X)f_2(X)\cdots f_r(X)$$

が成立します．ここで $\deg(g) < \deg(f) = n$ により，帰納法の仮定によって $g(X)$ について主張が成立し，$g_1(X), f_2(X), \cdots, f_r(X) \in Q_p[X]$ となります．すると，$f_1(X) = g_1(X)p(X)$ も $Q_p[X]$ に属する多項式となって証明が完了します． □

また，定理 7.2，定理 7.3 から以下の系 7.3 が導かれます．この性質は，$\mathbb{Q}$ 上の多項式の既約性を判定するのに，とても役に立つことがあります．

系 7.3 $f(X) \in \mathbb{Q}_p[X]$ のニュートン折れ線の辺を $\mathcal{L}_i$ $(1 \leqq i \leqq r)$ とし，各辺の傾きを既約分数に表わして $m(\mathcal{L}_i) = \dfrac{a_i}{b_i}$ と書く．このとき，b_i $(1 \leqq i \leqq r)$ の最大公約数を d とすると，$\mathbb{Q}_p[X]$ における $f(X)$ の任意の因子 $g(X)$ の次数は d の倍数である．

証明 定理 7.2 により，$f(X)$ のニュートン折れ線の辺の傾きは $f(X)$ の 1 つの根 α の付値 $v_{p,K}(\alpha)$ と一致します．他方，$f(X)$ の $\mathbb{Q}_p[X]$ における任意の既約因子 $p(X)$ について，その根はすべて等しい付値をもちます．したがって，α を $f(X)$ の 1 つの根とすると

$$\deg(p) \times v_{p,K}(\alpha) = v_p(p(0)) \in \mathbb{Z}$$

は整数となります ($p(X)$ はモニックであることに注意します). 主張はこのことから直ちに導かれます. □

2 項係数と指数関数多項式

本章の最後の探検は, 指数関数 e^z のべき級数の右辺の最初の $(n+1)$ 項の和を取って得られる多項式

$$f_n(X) = 1 + X + \frac{1}{2!}X^2 + \cdots + \frac{1}{n!}X^n \tag{7.10}$$

の観察です. 有限群の表現論で有名な I. Schur は, $f_n(X)$ に関して 1930 年に次の定理を証明しました.

定理 S　$f_n(X)$ は $\mathbb{Q}[X]$ において既約である. その $\mathbb{Q}$ 上のガロア群は n が 4 の倍数のとき A_n (n 次交代群), そうでないときは S_n (n 次対称群) と同型である.

以下の目標は, R. F. Coleman のアイデアにしたがってニュートン多角形を応用した初等的方法により, $f_n(X)$ の既約性を示すことです. まず素数 p と正整数 $n \in \mathbb{N}$ に対して, $n!$ の p 進 (指数) 付値を知る必要があります.

補題 7.1　p を素数とする. 正整数 $m \in \mathbb{N}$ の, 標準 p 進展開表示を

$$m = c_0 + c_1 p + \cdots + c_r p^r \qquad (0 \leqq c_i < p) \tag{7.11}$$

とするとき, $m!$ の p 進 (指数) 付値は次式で与えられる.

$$v_p(m!) = \frac{m - (c_0 + c_1 + \cdots + c_r)}{p-1} \tag{7.12}$$

証明　m の表示から, 自然数の列 $\{1, 2, \cdots, n\}$ に含まれる p の倍数は以下の形になります：

$$1{\cdot}p,\ 2{\cdot}p,\ \cdots,\ m_1{\cdot}p, \qquad m_1 := c_1 + \cdots + c_r p^{r-1}.$$

これより

$$v_p(m!) = v_p(p^{m_1} m_1!) = m_1 + v_p(m_1!)$$
$$= m_1 + \cdots + m_r$$

が成立します．ただし，$m_i \mapsto m_{i+1}$ は $m \mapsto m_1$ と同じように定めるものとします．最後の式の右辺に現れる c_i $(1 \leqq i \leqq r)$ の係数は

$$1 + p + \cdots + p^{i-1} = \frac{p^i - 1}{p - 1}$$

と表わされるので

$$v_p(m!) = \sum_{i=1}^{r} \frac{(p^i - 1)c_i}{p - 1} = \frac{1}{p-1} \sum_{i=0}^{r} \left(c_i p^i - c_i\right)$$
$$= \frac{m - (c_0 + c_1 + \cdots + c_r)}{p - 1}$$

となります．　□

次に n についても，その p 進展開表示を

$$\begin{aligned} &n = b_1 p^{\lambda_1} + b_2 p^{\lambda_2} + \cdots + b_r p^{\lambda_r}, \\ &0 < b_i < p, \quad \lambda_r < \lambda_{r-1} < \cdots < \lambda_1 \end{aligned} \tag{7.13}$$

と表わし，$i = 1, 2, \cdots, r$ について

$$Q_i = (q_i, -v_p(q_i!)), \qquad q_i := b_1 p^{\lambda_1} + b_2 p^{\lambda_2} + \cdots + b_i p^{\lambda_i} \tag{7.14}$$

とおきます．このとき命題 7.1 から容易に次の結果が得られます．

命題 7.2　素数 p に関する $n \in \mathbb{N}$ の p 進展開表示を (7.13) とする．このとき指数関数多項式 $f_n(X) \in \mathbb{Q}[X]$ のニュートン折れ線は，r 個の辺 $\mathcal{L}_i = \overline{Q_{i-1}Q_i}\,(1 \leqq i \leqq r)$，$Q_0 = (0, 0)$ からなり，各辺 $\mathcal{L}_i$ の傾きは

$$m(\mathcal{L}_i) = -\frac{p^{\lambda_i} - 1}{p^{\lambda_i}(p-1)}.$$

これで定理 S の証明の準備完了です．$\lambda_r = v_p(n)$ は n を割りきる最大の p のべき指数であることに注意すると，辺 $\mathcal{L}_i$ $(1 \leqq i \leqq r)$ の傾きを既約分数で表わしたとき，p^{λ_r} は分母の公約数であることが判ります．すると系 7.3 によって，$f_n(X)$ の $\mathbb{Q}_p[X]$ における任意の因数の次数は p^{λ_r} の倍数となります．したがって，$f_n(X)$ の $\mathbb{Q}[X]$ における各因数の次数は

$$\prod_{p \mid n} p^{v_p(n)} = n$$

の倍数となります．よって $f_n(X)$ の $\mathbb{Q}[X]$ における因数は $f_n(X)$ のみとなり，これで $f_n(X)$ の既約性が示されました． □

第8章　迷宮(？)パスカルの三角形

陥穽を豫知するゆびのなめらかなうごきに眩暈するチェスの騎士
―― 塚本邦雄『水葬物語』

2 項係数 $\begin{pmatrix} n \\ i \end{pmatrix}$ は，その名前の通り，2 項式 $1+X$ の累乗である $(1+X)^n$ を展開し同類項をまとめたときの X^i の係数として定義されます：

$$(1+X)^n = \sum_{i=0}^{n} \begin{pmatrix} n \\ i \end{pmatrix} X^i. \tag{8.1}$$

この展開の各項は，$1+X$ という n 個の因子の各々から $1, X$ のいずれかを選んで掛け合わせた積になるので，X^i の係数 $\begin{pmatrix} n \\ i \end{pmatrix}$ は「n 個のモノから i 個を選ぶ方法の数」に等しくなり，組合せ論の分野では ${}_n\mathrm{C}_i$ とも表記されます．その値が

$$\begin{pmatrix} n \\ i \end{pmatrix} = \begin{pmatrix} n \\ n-i \end{pmatrix} = \frac{n!}{i!(n-i)!} \tag{8.2}$$

のように表わされることも高校で学んだとおりです．これらの数をピラミッドの形に並べた配列を「**パスカルの三角形**」と呼ぶことも周知のとおりです (図 8.1).

この三角形においてそれぞれの数は，自身の一段左上と右上に位置する 2 つの数の和になっていることが判ります．これは等式で次のように表現されます．

									1									
								1		1								
							1		2		1							
						1		3		3		1						
					1		4		6		4		1					
				1		5		10		10		5		1				
			1		6		15		20		15		6		1			
		1		7		21		35		35		21		7		1		
	1		8		28		56		70		56		28		8		1	
1		9		36		84		126		126		84		36		9		1

図 **8.1**　パスカルの三角形

$$\binom{n}{i} = \binom{n-1}{i-1} + \binom{n-1}{i} \qquad (1 \leqq i \leqq n)$$

また，各行の数をすべて加えると，その和は 2 の累乗数となります．このことは恒等式 (8.1) に $X = 1$ を代入することによって直ちに導かれます．

$$\sum_{i=0}^{n} \binom{n}{i} = 2^n \tag{8.3}$$

さらに，(8.1) に $X = -1$ を代入した結果と (8.3) を合わせると，次の等式が得られます．

$$\sum_{i=0}^{[\frac{n}{2}]} \binom{n}{2i} = \sum_{i=1}^{[\frac{n}{2}]} \binom{n}{2i-1} = 2^{n-1} \tag{8.4}$$

不思議の森 (?) パスカルの三角形

上記の性質をはじめとして，パスカルの三角形には数えきれないほど多くの興味深い性質があり，数学愛好者を楽しませてくれます．その中でも，ちょっと風変わりなものを挙げてみましょう．

2 項係数 $\binom{n}{i}$ の配列を，ピラミッドの形から図 8.2 (次ページ) のような直角三角形に並べ直し，それらを傾きが 1 (45°) の直線で区分けしたものを左から順に $\mathcal{P}_n \, (n = 0, 1, 2, \cdots)$ とします．すなわち，

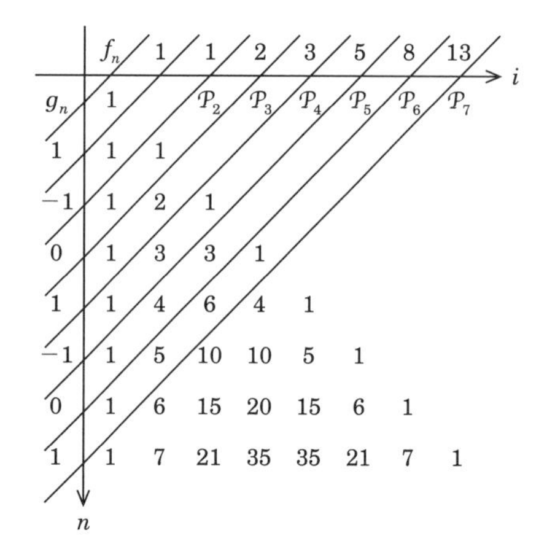

図 **8.2**

$$\mathcal{P}_n = \left\{ \binom{n-i}{i} \,\middle|\, 0 \leqq i \leqq \left[\frac{n}{2}\right] \right\}, \qquad \mathcal{P}_0 = \{1\}.$$

このとき，次の 2 つの興味深い性質が成り立ちます．

命題 8.1　$\mathcal{P}_n$ の成分の和を

$$f_n = \sum_{i=0}^{[\frac{n}{2}]} \binom{n-i}{i} \tag{8.5}$$

とおくとき，数列 $\{f_n\}$ はフィボナッチ数列と一致する．すなわち $\{f_n\}$ は 次の漸化式をみたす：

$$f_n = f_{n-1} + f_{n-2} \quad (n \geqq 2), \qquad f_0 = 1, \qquad f_1 = 1$$

命題 8.2　$\mathcal{P}_n$ の成分の交代和

$$g_n = \sum_{i=0}^{[\frac{n}{2}]} (-1)^{n-i} \binom{n-i}{i}, \quad g_0 = 0 \tag{8.6}$$

からなる数列 $\{g_n\}$ は次の漸化式をみたす：

$$g_n = -g_{n-1} - g_{n-2} \qquad (n \geqq 2)$$

また $\{g_n\}$ は周期数列となる．すなわち

$$g_n = \begin{cases} 1 & n \equiv 0 \\ -1 & n \equiv 1 \quad (\mathrm{mod}\ 3) \\ 0 & n \equiv 2 \end{cases}$$

「還元鏡」で見るパスカルの三角形

次の図 8.3 は，パスカルの三角形の各数を mod 2 で還元して，偶数を黒丸，奇数を白丸で表わしたものです．このように，整数の配列を法 m で眺めることを「還元鏡」と言います[1)]．

この図を眺めると，いろいろな規則性がありそうに思えます．まず，各 n について第 n 段にある「白丸」の数をかぞえると，その値には著しい傾向があります．

すなわち，その値を上から順に並べると，

$$1, 2, 2, 4, 2, 4, 4, 8, 2, 4, 4, \cdots$$

となって，これらはすべて 2 の累乗数となっています!!

これは上で述べた性質 (8.3) と非常に似ています．何か関係があるのでしょ

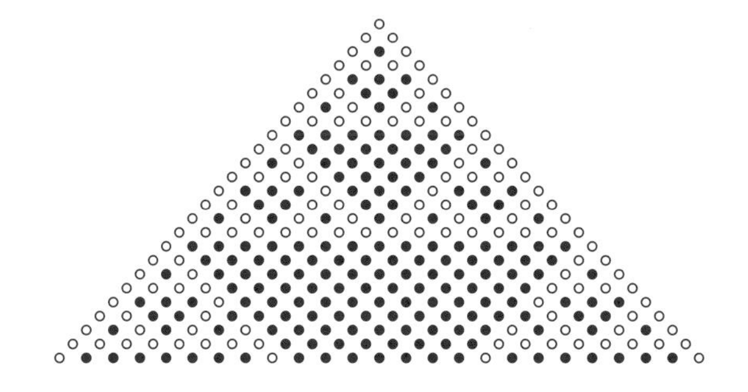

図 8.3

[1)] この語は，I. スチュアートの『数の世界』(藤野邦夫訳，朝倉書店) に現れる "moduloscope (モジュロスコープ)" という洒落た言葉を直訳したものです．

うか？ また，(8.3) の場合のように明快な証明法があるのでしょうか？

この観察結果を一般的に定式化するため，n を次のように 2 進表示します．

$$n = 2^{\lambda_1} + 2^{\lambda_2} + \cdots + 2^{\lambda_r}, \quad (0 \leqq \lambda_r < \lambda_{r-1} < \cdots < \lambda_1) \tag{8.7}$$

定理 8.1　$n \in \mathbb{N}$ が (8.7) のように 2 進表示されるとき，$\begin{pmatrix} n \\ i \end{pmatrix}$ が奇数となる i の個数は 2^r に等しい．

第 1 証明　n の 2 進表示を (8.7) とするとき

$$\begin{aligned}(1+X)^n &= \prod_{i=1}^{r} (1+X)^{2^{\lambda_i}} \equiv \prod_{i=1}^{r} (1+X^{2^{\lambda_i}}) \pmod 2 \\ &= \sum_{\{i_1,\cdots,i_l\} \subseteqq \{1,\cdots,r\}} X^{2^{\lambda_{i_1}}+\cdots+2^{\lambda_{i_l}}}\end{aligned}$$

ここで，最後の式の和は $\{1, \cdots, r\}$ のすべての部分集合 $\{i_1, \cdots, i_l\}$ について $X^{2^{\lambda_{i_1}}+\cdots+2^{\lambda_{i_l}}}$ を加えたものです．したがって，この和の項の次数

$$m = 2^{\lambda_{i_1}} + \cdots + 2^{\lambda_{i_l}}$$

は，n の 2 進表示の中の r 個の 1 のうち l 個 $(0 \leqq l \leqq r)$ をそのままにし，残りを 0 で置き換えた数と一致します．

このようにして得られる m はどの 2 個も相異なることは明らかです．ただし，空集合については $l = 0$，$m = 0$ であり，加える項は $X^0 = 1$ であることに注意します．さて，上の合同式を $\mathbb{F}_2[X]$ における恒等式とみなすと，右辺に現れるのは，左辺の展開で係数 $\begin{pmatrix} n \\ i \end{pmatrix}$ が奇数である項と一致します．また，その総数は，右辺の第 2 式に $X = 1$ を代入することにより，2^r に等しいことが判ります．　□

系 8.1　$n+1$ 個の 2 項係数 $\binom{n}{i}$ $(0 \leqq i \leqq n)$ がすべて奇数となるのは $n = 2^r - 1$ のときであり，この場合に限る．

証明　実際，$n = 2^r - 1$ ならば n の 2 進表示は

$$n = 2^r - 1 = \overbrace{11 \cdots 1}^{r}{}_{(2)}$$

となります．定理 8.1 から 2 項係数 $\binom{n}{i}$ $(0 \leqq i \leqq n)$ のうち，奇数であるものの個数は 2^r なので，条件 $n = 2^r - 1$ は，これらの 2 項係数がすべて奇数であることと同値です．　□

上の証明は明快ですが，定理 8.1 を一般化しようとすると，そのままではうまくいかないようです．後述の第 2 証明と比較すると，その事情がよりはっきりします．

ここで，定理 8.1 の結果の応用例を 1 つあげます．それは，図 8.3 の配列において，「白丸と黒丸のどちらが多いか？」という問題に対する解答です．

命題 8.3　正整数 $m \in \mathbb{N}$ に対して，パスカルの三角形の第 $2^m - 1$ 行までに現れる 2 項係数

$$\binom{n}{i} \qquad (0 \leqq i \leqq n \leqq 2^m - 1)$$

のうち，その値が奇数であるものの個数は 3^m に等しい．

証明　$2^m - 1$ の 2 進表示

$$(*) \quad 2^m - 1 = 11 \cdots 1_{(2)} \qquad (m \text{ 桁})$$

に注目します．また，$0 \leqq n \leqq 2^m - 1$ をみたす整数 n の 2 進表示の桁数は高々 m であることから，n の 2 進表示は $(*)$ における m 個の 1 のいくつかを 0 に置き換えて得られます．この対応は明らかに 1 対 1 なので，2 進表示の

中に r 個の 1 を含む整数 n $(0 \leqq n \leqq 2^m - 1)$ の個数は $\binom{m}{r}$ に等しいことが判ります．定理 8.1 の結果から，その各々について $\left\{ \binom{n}{i} \ (0 \leqq i \leqq n) \right\}$ の中にちょうど 2^r 個の奇数が含まれます．したがって，求める数は

$$\sum_{r=0}^{m} \binom{m}{r} 2^r = 3^m \tag{8.8}$$

となります．この左辺の和が 3^m になることは，等式 (8.1) に $X = 2$ を代入することによって導かれます． □

さて，第 $2^m - 1$ 行までに現れるパスカルの三角形の 2 項係数の個数は容易に判るように

$$\sum_{n=0}^{2^m-1} (n+1) = 2^{m-1}(2^m+1) = \frac{1}{2}(4^m + 2^m)$$

となります．この結果と (8.8) を比較すると，まず「全体は部分より大きい」ことから不等式

$$\frac{1}{2}(4^m + 2^m) \geqq \left(\frac{4+2}{2}\right)^m = 3^m$$

が得られます．また三角形を大きくしたとき，図 8.3 において，白丸 (奇数) の占める比率は

$$\lim_{m \to +\infty} \frac{2 \times 3^m}{(4^m + 2^m)} = 0 \tag{8.9}$$

です．これより，パスカルの三角形を法 2 の還元鏡で見ると，圧倒的に黒丸 (偶数) が多いことが判ります．

2 項係数の 2 進付値

「パスカルの三角形」の各行における奇数の個数が，定理 8.1 のようにとても「美しく」単純に表現されるので，同様な規則性がもっとあるに違いない，と期待するのは自然です．偶数・奇数の分布だけでなく，各数の 2 進付値

$v_2\left(\binom{n}{i}\right)$ の分布の様子 (パターン) を調べるとどのような結果が得られるでしょうか？　たとえば，各 $k \geqq 0$ に対して，次の同値な条件

$$v_2\left(\binom{n}{i}\right) = k \iff \binom{n}{i} = 2^k \times (\text{奇数})$$

をみたす 2 項係数はどのように分布しているのでしょうか？　さし当り，定理 8.1 と同様に $n \in \mathbb{N}$ が与えられたとき，上の条件をみたす $\binom{n}{i}$ の個数を調べることにします．このため，$k \geqq 0$ に対して，以下の記号を用意します．

$$N_k(n) := \#\left\{ i \;\middle|\; 0 \leqq i \leqq n,\ v_2\left(\binom{n}{i}\right) = k \right\} \tag{8.10}$$

表 8.1　$N_k(n)$ の表 $(p = 2)$

n	1	2	3	4	5	6	7	8	9	10
$N_0(n)$	2	2	4	2	4	4	8	2	4	4
$N_1(n)$	0	1	0	1	2	2	0	1	2	4
$N_2(n)$	0	0	0	2	0	1	0	2	4	1
$N_3(n)$	0	0	0	0	0	0	0	4	0	2
n	11	12	13	14	15	16	17	18	19	20
$N_0(n)$	8	4	8	8	16	2	4	4	8	4
$N_1(n)$	4	2	4	4	0	1	2	4	4	4
$N_2(n)$	0	5	2	2	0	2	4	4	8	5
$N_3(n)$	0	2	0	1	0	4	8	2	0	4
n	21	22	23	24	25	26	27	28	29	30
$N_0(n)$	8	8	16	4	8	8	16	8	16	16
$N_1(n)$	8	8	8	2	4	8	8	4	8	8
$N_2(n)$	2	4	0	5	10	4	4	10	4	4
$N_3(n)$	4	1	0	10	4	5	5	5	2	2

表 8.1 を眺めると，$k = 1$ の場合，すなわち 定式化 についても，その値には著しい傾向があります．実際，$1 \leqq n \leqq 30$ の範囲で，その値は

$$0, 1, 2, 4, 8$$

のいずれかであり，0 を除くとこれらはどれも 2 の累乗数となっています．念のため，$n = 31, 32, \cdots, 40$ の場合に確認すると，$N_1(n)$ の値は順に

$$0,\ 1,\ 2,\ 4,\ 4,\ 4,\ 8,\ 8,\ 8,\ 4$$

となり，たしかに 2 の累乗数です！　ここまで確認できると，$k = 1$ の場合にも定理 8.1 と同様な公式が成立することは，間違いなさそうです ……「パスカルの三角形」という大きな舞台で，新しい定理を発見できたのかも (?) と思うとドキドキ・ワクワクしてきます ——「数学」をする過程で，最も充実したひとときです.

◉——油断大敵！ 安易な「推測」

さて，それでは上記の「規則性」はどのように定式化されるのでしょうか？ここで，1 つ気がかりな事実があります．$k = 1$ の場合には $k = 0$ のときと異なり，系 8.1 のように $N_1(n) = 0$ となる場合 ($n = 2^r - 1$ のとき) があったことです．0 を 2 の累乗数とみなすには

$$0 = 2^{-\infty}$$

のような解釈もありますが，今の状況では無理があるように思えます．そこで，予想される公式は「n が $2^r - 1$ の形でないとき $N_1(n) = 2^{r_1}$」となりますが，この等式が成立するように整数 r_1 を $n \in \mathbb{N}$ の情報から (定理 8.1 のように) キレイに定めることは，いろいろ試行錯誤しても，不成功に終わります.

実は，**上の推測 (予想)** は正しくなかったのです！！

実際，もう少し観察範囲を広げると $N_1(42) = 3$ という予想の**反例**が現れます．このように数学，とくに数論の世界では，非常に多くの実例による観察結果があっても，そこから得られる「推測」が正しくないことがときどき起こります．今の場合も $n = 41$ まで成立していた規則が一般に正しいものではなかったわけです．では，この話はこれで終わりでしょうか？—— 否々 (いいえ)，そうではありません．$N_1(n)$ を $n \in \mathbb{N}$ の情報から「キレイに」定める問題はまだ終わっていません．間違った予想のことを忘れてこの問題に取り組むと，意外にアッサリと正解が得られます．その説明のために，以下のような定義をします.

定義 8.1　0 と 1 を合わせて l 個並べた配列

$$B = b_1\, b_2 \cdots b_l$$

が n の 2 進法表示の中に，連続した 0, 1 の部分順列として現れる回数を $b_B(n)$ で表わす．たとえば，n の 2 進法表示に現れる 1 の個数 r は $r = b_1(n)$ と表わされる．

例 8.1　$n = 42$ の 2 進法表示は

$$42 = 1\,0\,1\,0\,1\,0_{\,(2)}$$

したがって

$$b_1(42) = 3, \qquad b_{1\,0}(42) = 3, \qquad b_{1\,1}(42) = 0$$

となります．

定義 8.2　p を素数とする．正整数 $m \in \mathbb{N}$ の，標準 p 進展開表示を

$$\begin{aligned} m &= c_r\, c_{r-1} \cdots c_1\, c_{0\ (p)} \\ &= c_0 + c_1 p + \cdots + c_r p^r \qquad (0 \leqq c_i < p) \end{aligned} \tag{8.11}$$

とするとき，各位の数の和を次のように表わす：

$$\beta_p(m) = c_0 + c_1 + \cdots + c_r. \tag{8.12}$$

補題 7.1 の (7.12) から次の重要な定理 8.2 が得られます．

定理 8.2

$$v_p\left(\binom{i+j}{i}\right) = \frac{\beta_p(i) + \beta_p(j) - \beta_p(i+j)}{p-1} \tag{8.13}$$

系 8.2　2 項係数 $\displaystyle\binom{i+j}{i}$ が素数 p で割れないための必要十分条件は，正整数 $i, j \in \mathbb{N}$ の「足し算」を標準 p 進表示を用いて行なうとき，「繰り上がり」

が生じないことである.

定理 8.1 の第 2 証明 上の系 8.2 を用いると，定理 8.1 は直ちに導かれます．実際，「足し算」

$$i + j = n$$

を標準 2 進表示によって実行するとき，「繰り上がり」が生じないためには，i, j を 2 進表示するとき同じ位置 (位) に 1 が来ないことが必要十分条件です．このとき，i (および j) の 2 進表示に現れる 1 の集合は，n の 2 進表示に現れる r 個の 1 の部分集合となります．n を固定すると，このように位数が r の集合のべき集合 (部分集合の全体) が，奇数である 2 項係数 $\dbinom{n}{i}$ と 1 対 1 に対応するので，その個数は 2^r となります． □

定理 8.3 正整数 n が (8.7) のように 2 進表示されるとき，$\dbinom{n}{i}$ が 2 でちょうど 1 回だけ割り切れる (すなわち $v_2\left(\dbinom{n}{i}\right) = 1$ となる) ような i の個数 $N_1(n)$ は次式で与えられる．

$$N_1(n) = b_{1\,0}(n) \times 2^{r-1} \tag{8.14}$$

証明 上の定理 8.2 を用いると，$v_2\left(\dbinom{n}{i}\right) = 1$ となる条件は，「足し算」

$$i + j = n$$

を標準 2 進表示によって実行するとき，**「繰り上がり」がちょうど 1 回だけ生じる** ことと同値です．そうなる 2 進法の足し算のパターンは以下の場合に限ります (表 8.2，次ページ)．

すなわち，i, j を 2 進表示するとき同じ位置 (桁) に配列 01 が来るパターンがちょうど 1 個だけ存在することが必要十分条件です．このとき，対応する位置の $i + j = n$ の配列は 10 となります．したがって，2 項係数 $\dbinom{n}{i}$ が $p = 2$

表 8.2

i	$\cdots$	0	1	$\cdots$	(2)
j	$\cdots$	0	1	$\cdots$	(2)
$i+j=n$	$\cdots$	1	0	$\cdots$	(2)

でちょうど 1 回だけ割り切れるためには，n の 2 進表示の中に配列 10 が $m = b((10);n)$ 個現れるとき，そのうちの 1 個で i と $j=n-i$ の 2 進表示が上記のようになり，それ以外の位置では「繰り上がり」が生じないことが，必要かつ十分な条件です．定理 8.1 の別証明で述べたように，1 つ選んだ配列 10 に含まれない $r-1$ 個の 1 が i と $j=n-i$ のどちらに属するかで各々 2 通りの場合が可能です．以上から，$v_2\left(\binom{n}{i}\right)=1$ をみたす $\binom{n}{i}$ の数は $b_{10}(n)\,2^{r-1}$ となります． □

同様に，$v_2\left(\binom{n}{i}\right)=2$ となる条件は，「足し算」$i+j=n$ を標準 2 進表示によって実行するとき，**「繰り上がり」がちょうど 2 回だけ生じる**ことと同値です．そうなる 2 進法の足し算のパターンは，以下のように 2 種類存在します．

- 1 回の「繰り上がり」が離れた 2 個の位置で生じる場合

表 8.3

i	$\cdots$	0	1	$\cdots$	0	1	$\cdots$	(2)
i	$\cdots$	0	1	$\cdots$	0	1	$\cdots$	(2)
$i+j=n$	$\cdots$	1	0	$\cdots$	1	0	$\cdots$	(2)

- 「繰り上がり」が引き続いて 2 回生じる場合

このうち，第 2 の場合には次の 2 通りが可能です．

表 8.4

i	$\cdots$	0	1	1	$\cdots$	(2)
j	$\cdots$	0	1	1	$\cdots$	(2)
$i+j=n$	$\cdots$	1	1	0	$\cdots$	(2)

i	$\cdots$	0	1	1	$\cdots$	(2)
j	$\cdots$	0	0	1	$\cdots$	(2)
$i+j=n$	$\cdots$	1	0	0	$\cdots$	(2)

最後の場合は，i と j のパターンが異なることに注意します．したがって，$N_2(n)$ を求めるとき，このような組が (n,i), $(n,n-i)$ の 2 個現れます．以上から定理 8.3 と同様に次の公式が得られます．

定理 8.4　正整数 n が (8.7) のように 2 進表示されるとき，$\begin{pmatrix} n \\ i \end{pmatrix}$ が 2 でちょうど 2 回だけ割り切れる (すなわち $v_2\left(\begin{pmatrix} n \\ i \end{pmatrix}\right)=2$ となる) ような i の個数 $N_2(n)$ は次式で与えられる．

$$N_2(n)=b_{1\,0\,0}(n)\times 2^r+\left(b_{1\,1\,0}(n)\ +\begin{pmatrix} b_{1\,0}(n) \\ 2 \end{pmatrix}\right)2^{r-2} \qquad (8.15)$$

さて，ここまで来ると一般の場合の状況が見えてきます．「足し算」$i+j=n$ を標準 2 進表示によって実行するとき**「繰り上がり」がちょうど k 回だけ生じる**ようなパターンは，まず正整数 k の「分割」$k=k_1+\cdots+k_s$ に応じて分類されます．すなわち，各和因子 k_h に対して「繰り上がり」がちょうど k_h 回連続的に生じるものとします．

そこで，「繰り上がり」がちょうど k 回連続的に生じるパターンを調べることが問題となります．上で調べた，$k=1,2$ の場合を注意深く観察すると，一般の k の場合には以下の表 8.5 のような 2^{k-1} 通りが可能です．ただし，この表では繰り上がりの起こる箇所のみ記しています．

ここで $h=1,\cdots,k-1$ に対して $(\varepsilon_h,\,\varepsilon'_h,\delta_h)$ は次のいずれかとします．

表 8.5

i	0	ε_{k-1}	$\cdots$	ε_1	1	(2)
j	0	ε'_{k-1}	$\cdots$	ε'_1	1	(2)
$i+j=n$	1	δ_{k-1}	$\cdots$	δ_1	0	(2)

$$\begin{bmatrix}\varepsilon_h\\\varepsilon'_h\\\delta_h\end{bmatrix}=\begin{bmatrix}1\\0\\0\end{bmatrix}\quad \text{または} \quad \begin{bmatrix}1\\1\\1\end{bmatrix}$$

第 2 の場合が 1 回でも含まれると，i と j のパターンが異なり，$N_k(n)$ を求めるとき，このような組が (n,i), $(n,n-i)$ の 2 個現れます．この結果を用いると $k \geqq 3$ の場合にも $N_k(n)$ を表わす公式が得られますが，非常に複雑な式になります．

上記の説明の中に，正整数 k の「分割」が現れたことは注目に値する現象です．このように，一見は単純な**パスカルの三角形**には，実にさまざまな構造体・生物が隠れていることが判ります．この意味でもパスカルの三角形は「密林 (ジャングル)」と呼ぶに相応しい世界です．

$v_p(\binom{n}{i})$ のフラクタル性

最後にもう 1 つ，**パスカルの三角形** がもつ興味深い性質について観察します．それは 図 8.2 のような 2 項係数を法 2 の還元鏡を通して観察すると現れる現象の 1 つで，ほかの書物でも言及されている「フラクタル性」です．

一般に，ある図形が「フラクタル性」をもつとは，その任意の一部分を拡大するともとの図形のパターンが再び現れ，部分と全体が自己相似的になっている性質を言います．このような図形は，海岸線や枝分かれした樹木など，自然の中に数多く見られますが，数学的に定式化するのは意外に困難です．本章の探検対象であるパスカルの三角形が「フラクタル性」をもつ，というのは驚くべきことだと思います．

近年，邦訳本が出版された『数の世界』という本 (脚注 1) 参照) でも「パスカルのフラクタル」という章でこの話題に触れています．とくに，図 8.3 と「シェルピンスキーのギャスケット」と呼ばれるフラクタル図形との類似が注意されています.

◉――再登場=本多和久君の新発見

第 2 章で登場した, 早稲田大学の大学院生本多和久君は, 任意の素数 p について **パスカルの三角形**の各数の p 進付値 $v_p(*)$ を同様に並べた配列がいくつかの綺麗な規則性をもつことを示しました. そのうちの 1 つ (以下の定理 8.5) は, 上に述べた「**パスカルのフラクタル**」という現象を正確に定式化したもので, 素晴らしい発見です. ただし, 証明は定理 8.2 を利用すると容易にできますので, ここでは省略します.

定理 8.5 p を素数とするとき, 以下の条件

$$\text{(A)} \quad \begin{Bmatrix} 0 \leqq i \leqq n < p^r \\ 1 \leqq q_2 \leqq q_1 \leqq p-1 \end{Bmatrix}$$

$$\text{(B)} \quad \begin{Bmatrix} 0 \leqq n-p^r < i < p^r \leqq n < 2p^r \\ 1 \leqq q_2 \leqq q_1 \leqq p-2 \end{Bmatrix}$$

のいずれかをみたす整数 $r > 0$, $n, i \geqq 0$ および $q_1, q_2 \geqq 0$ に対して等式

$$v_p\left(\binom{n+q_1p^r}{i+q_2p^r}\right) = v_p\left(\binom{n}{i}\right) \tag{8.16}$$

が成立する.

定理 8.6 p を素数とするとき, 以下の条件

$$\text{(A}^+\text{)} \quad \begin{Bmatrix} 0 \leqq i \leqq n < p^r \\ 1 \leqq q_1-(p-1) \leqq q_2 \leqq p-1 \end{Bmatrix}$$

$$\text{(B}^+\text{)} \quad \begin{Bmatrix} 0 \leqq n-p^r < i < p^r \leqq n < 2p^r \\ 0 \leqq q_1-(p-1) \leqq q_2 \leqq p-1 \end{Bmatrix}$$

のいずれかをみたす整数 $r > 0$, $n, i \geqq 0$ および q_1, $q_2 \geqq 0$ に対して等式

$$v_p\left(\binom{n+q_1p^r}{i+q_2p^r}\right)=v_p\left(\binom{n}{i}\right)+1 \tag{8.17}$$

が成立する．

定理 8.5, 8.6 の意味するところを図示したものが以下の図 8.4, 8.5 です．ここでは $p=2$ としています．

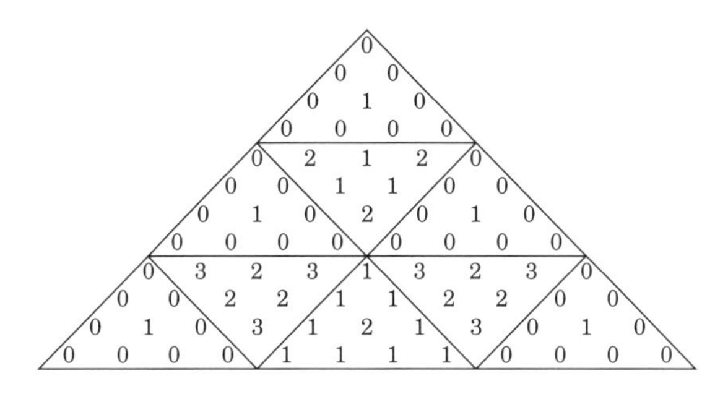

図 8.4　$v_2(*)$ で見たパスカル三角形

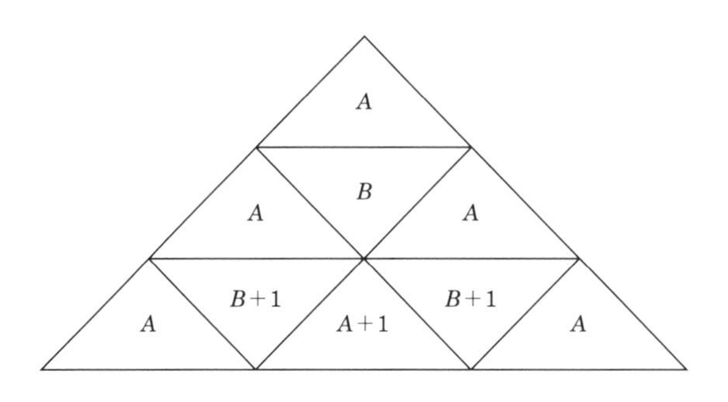

図 8.5

(A) ⇒ (8.16) は，図 8.4 の中で 1 辺が p^r の合同な三角形で，その対応する各成分の p 進付値 $v_p(*)$ も一致するものが無限に繰り返されることを示しています．また，定理 8.5 はこれらの三角形が，ある場所ではその各成分の p 進付値 $v_p(*)$ が一斉に 1 増加する，という興味深い現象を表わしています．図 8.4 の場合にその位置関係を示したのが図 8.5 です．

任意の r についてこれらの関係が成立します．このことは，パスカルの三角形の各数の p 進付値 $v_p(*)$ を並べた配列について，これを p^r 倍したものと元の配列が同じパターンをもっていることを示しています．これは，「付値鏡」を通して見たパスカルの三角形の「フラクタル性」にほかなりません．

パスカルの三角形には，まだまだ興味深い性質が数多くあり，未解決の問題も少なくありません．この「迷宮」の奥にうっかり足を踏み込んで出られなくなる前に，今回の探検を終了しましょう．

第 8 章の問題

問題 1 以下の交代和

$$h_n = \sum_{i=0}^{[\frac{n}{2}]} (-1)^i \binom{n-i}{i}, \quad h_0 = 1$$

で定義される数列 $\{h_n\}$ は漸化式

$$h_n = h_{n-1} - h_{n-2} \qquad (n \geqq 2)$$

をみたすことを示せ．

問題 2 任意の複素数 $p\,(p \neq 0)$ に対して，$|x|$ が十分小さなとき次の等式が成立することを示せ．

$$\sum_{n=0}^{\infty} \left(\sum_{k=0}^{[\frac{n}{2}]} \binom{n-k}{k} p^k \right) x^n = \frac{1}{1-x-px^2} \tag{8.18}$$

問題 3 等式 (8.18) から命題 8.1，および命題 8.2 を導け．

問題 4 2 項係数 $\binom{n}{k}$ $(1 < k < n)$ の任意の素因子 p について，

(i) $e = v_p\left(\binom{n}{k}\right)$ とするとき $p^e \leqq n$ を示せ．

(ii) n 以下の素数の個数を記号 $\pi(n)$ で表わすとき $\binom{n}{k} \leqq n^{\pi(n)}$ を示せ.

(iii) (ii) から $\pi(n) > \dfrac{2}{3}\dfrac{n}{\log n}$ を導け.

問題 5 素数 p と正整数 $n > 1$ について以下のことを示せ.

(i) $n < p < 2n \implies p \mid \binom{2n}{n}$.

(ii) (i) の条件をみたす素数の個数は $m := \pi(2n) - \pi(n)$ である. これらを $p_j\ (1 \leqq j \leqq m)$ とするとき次の不等式が成立する.

$$n^m < p_1 \cdots p_m \leqq \binom{2n}{n} < 2^{2n}$$

$$\text{すなわち } m = \pi(2n) - \pi(n) < \frac{2n\log 2}{\log n}.$$

(iii) (ii) から帰納法により $\pi(n) < \dfrac{2n}{\log n}$ を導くこと.

第 9 章　ゼータの森の水脈

盲ひたる 禁慾僧のみのらせし 最初の桃の実のひかる森
—— 塚本邦雄『透明文法』

引き続き「パスカルの三角形」の探検を行います．ただし，本章では 2 項係数を直接に探検の対象とするのではありません．最初に今回の「探検目標」を述べておきましょう．

ゼータの値と 2 項係数の逆数和

第 1 章でも触れましたが，以下の (9.10) で定義されるゼータ関数や，その整数における値についての結果は，数論の愛好家なら誰でも一度は見たことがあるはずです．

今回の探検では，これらの無限級数の和に関する等式がその動機 (モチベーション) となっています．すなわち本章の探検目標は，「パスカル三角形」の中心線上に位置する 2 項係数 $\binom{2n}{n}$ の逆数を主要部分とする無限級数と，「ゼータの値」に関する，次の一連の不思議な「等式」を結ぶ「地下水脈」を探索することにあります．

$$\frac{1}{2}\sum_{n=0}^{\infty}\frac{2^n}{(2n+1)\binom{2n}{n}}=\sum_{n=0}^{\infty}\frac{(-1)^n}{2n+1}=\frac{\pi}{4} \tag{9.1}$$

$$\sum_{n=1}^{\infty} \frac{3}{n^2 \binom{2n}{n}} = \sum_{n=1}^{\infty} \frac{1}{n^2} = \frac{\pi^2}{6} \tag{9.2}$$

$$\frac{5}{2} \sum_{n=1}^{\infty} \frac{(-1)^{n-1}}{n^3 \binom{2n}{n}} = \sum_{n=1}^{\infty} \frac{1}{n^3} = \zeta(3) \tag{9.3}$$

さて，パスカルの三角形は 2 項定理

$$(x+y)^n = \sum_{i=0}^{n} \binom{n}{i} x^i y^{n-i} \tag{9.4}$$

に現れる係数を，$n = 0, 1, 2, \cdots$ について順に並べることによって得られますが，数学の世界には，このほかにも (9.4) の右辺と同じ整数の配列パターンが現れる場面がいくつもあります．

見かけや由来が異なる数学の話題に，同じ「パスカルの三角形」が現れるとき，これらの間には何か深い「つながり」があるのでしょうか？

まずは，そのような話題をあげることが先決問題です．その最初の例は，微積分における**ライプニッツの公式**です．すなわち，$f(x)$, $g(x)$ を n 回微分可能な関数とするとき，積 $f(x)g(x)$ の n 次導関数はそれぞれの k 次導関数 ($0 \leqq k \leqq n$) を用いて以下のように表わされます：

$$(fg)^{(n)}(x) = \sum_{i=0}^{n} \binom{n}{i} f^{(i)}(x) g^{(n-i)}(x). \tag{9.5}$$

探検の準備として，ライプニッツの公式の応用例を観察しましょう．

$f(x) = \arcsin(x)$ を $\sin(x)$ の逆関数とするとき，等式 $\sin f(x) = x$ の両辺を x で微分して

$$f'(x)\sqrt{1-x^2} = 1$$

を得ます．この両辺を再度微分して整理すると

$$(1-x^2)f''(x) - xf'(x) = 0$$

となります．この左辺の各項を，公式 (9.5) を適用して n 回微分します．$(1-x^2)$, x の 3 次以上の導関数は 0 となることに注意すると，次の関係式が得ら

れます.

$$(1-x^2)f^{(n+2)}(x)-(2n+1)xf^{(n+1)}(x)-n^2f^{(n)}(x)=0 \qquad (\forall n \geqq 0)$$

ここで $x=0$ を代入すると数列 $\{f^{(n)}(0)\}$ の漸化式

$$f^{(n+2)}(0)=n^2f^{(n)}(0) \qquad (\forall n \geqq 0)$$

が得られます．すると，初期条件 $f(0)=0,\ f'(0)=1$ から容易に $f^{(n)}(0)$ が以下のように求まります：

$$\begin{cases} f^{(2m+1)}(0)=((2m-1)!!)^2, & \text{ただし } (-1)!!=1 \\ f^{(2m)}(0)=0 \end{cases}$$

これより $f(x)$ のべき級数表示 (テイラー展開)

$$\arcsin(x)=\sum_{m=0}^{\infty}\frac{(2m-1)!!}{(2m)!!}\frac{x^{2m+1}}{2m+1} \tag{9.6}$$

が得られます．さて，この表示式を導く方法がほかにもあります．それは，2 項係数 $\begin{pmatrix} n \\ i \end{pmatrix}$ の表現式

$$\begin{pmatrix} n \\ i \end{pmatrix}=\frac{n!}{i!(n-i)!} = \frac{n(n-1)\cdots(n-i+1)}{i!}$$

において，第 2 式の右辺は i が負でない整数である限り，n **が整数でなくてもその意味 (値) が確定する**，という事実に注目することです．任意の実数 a に対する一般 2 項係数 $\begin{pmatrix} a \\ i \end{pmatrix}$ をこのように (8.2) の右辺に $n=a$ を代入した式で定めると，$x=0$ の近傍で

$$(1+x)^a=\sum_{i=0}^{\infty}\begin{pmatrix} a \\ i \end{pmatrix}x^i \tag{9.7}$$

というべき級数展開が成立します．$a=n$ が正整数のときは (8.2) の右辺において

$$\binom{n}{i} = 0 \qquad (i \geqq n+1)$$

となり，(9.7) は冒頭の (9.4) で $y = 1$ とおいたものとなります．すなわち，上の等式は 2 項定理を特別な場合として含んでいます．さて，$n = -\dfrac{1}{2}$ に対する一般 2 項係数は $m \geqq 0$ に対して

$$\binom{-\frac{1}{2}}{m} = \frac{(-1)^m (2m-1)!!}{(2m)!!}, \qquad ((-1)!! = 0!! = 1)$$

となります．したがって (9.7) から

$$f'(x) = (1-x^2)^{-\frac{1}{2}} = \sum_{m=0}^{\infty} \frac{(2m-1)!!}{(2m)!!}\, x^{2m}$$

これを積分すると (9.6) が得られます．

●――ゼータ関数の整数での値

ここで念のため，冒頭で現れた「ゼータの値」についてざっと復習しておきましょう．その 1 つは，等式 (9.2) に含まれる，次の無限級数の和の等式です：

$$\frac{1}{1^2} + \frac{1}{2^2} + \frac{1}{3^2} + \frac{1}{4^2} + \cdots = \frac{\pi^2}{6} \tag{9.8}$$

オイラーによる (9.8) の発見は偶然ではなく，西洋では 17 世紀後半にライプニッツ，グレゴリーによって独立に見出された無限級数 (交代和) の等式

$$1 - \frac{1}{3} + \frac{1}{5} - \frac{1}{7} + \frac{1}{9} - \cdots = \frac{\pi}{4} \tag{9.9}$$

に端を発しています．ライプニッツはこの等式に自然の神秘の深遠さを感じ，外交官から数学の研究に転じたという逸話がありますが，(9.9) の次の問題として (9.8) のような和の値を求めることは，当時の多くの数学者の関心の的であり，大難問でした．オイラーは，最初は恐らく近似値を計算して和の形を推測したのでしょうが，1735 年に発表した論文においては，三角関数 $\sin x$ のべき級数表示

$$\sin x = x - \frac{x^3}{3!} + \frac{x^5}{5!} - \frac{x^7}{7!} + \cdots$$

を無限次の多項式と考え，「根 (の逆数) と係数の関係式」を大胆に適用して，(9.8) だけでなく

$$\sum_{n=1}^{\infty} \frac{1}{n^4} = \frac{\pi^4}{90}, \qquad \sum_{n=1}^{\infty} \frac{1}{n^6} = \frac{\pi^6}{945}, \qquad \cdots\cdots$$

を導いています．その後，ゼータ関数

$$\zeta(s) = \sum_{n=1}^{\infty} \frac{1}{n^s} \qquad (s > 1) \tag{9.10}$$

を考察し，一般に正の整数 $n \in \mathbb{N}$ に対して

$$\zeta(2n) \ = \ \sum_{m=1}^{\infty} \frac{1}{m^{2n}} = \frac{(2\pi)^{2n}(-1)^{n+1}}{2(2n)!} B_{2n} \tag{9.11}$$

と表わせることを発見しています．ここで $\{B_n\}$ は「ベルヌーイ数」と呼ばれる有理数列で，次の母関数 (9.12) によって定義されます．

$$\frac{xe^x}{e^x - 1} = \sum_{n=0}^{\infty} B_n \frac{z^n}{n!} \tag{9.12}$$

数列の m 階差分公式

数列 $\boldsymbol{a} = \{a_n\}_{n=0}^{\infty}$ に対して，その**階差数列**とは高校で学んだように

$$b_n = a_n - a_{n-1} \qquad (\forall n \geqq 1)$$

のことでした．以下では，都合により階差数列の「差」の向きを逆にして $\boldsymbol{a}$ の「差分」$\boldsymbol{\varDelta a} = \{\varDelta a_n\}_{n=0}^{\infty}$ を以下のように定めます．

$$\varDelta a_n = a_n - a_{n+1} \qquad (\forall n \geqq 0) \tag{9.13}$$

すると $\boldsymbol{\varDelta a}$ の差分が

$$\begin{aligned} \varDelta^2 a_n &= \varDelta a_n - \varDelta a_{n+1} \\ &= a_n - 2a_{n+1} + a_{n+2} \qquad (\forall n \geqq 0), \end{aligned}$$

のように定まります．以下同様に

$$\begin{aligned}\varDelta^3 a_n &= \varDelta^2 a_n - \varDelta^2 a_{n+1}\\ &= a_n - 3a_{n+1} + 3a_{n+2} - a_{n+3} \qquad (\forall n \geqq 0)\end{aligned}$$

が得られます．この操作を続けると，$\boldsymbol{a}$ の m 階差分 $\varDelta^m \boldsymbol{a}$ は次の式で与えられることが容易に示されます：

$$\varDelta^m a_n = \sum_{i=0}^{m} (-1)^i \binom{m}{i} a_{n+i} \qquad (\forall n,\, m \geqq 0) \tag{9.14}$$

その証明も，数学的帰納法で容易にできます．さて，この式の右辺はライプニッツの公式 (9.5) の場合のように，$(1-x)^n$ についての 2 項定理とまったく同じ形をしています!!

このようにパスカルの三角形が，2 項定理とは直接の関係がなさそうな場所に登場するのは大変興味深いことです．そこでこの場合についても，数列の m 階差分公式から $(1-x)^m$ につながる「地下水脈」を探ってみましょう．

●――「数列の母関数」による説明

数列 $\boldsymbol{a} = \{a_n\}_{n=0}^{\infty}$ に対して，次の形のべき級数を対応させます：

$$F(x; \boldsymbol{a}) = \sum_{n=0}^{\infty} a_n x^n \tag{9.15}$$

$F(x; \boldsymbol{a})$ をこの数列の**母関数** (generating function) と呼びます．対応 $F : \boldsymbol{a} \mapsto F(x; \boldsymbol{a})$ が線形写像であること，すなわち定数 α, β に対して

$$F(x; \alpha\boldsymbol{a} + \beta\boldsymbol{b}) \;=\; \alpha F(x; \boldsymbol{a}) + \beta F(x; \boldsymbol{b})$$

が成り立つことは明らかです．一方，

$$\begin{aligned}&F(x; \boldsymbol{a}) F(x; \boldsymbol{b}) = F(x; \boldsymbol{c})\\ &\iff \left(\sum_{i=0}^{\infty} a_i x^i\right)\left(\sum_{j=0}^{\infty} b_j x^j\right) = \sum_{n=0}^{\infty} c_n x^n\\ &\iff c_n = \sum_{i+j=n} a_i b_j \qquad (\forall n \geqq 0)\end{aligned} \tag{9.16}$$

から分かるように，数列の通常の積は母関数の積に対応しません．上の式で定まる数列 $\mathbf{c} = \{c_n\}$ は数列 $\boldsymbol{a}, \boldsymbol{b}$ の**畳み込み積**と呼ばれます．これを $\boldsymbol{c} = \boldsymbol{a} * \boldsymbol{b}$ と表わします．定数数列 $a_n = 1$ を $\mathbf{1}$ と書くと，その母関数は等比級数にほかならないので

$$F(x; \mathbf{1}) = \sum_{n=0}^{\infty} x^n \;=\; \frac{1}{1-x}. \tag{9.17}$$

が成立します．(9.16) にこの数列を適用すると，

$$(\mathbf{1} * \boldsymbol{a})(n) = a_0 + a_1 + \cdots + a_n \tag{9.18}$$

すなわち，$\mathbf{1} * \boldsymbol{a}$ は数列 $\boldsymbol{a}$ の「和数列 (和分)」にほかならないことが判ります．以上によって，数列とべき級数の世界の言葉を翻訳する，以下の原理 (辞書) が得られます：

1. 和数列を考えることは，母関数の世界では $1-x$ で割ることと同値．
2. 逆に，階差数列 (差分) を考えることは，母関数の世界では $1-x$ を掛けることと同値．
3. 数列の m 階差分を考えることは母関数の世界では，$(1-x)^m$ を掛けることと同値．

こうして (9.14) の右辺の形と $(1-x)^m$ の 2 項定理 (9.4) による展開の「つながり」を説明できました．

$\dbinom{2n}{n}$ の大きさの評価

ここで冒頭の等式 (9.1), (9.2), (9.3) に現れる，最初の無限級数の収束性について見ておきます．実は，これらの無限級数は，自然数のべき乗の逆数の和で定まるゼータ関数の和よりも，ずっと速く収束します．そのことを示すのが次の定理 9.1，系 9.1 です．これによって問題の無限級数は，公比が $\dfrac{1}{2}$ 以下の等比級数を優級数にもつことが判ります．

定理 9.1　任意の正整数 n に対して以下の不等式が成立する：

$$\frac{2^{2n}}{\sqrt{\left(n+\frac{1}{2}\right)\pi}} \leqq \binom{2n}{n} \leqq \frac{2^{2n}}{\sqrt{n\pi}}. \tag{9.19}$$

系 9.1 (ウォリス (**Wallis**) の公式)

$$\binom{2n}{n} \sim \frac{2^{2n}}{\sqrt{n\pi}}.$$

ここで $f(n) \sim g(n)$ は $\dfrac{f(n)}{g(n)} \to 1\,(n \to \infty)$ を意味します．

定理 9.1 の証明のために，次の定積分 $I(n)$ を考えます．

$$I(n) := \int_0^{\frac{\pi}{2}} \sin^n x\,dx \qquad (n = 0, 1, 2, \cdots)$$

部分積分法より容易に次の漸化式が導かれます：

$$I(n) = (n-1)I(n-2) - (n-1)I(n),$$
$$I(n) = \frac{n-1}{n} I(n-2), \qquad (n \geqq 2)$$

これと $I(0) = \dfrac{\pi}{2}$, $I(1) = 1$ から

$$I(n) = \begin{cases} \dfrac{(n-1)!!}{n!!} \cdot \dfrac{\pi}{2} & (n = 2m) \\ \dfrac{(n-1)!!}{n!!} & (n = 2m+1) \end{cases}$$

となります．さて，$0 \leqq x \leqq \dfrac{\pi}{2}$ で明らかな不等式

$$\sin^{2n+1} x \leqq \sin^{2n} x \leqq \sin^{2n-1} x$$

が成立します．これを積分すると

$$I(2n+1) \leqq I(2n) \leqq I(2n-1)$$

となるので，上の結果を代入して

$$\frac{(2n)!!}{(2n+1)!!} \leqq \frac{(2n-1)!!}{(2n)!!}\cdot\frac{\pi}{2} \leqq \frac{(2n-2)!!}{(2n-1)!!}$$

を得ます．これを変形すると

$$\frac{2}{2n+1}\left(\frac{(2n)!!}{(2n-1)!!}\right)^2 \leqq \pi \leqq \frac{1}{n}\left(\frac{(2n)!!}{(2n-1)!!}\right)^2$$

となり，整理すると (9.19) が得られます． □

スターリングの公式

ウォリスの公式は $(2n)!$ と $(n!)^2$ の比を n の初等関数で近似したもの，と考えることができます．すると $n!$ の大きさについても同様な近似式があるのでは？ と考えたくなります．その答が以下に述べるスターリングの公式です．ウォリスの公式はこれから直ちに導かれますが，ここで述べる証明においては，最後のステップでウォリスの公式を用います．どちらの公式においても，自然数の階乗という単純な数を最良近似すると円周率 π が現れるのは，とても神秘的です．

定理 9.2 次の漸近等式が成立する：

$$n! \sim \sqrt{2\pi}n^{n+\frac{1}{2}}e^{-n}. \tag{9.20}$$

証明 両辺の比を取って数列 $\{a_n\}$ を次のように定めます：

$$a_n := \frac{n!e^n}{\sqrt{2\pi}n^{n+\frac{1}{2}}} \qquad (a_n > 0).$$

隣接項の比の対数を取ると

$$\log\frac{a_{n+1}}{a_n} = 1 - \left(n+\frac{1}{2}\right)\log\left(1+\frac{1}{n}\right)$$

となります．ここで対数関数の級数展開

$$\log(1+t) = \sum_{n=1}^{\infty} \frac{(-1)^{n-1}t^n}{n} \qquad (|t|<1) \tag{9.21}$$

を用いると

$$\begin{aligned}\left(n+\frac{1}{2}\right)\log\left(1+\frac{1}{n}\right) &= \frac{2n+1}{2}\log\frac{1+\dfrac{1}{2n+1}}{1-\dfrac{1}{2n+1}} \\ &= \sum_{k=1}^{\infty}\frac{1}{2k-1}\frac{1}{(2n+1)^{2k-2}}\end{aligned}$$

と初項が 1 の正項級数に展開でき，これより次の不等式が成立します：

$$1 < \left(n+\frac{1}{2}\right)\log\left(1+\frac{1}{n}\right) < 1 + \frac{1}{3}\sum_{k=2}^{\infty}\frac{1}{(2n+1)^{2k-2}}$$
$$= 1 + \frac{1}{12n(n+1)}.$$

よって

$$\log\frac{a_{n+1}}{a_n} < 0, \qquad 0 < \frac{a_{n+1}}{a_n} < 1$$

となり $\{a_n\}$ は減少列であることが判ります．また数列 $\{b_n\}$ を

$$b_n := e^{-\frac{1}{12n}}\, a_n$$

と定めると，$0 < b_n < a_n$ であり，上の不等式から

$$\log\frac{b_{n+1}}{b_n} = 1 - \left(n+\frac{1}{2}\right)\log\left(1+\frac{1}{n}\right) + \frac{1}{12n(n+1)} > 0.$$

よって $\{b_n\}$ は増加列となります．さらに

$$\frac{a_n}{b_n} = e^{\frac{1}{12n}} \to 1 \quad (n\to\infty)$$

ですから 数列 $\{a_n\}, \{b_n\}$ は共通の極限値 $c>0$ に収束します．すると

$$\lim_{n\to\infty} a_n = c = \frac{c^2}{c} = \lim_{n\to\infty} \frac{{a_n}^2}{a_{2n}} = \lim_{n\to\infty} \frac{(n!)^2 2^{2n}}{(2n)!\sqrt{\pi n}} = 1.$$

これで (9.20) が導かれました．最後の極限値はウォリスの公式を用いました． □

無限級数のオイラー変換

数列 $\boldsymbol{a} = \{a_n\}_{n=0}^{\infty}$ に対して無限級数

$$\begin{aligned} S(\boldsymbol{a}) &= \sum_{n=0}^{\infty} (-1)^n a_n \qquad (9.22) \\ &= a_0 - a_1 + a_2 - \cdots + (-1)^n a_n + \cdots \end{aligned}$$

を考えます．ただし，a_n は一般の (複素) 数とし，上の記法から想像される仮定 $a_n > 0$ はみたしていなくても構わないことに注意します．

定義 9.1 数列 $\boldsymbol{a} = \{a_n\}_{n=0}^{\infty}$ の n 階差分 $\Delta^n \boldsymbol{a}$ の初項

$$\Delta^n a_0 = \sum_{i=0}^{n} (-1)^i \binom{n}{i} a_i \qquad (9.23)$$

の $\dfrac{1}{2^{n+1}}$ 倍を第 n 項とする無限級数

$$\begin{aligned} \mathcal{E}(\boldsymbol{a}) &:= \sum_{n=0}^{\infty} \frac{\Delta^n a_0}{2^{n+1}} \qquad (9.24) \\ &= a_0 + \frac{a_0 - a_1}{2} + \frac{a_0 - 2a_1 + a_2}{2^2} + \frac{a_0 - 3a_1 + 3a_2 - a_3}{2^3} + \cdots \end{aligned}$$

を (9.22) の**オイラー変換**という．

オイラー変換の基本定理を述べる前に，次の性質を注意しておきます．これはオイラー変換の操作が「対合的（たいごう）」であることを示しています：

定理 9.3 2 つの数列 $\{a_n\}, \{b_n\}$ に対してオイラー変換に関する次の関係は同値である：

$$\Delta^n a_0 = b_n \qquad (\forall n \geqq 0) \iff \Delta^n b_0 = a_n \qquad (\forall n \geqq 0). \tag{9.25}$$

証明　最初の関係を仮定し，定義に従って $\Delta^n b_0$ を計算すると

$$\begin{aligned}
\Delta^n b_0 &= \sum_{i=0}^{n} (-1)^j \binom{n}{j} b_j = \sum_{j=0}^{n} (-1)^j \binom{n}{j} \sum_{i=0}^{j} (-1)^i \binom{j}{i} a_i \\
&= \sum_{i=0}^{n} \sum_{j=i}^{n} (-1)^{i+j} \binom{n}{j} \binom{j}{i} a_i \qquad (k := j - i) \\
&= \sum_{i=0}^{n} a_i \binom{n}{i} \left(\sum_{k=0}^{n-i} (-1)^k \binom{n-i}{k} \right) \\
&= \sum_{i=0}^{n} a_i \binom{n}{i} \left(\sum_{k=0}^{n-i} (1-1)^{n-i} \right) = a_n \qquad (\forall n \geqq 0)
\end{aligned}$$

ここで下から 2, 3 番目の最後のカッコの和は，$i < n$ のときは $(1-1)^{n-i} = 0$，また $i = n$ のときは 1 となることに注意します． □

次はオイラー変換の**基本定理**と言うべきものです．

定理 9.4　(9.22) の級数 $S(\boldsymbol{a})$ が和 s に収束するとき，そのオイラー変換 $\mathcal{E}(\boldsymbol{a})$ も同じ和 s に収束する．

証明　まず問題の級数が絶対収束するとして，形式的な和の考察をします．$\mathcal{E}(\boldsymbol{a})$ を文字 a_i ごとに整理し，$n = i + k$ $(k \geqq 0)$ とおいて和を変形すると

$$\sum_{i=0}^{\infty} (-1)^i a_i \sum_{k=0}^{\infty} \binom{k+i}{i} 2^{-(k+i+1)}$$

となります．したがって，級数 $S(\boldsymbol{a})$ と $\mathcal{E}(\boldsymbol{a})$ の和が等しいことのポイントは，次の等式にあります．

命題 9.1　任意の整数 $i \geqq 0$ に対して

$$\sum_{k=0}^{\infty} \binom{k+i}{i} 2^{-(k+i+1)} = 1. \tag{9.26}$$

証明 示すべき等式の両辺に x^i を掛けて，$i \geqq 0$ について加えたべき級数を比較します．右辺についてこの操作を行うとその和は容易に

$$1 + x + \cdots + x^i + \cdots = \frac{1}{1-x}$$

となります．左辺については，$k+i=n$ とおいて和を変形すると

$$\sum_{i=0}^{\infty} x^i \sum_{k=0}^{\infty} \binom{k+i}{i} 2^{-(k+i+1)} = \frac{1}{2}\sum_{n=0}^{\infty} \frac{1}{2^n} \sum_{i=0}^{n} \binom{n}{i} x^i$$
$$= \frac{1}{2}\sum_{n=0}^{\infty} \left(\frac{1+x}{2}\right)^n = \frac{1}{1-x}$$

となって両辺のべき級数が一致します．これで主張が示されました． □

定理 9.4 を，必ずしも絶対収束しない場合に示すには，まず級数 $S(\boldsymbol{a})$ が s に収束するという仮定から数列 $\boldsymbol{a}$ が零列，すなわち $\lim_{n\to\infty} a_n = 0$ となることに注意します．このとき，簡単な議論により $\dfrac{\Delta^n a_0}{2^{n+1}}$ を第 n 項とする数列も零列となることが示されます．このことと，前半の形式 (等式) 的な議論から級数 $\mathcal{E}(\boldsymbol{a})$ の部分和と s の差を評価することができて，$\mathcal{E}(\boldsymbol{a})$ が s に収束することが示されます．詳細の確認は読者への練習問題とします． □

等式 (9.1) の証明

次に，オイラー変換を具体的な収束無限級数に適用してみましょう．最初にライプニッツの交代級数 (9.9) を扱います．その際に鍵となるのが，2 項係数の逆数についての，以下のような積分表示です．

補題 9.1 次の積分公式が成立する．

$$\binom{n}{i}^{-1} = (n+1)\int_0^1 x^i(1-x)^{n-i}\,dx \qquad (0 \leqq i \leqq n,\ n \in \mathbb{N}) \quad (9.27)$$

この等式はベータ関数のガンマ関数による表示

$$B(x, y) := \int_0^1 x^{x-1}(1-x)^{y-1}\,dx$$
$$= \frac{\Gamma(x)\Gamma(y)}{\Gamma(x+y)} \qquad (x > 0,\ y > 0) \tag{9.28}$$

およびガンマ関数の正整数での値についての結果

$$\Gamma(n+1) = n! \qquad (n \in \mathbb{N}) \tag{9.29}$$

を用いれば直ちに確かめられます.

補題 9.2 数列 $\boldsymbol{a} = \{a_n\}$ を

$$a_n = \frac{1}{2n+1} \qquad (n \geqq 0)$$

で定めるとき, その n 階差分 $\Delta^n \boldsymbol{a}$ の初項は次の式で与えられる.

$$\Delta^n a_0 = \sum_{i=0}^{n} (-1)^i \binom{n}{i} a_i = \frac{2^{2n}}{(2n+1)\binom{2n}{n}} \tag{9.30}$$

証明 数学的帰納法を用いて示すことも可能ですが, 定理 9.5 と上記の積分表示 (9.27) を利用すると, 以下のようにとても鮮やかに示されます. (9.30) の右辺を b_n とおくとき, 定理 9.5 によって主張は次と同値です：

$$\Delta^n b_0 = a_n \qquad (\forall n \geqq 0)$$

この左辺は, n 階差分の定義 (9.23) と (9.27) によって次のように計算されます.

$$\Delta^n b_0 = \sum_{i=0}^{n} (-1)^i \binom{n}{i} b_i = \sum_{i=0}^{n} (-1)^i \binom{n}{i} \frac{2^{2i}}{(2i+1)\binom{2i}{i}}$$
$$= \sum_{i=0}^{n} (-1)^i 2^{2i} \binom{n}{i} \int_0^1 x^i (1-x)^i\,dx$$

$$
\begin{aligned}
&= \int_0^1 \left(\sum_{i=0}^{n} \binom{n}{i} (-1)^i 2^{2i} x^i (1-x)^i \right) dx \\
&= \int_0^1 \Big(1 - 4x(1-x) \Big)^n \, dx \;=\; \int_0^1 (1-2x)^{2n} \, dx \\
&= \frac{1}{2n+1} \;=\; a_n
\end{aligned}
\qquad \square
$$

これで (9.1) の前半の等式が証明できました．後半の部分はライプニッツの交代級数 (9.9) として良く知られていますが，ここではオイラー変換された級数からその値を導いてみます．そこでも上の積分表示 (9.27) がポイントとなります．実際，オイラー変換された級数にこれを代入して，和と積分を交換すると

$$
\begin{aligned}
\mathcal{E}(\boldsymbol{a}) &= \sum_{n=0}^{\infty} \frac{\Delta^n a_0}{2^{n+1}} = \frac{1}{2} \sum_{n=0}^{\infty} \frac{2^n}{(2n+1)\dbinom{2n}{n}} \\
&= \frac{1}{2} \sum_{n=0}^{\infty} 2^n \int_0^1 x^n (1-x)^n \, dx \\
&= \frac{1}{2} \int_0^1 \left(\sum_{n=0}^{\infty} 2^n x^n (1-x)^n \right) dx
\end{aligned}
$$

ここで，最後の式の無限和は等比級数であることに注意すると

$$
\begin{aligned}
\frac{1}{2} \sum_{n=0}^{\infty} \frac{2^n}{(2n+1)\dbinom{2n}{n}} &= \frac{1}{2} \int_0^1 \frac{dx}{1-2x(1-x)} \\
&= \frac{1}{2} \int_0^{\frac{1}{2}} \frac{dx}{t^2 + \frac{1}{4}} = \int_0^1 \frac{dx}{x^2+1} = \frac{\pi}{4}
\end{aligned}
$$

これで等式 (9.1) の証明が完了しました！ □

等式 (9.2) の証明

次は，級数 (9.2) を扱います．等式 (9.1) の証明と同じやり方で級数 $\zeta(2)$ を定める数列 $\boldsymbol{a} = \{a_n\}$,

$$a_n = \frac{(-1)^n}{(n+1)^2} \qquad (n = 0, 1, 2, \cdots)$$

に，オイラー変換を適用すると，

$$\mathcal{E}(\boldsymbol{a}) = \frac{1}{2} + \frac{5}{16} + \frac{29}{144} + \frac{103}{768} + \frac{887}{9600} + \cdots$$

のようになります．この級数の最初の 5 項の分子に現れる 29, 103, 887 は大きな素数であり，$n^2 \binom{2n}{n}$ $(n \leqq 5)$ の素因子には含まれません．したがって，オイラー変換 $\mathcal{E}(\boldsymbol{a})$ は目的の級数 (9.2) とは関係がなさそうです．

実は，今の場合，$\zeta(2)$ の級数と級数 (9.2) を結ぶのは，任意の $k \in \mathbb{N}$ に対して成立する，次のような (一連の) 等式です．

$$\frac{1}{k^2} = \frac{0!}{k(k+1)} + \frac{1!}{k(k+1)(k+2)} + \cdots + \frac{(k-2)!}{k(k+1)\cdots(2k-1)} + \frac{(k-1)!}{k^2(k+1)\cdots(2k-1)} \tag{9.31}$$

この等式は数学的帰納法で示すことができます．これを表 9.1 のように並べます．

表 9.1

$\zeta(2)$	$=$	ξ_1	ξ_2	ξ_3	ξ_4	$\cdots$
$\frac{1}{1}$	$=$	1				
$\frac{1}{2^2}$	$=$	$\frac{0!}{2.3}$	$\frac{1!}{2^2.3}$			
$\frac{1}{3^2}$	$=$	$\frac{0!}{3.4}$	$\frac{1!}{3.4.5}$	$\frac{2!}{3^2.4.5}$		
$\frac{1}{4^2}$	$=$	$\frac{0!}{4.5}$	$\frac{1!}{4.5.6}$	$\frac{2!}{4.5.6.7}$	$\frac{3!}{4^2.5.6.7}$	
$\frac{1}{5^2}$	$=$	$\frac{0!}{5.6}$	$\frac{1!}{5.6.7}$	$\frac{2!}{5.6.7.8}$	$\frac{3!}{5.6.7.8.9}$	$\frac{4!}{5^2.6.7.8.9}$
$\cdots$		$\cdots$	$\cdots$	$\cdots$	$\cdots$	$\cdots$

この配列によって $\zeta(2)$ の級数を二重級数として表現することができます．す

なわち，タテの方向に第 k 列の級数を ξ_k と表記するとき

$$\sum_{n=1}^{\infty}\frac{1}{n^2}=\sum_{k=1}^{\infty}\xi_k$$
$$\xi_k:=\frac{(k-1)!}{k^2(k+1)\cdots(2k-1)}+\sum_{m=k+1}^{\infty}\frac{(k-1)!}{m(m+1)\cdots(m+k)} \tag{9.32}$$

となります．

ここで

$$\frac{1}{m(m+1)\cdots(m+k)}=\frac{1}{k}\left(\frac{1}{m\cdots(m+k-1)}-\frac{1}{(m+1)\cdots(m+k)}\right)$$

となるので，無限級数 ξ_k の和は容易に

$$\sum_{m=k+1}^{\infty}\frac{1}{m(m+1)\cdots(m+k)}=\frac{1}{k^2(k+1)(k+2)\cdots(2k)}$$

と求められます．かくして

$$\xi_k=\left(\frac{(k-1)!}{k^2(k+1)\cdots(2k-1)}-\frac{(k-1)!}{k^2(k+1)\cdots(2k)}\right)=\frac{3}{k^2\binom{2k}{k}}$$

が成立します．これを (9.32) に代入すると (9.2) の前半の等式が得られます．

後半の等式 (9.8) はいくつもの証明が知られていますが，等式 (9.1) の場合と同様に，前半の等式からその値を導くことは興味ある問題です．ここでもやはり 2 項係数の逆数の積分表示 (9.27) が鍵 (カギ) となります．一方，前半の無限級数は，その「美しさ」とは対照的に，収束の「速さ」が緩やかで，表 9.2 (次ページ) が示すように第 100 項まで計算してもそこから

$$\zeta(2)=\frac{\pi^2}{6}=1.6449340668482264364 7\cdots$$

を予測することすらできません．

表 9.2　$\zeta(2)$ の近似値

N	$\displaystyle\sum_{n=1}^{N}\frac{1}{n^2}$	$\displaystyle\sum_{n=1}^{N}\frac{3}{n^2\binom{2n}{n}}$
10	$1.54976\cdots$	$1.6449340217981029568 8\cdots$
20	$1.59616\cdots$	$1.64493406684820995223\cdots$
30	$1.61215\cdots$	$1.64493406684822643646\cdots$
40	$1.62024\cdots$	$1.64493406684822643647\cdots$
50	$1.62513\cdots$	$1.64493406684822643647\cdots$
100	$1.63498\cdots$	$1.64493406684822643647\cdots$

これに対して，(9.2) の前半の級数はすでに観察したように，公比が $\dfrac{1}{2}$ 以下の等比級数を優級数にもち，とても速く収束することがこの表からも判ります．そこで，(9.1) の場合と同様に，前半の等式からその値 $\dfrac{\pi^2}{6}$ がどのように導かれるかを観察することは興味ある問題です．

ここでも補題 9.1 で触れた，2 項係数の逆数の積分表示を応用してみましょう．(9.2) の前半の級数において，一般項を以下のように変形してから $\binom{2n-2}{n-1}^{-1}$ に積分表示 (9.27) を代入して，和と積分を交換すると

$$\begin{aligned}\sum_{n=1}^{\infty}\frac{1}{n^2\binom{2n}{n}} &= \sum_{n=1}^{\infty}\frac{1}{2n(2n-1)}\frac{1}{\binom{2n-2}{n-1}}\\ &= \frac{1}{2}\sum_{n=1}^{\infty}\int_0^1\frac{x^{n-1}(1-x)^{n-1}}{n}\,dx\\ &= \frac{1}{2}\int_0^1\sum_{n=1}^{\infty}\frac{(x(1-x))^{n-1}}{n}\,dx\end{aligned}$$

となります．ここで，最後の式の無限和は対数関数 $-\log(1-t)$ のべき級展開 (9.21) において $t=x(1-x)$ とおいたものであることに注意すると，問題の級数は次のように積分表示されます：

$$\sum_{n=1}^{\infty} \frac{1}{n^2 \binom{2n}{n}} = -\frac{1}{2} \int_0^1 \frac{\log(1-x(1-x))}{x(1-x)}\, dx. \tag{9.33}$$

この定積分を求めるには，被積分関数にパラメータ u $(0 \leqq u \leqq 1)$ を導入して，u に関する性質を調べます．すると，次の等式が得られます：

$$2\,(\arcsin u)^2 = -\frac{1}{2} \int_0^1 \frac{\log(1-4u^2x(1-x))}{x(1-x)}\, dx. \tag{9.34}$$

この等式の両辺において $u = \dfrac{1}{2}$ を代入すると

$$\arcsin \frac{1}{2} = \frac{\pi}{6}$$

であることから (9.33) の定積分は $\dfrac{\pi}{18}$ に等しいことが判ります．これで (9.2) の左辺と右辺を結ぶ等式

$$\sum_{n=1}^{\infty} \frac{3}{n^2 \binom{2n}{n}} = \frac{\pi^2}{6} \tag{9.35}$$

が導かれました！

次に等式 (9.34) を示します．右辺を $f(u)$ とおき，積分記号下で u について微分します．すると

$$\begin{aligned} f'(u) &= \int_0^1 \frac{4u}{(1-4u^2x(1-x))}\, dx = \frac{1}{u} \int_0^1 \frac{dx}{\left(x-\frac{1}{2}\right)^2 + \frac{1-u^2}{4u^2}} \\ &= \frac{2}{u}\left[\frac{2u}{\sqrt{1-u^2}} \arctan \frac{2ux}{\sqrt{1-u^2}}\right]_0^{\frac{1}{2}} = \frac{4}{\sqrt{1-u^2}} \arctan \frac{u}{\sqrt{1-u^2}} \\ &= \frac{4}{\sqrt{1-u^2}} \arcsin u = \frac{d}{du}\left(2(\arcsin u)^2\right) \end{aligned}$$

となって，$f'(u)$ は左辺の導関数と一致します．$u = 0$ で両辺の値はともに 0 となるので等式 (9.34) が正しいことが示されました．

上記の式の変形に現れた，

$$\arctan \frac{u}{\sqrt{1-u^2}} = \arcsin u$$

という関係については，この後の等式 (9.41) で詳しく論じます．さて，ここまでの観察の道筋を吟味しましょう．上の証明では無限級数 (9.35) の値を求めるのに，パラメータ u を含む積分公式 (9.34) を導き，それに $u = \dfrac{1}{2}$ を代入することによって求めたわけですが，

- **(9.34) の右辺を u のべき級数に展開してから $u = \dfrac{1}{2}$ を代入すると，いかなる無限級数が得られるか？**

という自然な疑問が湧き上がります．その答は次のドラマチックな等式です．

$$2(\arcsin x)^2 = \sum_{n=1}^{\infty} \frac{1}{n^2 \dbinom{2n}{n}} (2x)^{2n} \tag{9.36}$$

実は，この等式 (9.36) は (9.34) と同値であり，いくつかの数学公式集にも記載されている標準的な公式です．等式 (9.2) の前半の級数の値は，この等式で $x = \dfrac{1}{2}$ を代入することによって直ちに導かれます．

さて，公式 (9.36) は誰でも容易に導けるというわけではありません．大学の微積分の講義でも，この等式が扱われることはまれだと思いますので，ここで詳しく観察してみます．

(9.36) の証明　上記の (9.34) の左辺を積分記号の中で u についてのべき級数に展開してから積分を実行すると

$$\begin{aligned}
-\frac{1}{2}\int_0^1 \frac{\log(1-4u^2x(1-x))}{x(1-x)}\,dx &= \frac{1}{2}\int_0^1 \sum_{m=1}^{\infty} \frac{(4u^2x(1-x))^m}{mx(1-x)}\,dt \\
&= \sum_{m=1}^{\infty} \frac{(2u)^{2m}}{2m}\left(\int_0^1 x^{m-1}(1-x)^{m-1}\,dx\right) \\
&= \sum_{m=1}^{\infty} \frac{\Gamma(m)^2}{2m\,\Gamma(2m)}\,(2u)^{2m}
\end{aligned}$$

$$= \sum_{m=1}^{\infty} \frac{1}{m^2 \binom{2m}{m}} (2u)^{2m}$$

となります．これと (9.34) の右辺を比較すると (9.36) がえられます． □

(9.36) の別証明 上に述べた等式 (9.36) の証明は積分公式 (9.34) を経由して導かれているので，迷路をくぐったような感じを抱いた読者もいるかと思います．公式自体はとてもすっきりしているので，もう少し見通しの良い導き方が欲しいところです．

このため，無限級数の「オイラー変換」について行った観察を想起します．数列 $\boldsymbol{a} = \{a_n\}_{n=0}^{\infty}$ の n 階差分 $\Delta^n \boldsymbol{a}$ の初項を先ほどのように

$$\Delta^n a_0 = \sum_{i=0}^{n} (-1)^i \binom{n}{i} a_i \tag{9.37}$$

と表記します．

命題 9.2 実数 x, y が関係式

$$(x^2+1)(1-y^2) = 1 \tag{9.38}$$

をみたすとする．このとき以下の無限級数がともに収束すれば，その和は等しい．

$$\sum_{n=0}^{\infty} (-1)^n a_{2n+1} x^{2n+1} = \sqrt{1-y^2} \sum_{n=0}^{\infty} (\Delta^n a_0)\, y^{2n+1} \tag{9.39}$$

証明 (9.38) から

$$y^{2n+1} \sqrt{1-y^2} = \frac{x}{1+x^2} \left(\frac{x^2}{1+x^2} \right)^n \qquad (n \geqq 0)$$

に注意します．これより (9.39) の右辺は

$$\sqrt{1-y^2} \sum_{n=0}^{\infty} (\Delta^n a_0)\, y^{2n+1} = \frac{1}{x} \sum_{n=0}^{\infty} \left(\sum_{i=0}^{n} (-1)^i \binom{n}{i} a_{2i+1} \right) \frac{x^{2n+2}}{(1+x^2)^{n+1}}$$

となります．ここで右辺の二重和で (n, i) は 図 9.1 のように，第 1 象限において直線 $y = x$ の下側にある格子点の全体を動くことに注意します．

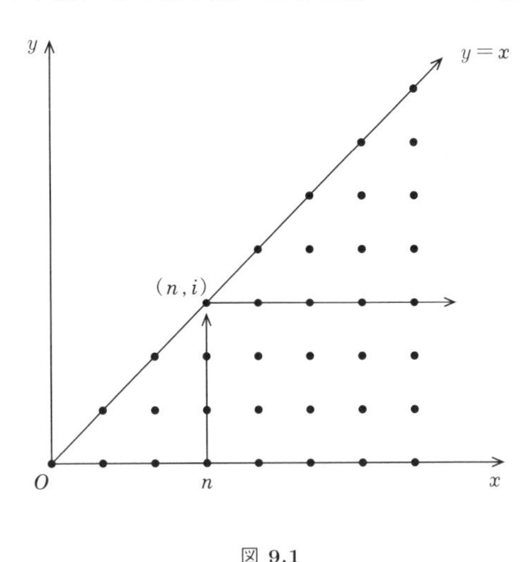

図 **9.1**

したがって n と i に関する和の順序を以下のように交換することができます(このアイデアは定理 9.3 などの証明でも使っています)．

$$\begin{aligned}
&\frac{1}{x}\sum_{n=0}^{\infty}\left(\sum_{i=0}^{n}(-1)^i\binom{n}{i}a_{2i+1}\right)\left(\frac{x^2}{1+x^2}\right)^n \\
&\qquad = \sum_{i=0}^{\infty}(-1)^i\binom{n}{i}a_{2i+1}\left(\sum_{n=i}^{\infty}\binom{n}{i}\frac{x^{2n+1}}{(1+x^2)^{n+1}}\right) \\
&\qquad = \sum_{i=0}^{\infty}(-1)^i\binom{n}{i}a_{2i+1}\left(\sum_{j=0}^{\infty}\binom{i+j}{i}\frac{x^{2i+2j+1}}{(1+x^2)^{i+j+1}}\right)
\end{aligned}$$

これより (9.39) は次の等式に帰着されることが判ります．

$$x^{2i+1} = \sum_{j=0}^{\infty}\binom{i+j}{i}\frac{x^{2i+2j+1}}{(1+x^2)^{i+j+1}} \qquad (\forall\, i \geqq 0) \tag{9.40}$$

$x^2 = \dfrac{t}{1-t}$ と変数変換すると，この等式は以下のように変換されます：

$$\begin{aligned}
\left(\frac{t}{1-t}\right)^{i+1} &= \sum_{j=0}^{\infty}\binom{i+j}{i}t^{i+j+1} \\
\iff \frac{i!}{(1-t)^{i+1}} &= \sum_{j=0}^{\infty}(j+i)\cdots(j+1)\,t^{j} \\
\iff \frac{d^i}{dt^i}\left(\frac{1}{1-t}\right) &= \frac{d^i}{dt^i}\sum_{j=0}^{\infty}t^{j+i} = \frac{d^i}{dt^i}\left(\frac{t^i}{1-t}\right) \\
\iff \frac{d^i}{dt^i}\left(\frac{1-t^i}{1-t}\right) &= 0.
\end{aligned}$$

最後の式のカッコ内は，t の $(i-1)$ 次式なので，その i 次導関数は 0 となります．かくして命題 9.2 の証明が完成しました．□

次に命題 9.2 を応用します．このため，まず

$$x = \tan\theta \Longrightarrow 1+x^2 = \frac{1}{\cos^2\theta} = \frac{1}{1-\sin^2\theta}$$

に注意します．これより $y = \sin\theta$ とおくと x, y は関係 (9.38) をみたすことが判ります．次に前節で行った次の観察を思い出します．

命題 9.3　数列 $\boldsymbol{a} = \{a_n\}$ を

$$a_n = \frac{1}{2n+1} \qquad (n \geqq 0)$$

で定めるとき，その n 階差分 $\Delta^n\boldsymbol{a}$ の初項は次の式で与えられる．

$$\Delta^n a_0 := \sum_{i=0}^{n}(-1)^i\binom{n}{i}a_i = \frac{2^{2n}}{(2n+1)\dbinom{2n}{n}}$$

命題 9.2 と命題 9.3 から

$$\arctan x = \sum_{n=0}^{\infty}\frac{(-1)^n}{2n+1}x^{2n+1} = \sqrt{1-y^2}\sum_{n=0}^{\infty}(\Delta^n a_0)\,y^{2n+1}$$

$$= \sqrt{1-y^2} \sum_{n=0}^{\infty} \frac{2^{2n}}{(2n+1)\dbinom{2n}{n}} y^{2n+1}$$

$$= \arcsin y \tag{9.41}$$

となります．すなわち，次の等式が示されました：

$$\frac{\arcsin y}{\sqrt{1-y^2}} = \sum_{n=0}^{\infty} \frac{2^{2n}}{(2n+1)\dbinom{2n}{n}} y^{2n+1} \tag{9.42}$$

この左辺は，$\left(\dfrac{1}{2}\right)(\arcsin y)^2$ の導関数にほかなりません！　そこで，(9.42) の両辺の 4 倍を積分すると

$$2(\arcsin y)^2 = \sum_{n=0}^{\infty} \frac{2^{2n+2}}{(2n+1)(2n+2)\dbinom{2n}{n}} y^{2n+2}$$

$$= \sum_{m=1}^{\infty} \frac{2^{2m}}{m^2\dbinom{2m}{m}} y^{2m} \qquad (m = n+1)$$

となって等式 (9.36) が得られます． □

arcsin x のべき級数表示

$$\arcsin(x) = \sum_{m=0}^{\infty} \frac{\dbinom{2m}{m}}{2^{2m}(2m+1)} x^{2m+1} \tag{9.43}$$

を前のように数列の母関数とみなします．このとき $\arcsin^2 x$ のべき級数展開における係数は等式 (9.17) のように，(9.43) の右辺の係数から決まる数列の，自分自身との畳み込み積になります．ここで，$\arcsin^2 x$ は偶関数であることに注意して x^{2n} の係数を比較すると，(9.36) は次の一連の等式と同値であることが判ります：

定理 9.5 正整数 n に対して次の等式が成立する：

$$\sum_{p+q=n-1} \frac{\binom{2p}{p}\binom{2q}{q}}{(2p+1)(2q+1)} = \frac{2^{4n-3}}{n^2\binom{2n}{n}}. \tag{9.44}$$

$\zeta(2)$ の等式 (9.8) は，初等関数 $\arcsin^2 x$ のべき級数表示に関する等式 (9.36) から自然に導かれる等式 (9.35) が「姿を変えたもの」と見ることができます．それはまた，等式 (9.1) における無限個の等式の「糸」から紡ぎ出された 1 本の「紐(ひも)」，と理解することもできます．

$\zeta(3)$ の級数表示とアペリの恒等式

次は $\zeta(3)$ の探検を行います．目標は等式 (9.3) です．以下ではこの等式の，アペリ (Apéry) による興味深い証明を観察します．そのカギとなるのは次の恒等式です：

定理 9.6 任意の $a_1, \cdots, a_n$ および x に対して以下の等式が成立する．ただし，左辺第 1 項の分子は 1 (空集合上の積) と定める．

$$\sum_{k=1}^{n} \frac{a_1 a_2 \cdots a_{k-1}}{(x+a_1)\cdots(x+a_k)} = \frac{1}{x} - \frac{a_1\, a_2 \cdots a_n}{x(x+a_1)\cdots(x+a_n)} \tag{9.45}$$

証明 各 k $(1 \leqq k \leqq n)$ について

$$A_k := \frac{a_1\, a_2 \cdots a_k}{x(x+a_1)\cdots(x+a_k)}$$

と定めます．このとき

$$\begin{aligned} A_{k-1} - A_k &= \frac{a_1\, a_2 \cdots a_{k-1}}{x(x+a_1)\cdots(x+a_{k-1})}\left(1 - \frac{a_k}{x+a_k}\right) \\ &= \frac{a_1\, a_2 \cdots a_{k-1}}{(x+a_1)\cdots(x+a_k)} \qquad (1 \leqq k \leqq n) \end{aligned}$$

は左辺の第 k 項と一致します．したがって，左辺の和は

$$\sum_{k=1}^{n} \frac{a_1 a_2 \cdots a_{k-1}}{(x+a_1)\cdots(x+a_k)} = \sum_{k=1}^{n} (A_{k-1} - A_k) = A_0 - A_n$$
$$= \frac{1}{x} - \frac{a_1 a_2 \cdots a_n}{x(x+a_1)\cdots(x+a_n)}$$

となり，右辺と等しくなります． □

この恒等式を

$$a_k = -k^2 \qquad (1 \leqq k \leqq n-1), \quad x = n^2$$

に適用します．このとき (9.45) は

$$\sum_{k=1}^{n-1} \frac{(-1)^{k-1}((k-1)!)^2}{(n^2-1^2)\cdots(n^2-k^2)} = \frac{1}{n^2} - \frac{(-1)^{n-1}((n-1)!)^2}{n^2(n^2-1^2)\cdots(n^2-(n-1)^2)}$$
$$= \frac{1}{n^2} - \frac{2(-1)^{n-1}}{n^2\dbinom{2n}{n}} \tag{9.46}$$

となります．次に $1 \leqq k \leqq n$ に対して

$$B_{n,k} := \frac{1}{2}\,\frac{(k!)^2(n-k)!}{k^3(n+k)!}$$

とおきます．すると上記の式の変形と同様に

$$(-1)^k n(B_{n,k} - B_{n-1,k}) = \frac{(-1)^{k-1}((k-1)!)^2}{(n^2-1^2)\cdots(n^2-k^2)}$$

が成立します．これを k について加えると (9.46) によって

$$\sum_{k=1}^{n-1} (-1)^k (B_{n,k} - B_{n-1,k}) = \frac{1}{n} \sum_{k=1}^{n-1} \frac{(-1)^{k-1}((k-1)!)^2}{(n^2-1^2)\cdots(n^2-k^2)}$$
$$= \frac{1}{n^3} - \frac{2(-1)^{n-1}}{n^3\dbinom{2n}{n}}$$

となります．これをさらに以下のように変形します：

$$\sum_{n=1}^{N}\frac{1}{n^3}-\sum_{n=1}^{N}\frac{2(-1)^{n-1}}{n^3\binom{2n}{n}}=\sum_{n=1}^{N}\sum_{k=1}^{n-1}(-1)^k\,n(B_{n,k}-B_{n-1,k})$$
$$=\sum_{n=1}^{N}(-1)^k\,n(B_{N,k}-B_{k,k})$$
$$=\sum_{k=1}^{N}\frac{(-1)^k}{2k^3\binom{N+k}{k}\binom{N}{k}}+\frac{1}{2}\sum_{k=1}^{N}\frac{(-1)^{k-1}}{k^3\binom{2k}{k}}$$

かくして次の等式が導かれました：

$$\sum_{n=1}^{N}\frac{1}{n^3}=\frac{5}{2}\sum_{k=1}^{N}\frac{(-1)^{k-1}}{k^3\binom{2k}{k}}+\sum_{k=1}^{N}\frac{(-1)^k}{2k^3\binom{N+k}{k}\binom{N}{k}} \tag{9.47}$$

ここで最後の式の第 2 項は $\binom{N+k}{k}\binom{N}{k} \geqq N$ より

$$\left|\sum_{k=1}^{N}\frac{(-1)^k}{2k^3\binom{N+k}{k}\binom{N}{k}}\right| \leqq \frac{1}{N}\left(\sum_{k=1}^{N}\frac{1}{2k^3}\right) < \frac{1}{2N}\zeta(3)$$

をみたすので，$N \to +\infty$ とすると 0 に収束します．したがって，(9.47) から

$$\sum_{n=1}^{\infty}\frac{1}{n^3}=\frac{5}{2}\sum_{k=1}^{\infty}\frac{(-1)^{k-1}}{k^3\binom{2k}{k}}$$

が成立することが判ります．これで等式 (9.3) が示されました． □

$\zeta(4), \zeta(5)$ の級数表示と 2 項係数

ここまで探検を進めると，等式 (9.2)，等式 (9.3) と同様な等式が $\zeta(2), \zeta(3)$ だけでなく一般に $\zeta(n)$ についても成立するのではないか，と空想したくなります．実際，$\zeta(4)$ については期待の通り，次の等式が成立することが知られて

います.

$$\frac{36}{17}\sum_{n=1}^{\infty}\frac{1}{n^4\dbinom{2n}{n}} = \sum_{n=1}^{\infty}\frac{1}{n^4} = \zeta(4) \tag{9.48}$$

しかし，この等式を等式 (9.2), (9.3) の場合のように初等関数のみを利用して示す道筋については，まだ知られていないようです．実際に等式 (9.2), (9.3) の場合に用いたアイデアは，それらを提示されてから理解するのは容易ですが，誰にでも思いつけるものではありません．

また，$\zeta(5)$ についても少し形が異なりますが，次のような類似の等式が知られています．

$$\frac{5}{2}\sum_{n=1}^{\infty}\left(\sum_{k=1}^{n-1}\frac{1}{k^2}-\frac{4}{5}\frac{1}{n^2}\right)\frac{(-1)^n}{n^3\dbinom{2n}{n}} = \sum_{n=1}^{\infty}\frac{1}{n^5} = \zeta(5) \tag{9.49}$$

●——等式 (9.28) の証明

等式 (9.2) の前半の証明については述べましたが，そのカギとなった等式 (9.28) は証明を省略しました．ここで (9.28) の証明をしておきます．その各項を少し変形して，右辺の最終項を左辺に移項することによって，この等式は容易に以下のように表現されます．

補題 9.3　任意の $k \in \mathbb{N}$ に対して次の等式が成立する

$$\sum_{i=1}^{k-1}\frac{1}{ik\dbinom{k+i}{k}} = \frac{1}{k^2} - \frac{1}{k^2\dbinom{2k-1}{k-1}}. \tag{9.50}$$

証明　整数 $i \geqq 0, k > 0$ に対して

$$A_{k,i} = \frac{1}{k^2\dbinom{k+i}{k}}$$

とおきます．このとき (9.50) の左辺の第 i 項は

$$\frac{1}{ik\binom{k+i}{k}} = A_{k,i-1} - A_{k,i}$$

と変形できます．これより左辺の和は $A_{k,0} - A_{k,k-1}$ となりますが，これは上式の右辺に等しいことが判ります． □

別証明　2 項係数の逆数の積分表示 (9.27) を利用します．(9.50) の両辺に k を掛けて，2 項係数 $\binom{k+i}{k}$ にこれを適用すると

$$\begin{aligned}\sum_{i=1}^{k-1}\frac{1}{i\binom{k+i}{k}} &= \sum_{i=1}^{k-1}\int_0^1 x^{i-1}(1-x)^k\,dx\\ &= \int_0^1 (1-x)^k\left(\sum_{i=1}^{k-1} x^{i-1}\right)dx\\ &= \int_0^1 (1-x)^{k-1}(1-x^{k-1})dx\\ &= \int_0^1 (1-x)^{k-1} - x^{k-1}(1-x)^{k-1}dx\\ &= \frac{1}{k} - \frac{1}{k\binom{2k-1}{k-1}}\end{aligned}$$

となります．これで (9.50) が示されました． □

●── $\zeta(2) = \dfrac{\pi^2}{6}$ の別証明

最後に，$\zeta(2)$ の値を求める数多くの方法の中から，今回の探検の範囲に属するものを 2 つ観察します．

別証明　$\arcsin x$ のべき級数表示

$$\arcsin x = \sum_{n=0}^{\infty} \frac{(2n-1)!!}{(2n)!!} \frac{x^{2n+1}}{2n+1}$$

を利用します．ここで $\theta = \arcsin x$ とおくとき，$x = \sin\theta$ となるので上の式は

$$\theta = \sum_{n=0}^{\infty} \frac{(2n-1)!!}{(2n)!!} \frac{\sin^{2n+1}\theta}{2n+1} \qquad \left(|\theta| \leqq \frac{\pi}{2}\right) \tag{9.51}$$

と表現されます．この両辺を θ で積分すると

$$\int_0^{\frac{\pi}{2}} \theta d\theta = \sum_{n=0}^{\infty} \frac{(2n-1)!!}{(2n)!!} \frac{1}{2n+1} \int_0^{\frac{\pi}{2}} \sin^{2n+1}\theta \, d\theta$$

です．ここで右辺の積分は容易に計算できて

$$\int_0^{\frac{\pi}{2}} \sin^{2n+1}\theta \, d\theta = \frac{(2n)!!}{(2n+1)!!}$$

となります．よって上式から

$$\frac{\pi^2}{8} = \sum_{n=0}^{\infty} \frac{1}{(2n+1)^2}$$

が得られます．この等式と

$$\frac{1}{4}\zeta(2) = \sum_{n=1}^{\infty} \frac{1}{(2n)^2}$$

を辺々加えると $\frac{1}{4}\zeta(2) + \frac{\pi^2}{8} = \zeta(2)$ となり，これから $\zeta(2) = \frac{\pi^2}{6}$ が出ます．□

第 10 章　無理数の森・連分数の小径（こみち）

虹見失うしなふ道 泉涸るる道 みな海邊の 墓地に終れる
―― 塚本邦雄『水葬物語』

●プロローグ

紀元前 6 世紀頃，ギリシアの港町に仲の良い二人の商人がいました．二人は地中海沿岸での交易によって築いた莫大な富を金塊にして蓄え，裕福に暮らしていましたが，あるとき，世界 (海) の果てに何があるかの議論をめぐって口論となり，互いに譲らなかったため，遂に「神託」によって勝敗を決することになりました．そのとき下った神の「お告げ」は以下のようなものでした：

「二人がもつ金塊の重量を比べて，等しくないとき，大きい金塊をもつ方は相手の金塊と同じ量を自分の金塊から削り取って，これを祭壇に捧げよ．そして毎日これを繰り返せ」

さて二人の金塊はどうなったでしょうか？

出発の前に

これまで 9 章にわたって探検を行ってきました．「数の世界」という，同じ対象について話題を重ねると，次第にその全体像がぼやけて，深い森の中で迷子になったような不安を感じることがあります —— そして，これまで理解していたはずの，基礎的な知識にも自信が持てなくなります．このこと (アイデンティティ (?) への不安) は，数学に限らず，何事においても初歩の段階から次のステップに進む過程で経験することです．今の場合は，

「数」って一体何だろう？

という疑問です．この素朴な疑問は，本書の第 4, 5, 6 章で $\widehat{\mathbb{Z}}$ や $\mathbb{Z}_p$, $\mathbb{Q}_p$ などの，通常の数とは大きく異なる「数」に出会ったときから生じているはずです．

そこで第 10 章の探検は，少し趣きを変えて，これまでは既知のものとしてきた「実数」の基礎的な部分についての観察から始めます．

無理数 (= 通約不能量) の発見

無理数は「通約不能量」として，古代ギリシアのピュタゴラス学派によって発見され，当時の人々の世界観に深刻な問題を投げかけました．この発見は，コペルニクスの「地動説」やアインシュタインの「相対性理論」等に匹敵するものである，と言っても過言ではありません．では，「無理数」はどのようにして発見されたのでしょうか？

一般に，固体の長さや，液体の体積，時間などのような同じ種類の 2 つの「もの」の量は，これらをある共通のはかり (= 単位) で測定したとき，その値がともに整数となる場合，「**通約的**」であるといいます．2 つのものの「量」がともに整数値をとるように「単位」を設定することは，土地の測定，農作物の分配や税納，物品の売買などの日常生活に欠かせないことがらであり，太古の昔から行なわれてきたことです．そして人々は

同種類の「もの」の量は常に通約的である

と信じて疑いませんでした．特に，古代ギリシアにおいて，「自然数」の崇拝者であり，「宇宙の森羅万象の背後には，自然数による調和が潜んでいる」という教祖ピュタゴラスの教えを信じていたピュタゴラス学派 (教団) の人たちにとって，このことは「自明の理」であったに違いありません．このような「数」に対する信仰のシンボルとして，ピュタゴラス学派は「五角星芒形(せいぼうけい)」をその記章(ロゴ)としたそうです (図 10.1，次ページ)．

その理由の 1 つとして，正五角形の 1 辺と対角線の長さの比が，黄金比をなすという事実があげられます．与えられた線分 AB 上に点 C を，

$$\mathrm{AB} : \mathrm{AC} = \mathrm{AC} : \mathrm{CB}$$

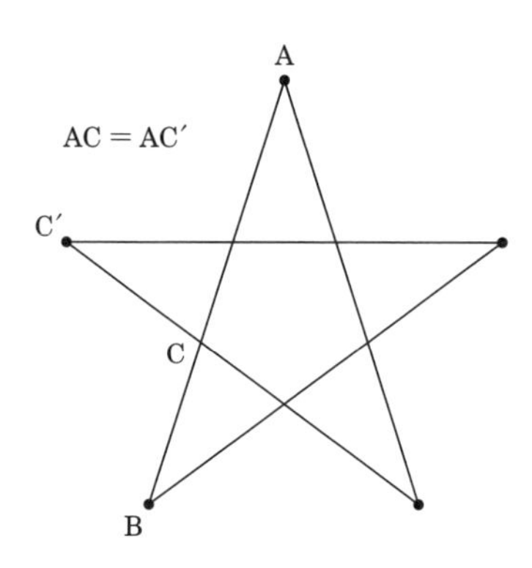

図 10.1 五角星芒形

となるように取ることを**黄金分割**，このときの比を**黄金比**[1] といいます．ここで AB = 1 と単位を取り，AC = α とするとき，$1:\alpha=\alpha:1-\alpha$ が成立し，これより $\alpha^2=1-\alpha$ となります (図 10.2).

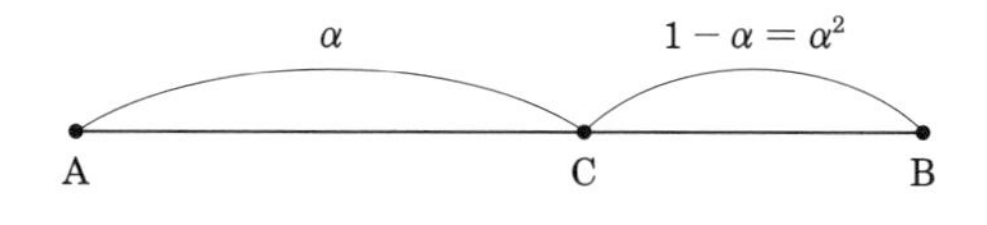

図 10.2 黄金比

一般に 2 つの「もの」の量 a,b $(a>b>0)$ について

$$a,\ b \text{ が通約的} \iff a-b,\ b \text{ が通約的} \tag{10.1}$$

となることは明らかです．このとき，計量単位となる量を c として $a=nc$, $b=mc$ (m,n は自然数) と表わすと，上の操作は

$$\begin{pmatrix} a \\ b \end{pmatrix} = c\begin{pmatrix} n \\ m \end{pmatrix} \mapsto c\begin{pmatrix} n-m \\ m \end{pmatrix}$$

と自然数の引き算に帰着します．このように，2 つの数 (量) の間で,

等しくないときは，大きい方から小さい方を引く

1) 「中外比」ともいいます．「黄金比」という名称は 17 世紀のケプラーにより，$\dfrac{1}{\alpha}=\dfrac{\sqrt{5}+1}{2}$ に対して与えられました.

という操作を繰り返すことをを「**互減法**」と呼ぶことにします．上の a,b に互減法を適用すると，2 番め以降，括弧の中の成分 m,n は自然数で減少するのみですから，有限回の操作で 両方が等しくなって終了します．たとえば，$80, 280$ の場合は

$$\begin{pmatrix}80\\280\end{pmatrix}\mapsto\begin{pmatrix}80\\200\end{pmatrix}\mapsto\begin{pmatrix}80\\120\end{pmatrix}\mapsto\begin{pmatrix}80\\40\end{pmatrix}\mapsto\begin{pmatrix}40\\40\end{pmatrix}$$

となって 40 で等しくなって終了します．「互減法」は，2 つの整数の最大公約数を求める手順としてよく知られた「**互除法**」の，原始的な形にほかなりません．

さて，ここで注意すべきことは，**互減法の操作は，**a,b **が通約的と仮定しなくても実行可能である**ということです．そして，この操作を利用すると，次の通約 (不) 可能性の判定法が得られます．

定理 10.1 2 つの数 (量) $a,\,b>0$ について

$$a,\,b\text{ が通約的} \iff \left(\begin{array}{l} a,\,b\text{ に互減法を繰り返す}\\ \text{と\textbf{有限回}で止まる}\end{array}\right). \tag{10.2}$$

定理 10.1 は，自然数の体系 $\mathbb{N}$ の根本的な性質，すなわち，任意の $n\in\mathbb{N}$ に対して $k\leqq n$ をみたす $k\in\mathbb{N}$ の全体は有限集合となること，を素朴な形で表現したものです．次の性質は通約的という関係が a,b の比に関する性質であることから明らかです： 任意の実数 $c>0$ に対して，

$$a,\,b\text{ が通約的} \iff ca,\,cb\text{ が通約的}. \tag{10.3}$$

一般に，与えられた数 (量) a は，$b=1$ と通約的でないとき **通約不能量**と呼ばれます．これは現代の言葉では数 a が**無理数**であることを意味します．(10.2) は易しいことがらですが，無理数というものが本質的に「無限」という概念に基づくことを端的に表現したもので，きわめて重要です．

さて，私たちの数の世界の探検で，最初に出会う無理数 (通約不能量) は，$\sqrt{2}$ ではなく，上記の「黄金比」です．

定理 10.2 黄金比は無理数 (通約不能量) である．

証明　等式 $1-\alpha=\alpha^2$ から $1, \alpha$ の互減法は

$$\begin{pmatrix}\alpha\\1\end{pmatrix}^{(*)} \mapsto \begin{pmatrix}\alpha\\1-\alpha\end{pmatrix} = \begin{pmatrix}\alpha\\\alpha^2\end{pmatrix} = \alpha\begin{pmatrix}1\\\alpha\end{pmatrix}^{(**)}$$
$$\mapsto \alpha\begin{pmatrix}1-\alpha\\\alpha\end{pmatrix} = \alpha\begin{pmatrix}\alpha^2\\\alpha\end{pmatrix} = \alpha^2\begin{pmatrix}\alpha\\1\end{pmatrix}^{(*)} \tag{10.4}$$

となります．すなわち，定数倍を無視すると $(*)$, $(**)$ のように 1 回で成分が入れ替わり，2 回で「振り出し」に戻ります．よって「互減法」のプロセスは無限に循環し，終らないことがわかります．したがって定理 10.1 により α は通約不能量となります．□

図 10.1 において，星型五角形の中心部に正五角形ができますが，その 5 個の対角線を結ぶともとの星型五角形を倍率 α で縮小したものが得られます．この操作の繰り返しは，上記の「互減法」の無限循環を幾何学的に表現したものにほかなりません．

$\sqrt{2}$ の通約不能性

1 辺の長さが 1 の正方形の対角線の「長さ」として定まる (数) 量を $\sqrt{2}$ と表記することは中学・高校で学んだ通りです (図 10.3，次ページ)．すると，直角三角形の辺に関する「三平方の定理」から $\alpha=\sqrt{2}$ は $\alpha^2=2$ をみたすことが導かれます．以下に $\sqrt{2}$ が無理数であることの，学校で学んだ方法と異なる「証明」を何通りか与えることにします．

定理 10.3　$\sqrt{2}$ は無理数 (通約不能量) である．

証明 (その 1)　$\beta=\sqrt{2}-1$ とおくとき等式 $1=\beta^2+2\beta$ が成立します．これから $\sqrt{2}, 1$ の「互減法」は

$$\begin{pmatrix}\sqrt{2}\\1\end{pmatrix} \mapsto \begin{pmatrix}\beta\\1\end{pmatrix}^{(*)} = \beta\begin{pmatrix}1\\\beta+2\end{pmatrix} \mapsto \beta\begin{pmatrix}1\\\beta+1\end{pmatrix} \mapsto \beta\begin{pmatrix}1\\\beta\end{pmatrix}^{(**)}$$

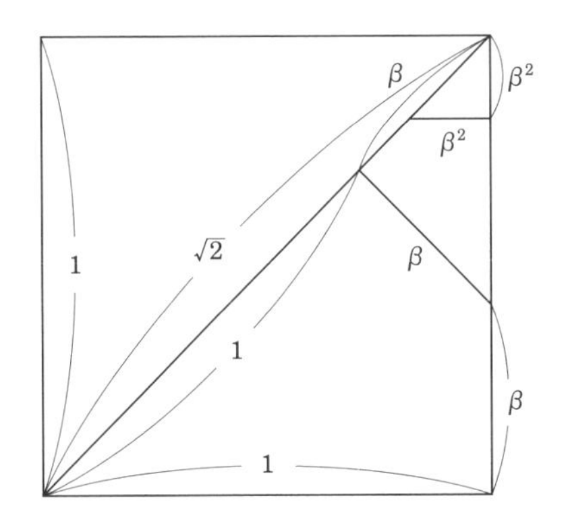

図 **10.3**　$\sqrt{2}:1$ の循環性

$$= \beta^2 \begin{pmatrix} \beta+2 \\ 1 \end{pmatrix} \mapsto \beta^2 \begin{pmatrix} \beta+1 \\ 1 \end{pmatrix} \mapsto \beta^2 \begin{pmatrix} \beta \\ 1 \end{pmatrix}^{(*)} \tag{10.5}$$

のようになり，定数倍を無視すると $(*)$ の所から 2 回で成分が入れ替わり，さらに 2 回で $(*)$ に戻ります．以後，その間のプロセスが繰り返されて永久に終らないことがわかります．したがって定理 10.1 により $\sqrt{2}$ は通約不能量となります． □

上の証明中の「互減法」の無限循環を，幾何学的に表現すると，図 10.3 のようになります．

「無理数」の森の奥行き

●──有理数による近似

ここでは「無理数」が豊富に存在することを，定理 10.1 とはすこし異なる観点から観察します．まず，有理数のもつ，もう 1 つの特徴に注目します．

有理数 $\alpha := \dfrac{a}{b}$ (a, b は整数で $b > 0$) が与えられたとします．$\dfrac{p}{q}$ (p, q は整数で $q > 0$) を α と異なる任意の有理数とするとき

$$\left|\alpha - \frac{p}{q}\right| = \frac{|aq - bp|}{bq}$$

の右辺の分子は 0 でない整数なので，次の不等式が成立します：

$$\left|\alpha - \frac{p}{q}\right| \geqq \frac{1}{bq}, \qquad \left(\frac{p}{q} \neq \alpha\right) \tag{10.6}$$

この不等式は，α を有理数 $\dfrac{p}{q}\,(\neq \alpha)$ で近似するとき，実数の全体 $\mathbb{R}$ における有理数の稠密(ちゅうみつ)性により，誤差をいくらでも小さくできますが，そうすると分母の q は大きくなることを示しています．そこで真に良い近似とは，単に「誤差が小さい」というだけではなく，近似の誤差 (左辺) と，$\dfrac{1}{q}$ の比

$$\left|\alpha - \frac{p}{q}\right| \left(\frac{1}{q}\right)^{-1} = |q\alpha - p| \tag{10.7}$$

が小さなもの，ということになります．上式 (10.6) の意味するところは，$\alpha = \dfrac{a}{b}$ **が有理数のとき，**(10.7) **の両辺の値は一定値** $(= \dfrac{1}{b})$ **より小さくない，**ということです．実はこの逆も正しいのです．それは次の定理から導かれます．

定理 10.4 実数 α が有理数であるための条件は集合

$$\mathcal{D}(\alpha) := \{\gamma_\alpha(p,q) \mid p,\, q \in \mathbb{Z}\}, \quad \gamma_\alpha(p,q) := q\alpha - p \tag{10.8}$$

が $\mathbb{R}$ の**離散的**部分集合となることである．

証明 まず次のことに注意します．

$$\alpha \in \mathbb{R} \text{ が無理数} \iff 1, \alpha \text{ は } \mathbb{Q} \text{ 上 } 1 \text{ 次独立}$$

これより α が無理数であることは，以下の性質が成り立つことと同値です：

$$\gamma_\alpha(p,q) = \gamma_\alpha(p',q') \iff p = p',\ q = q'.$$

一方，$\mathcal{D}(\alpha)$ に属する任意の数 $\gamma = \gamma_\alpha(p,q)$ に対して，その小数部分も $\mathcal{D}(\alpha)$ に属します．すなわち

$$\gamma - [\gamma] \in \mathcal{D}(\alpha) \cap [0,1) \subseteqq [0,1).$$

以上から，次の同値性が成立します．主張はこれから明らかです．

$$\alpha \in \mathbb{R} \text{ が無理数} \iff \mathcal{D}(\alpha) \cap [0,1) \text{ が無限集合} \qquad \square$$

注意 より正確に述べると，$\alpha = \dfrac{a}{b}\,(\gcd(a,b)=1)$ が有理数のとき $\mathcal{D}(\alpha)$ は

$$\mathcal{D}(\alpha) = \frac{1}{b}\mathbb{Z}$$

となり，公差が $\dfrac{1}{b}$ の等差数列をなします．

応用例 10.1 (定理 10.3 の別証明) 定理 10.4 を利用して $\sqrt{2}$ が無理数であることを証明しましょう．任意の自然数 n に対して

$$(\sqrt{2}-1)^n = (-1)^{n-1}(\sqrt{2}q_n - p_n) \tag{10.9}$$

をみたす自然数 p_n, q_n が存在します．実際，(p_n, q_n) は初項 $(p_1, q_1) = (1,1)$ と次の漸化式

$$(p_{n+1}, q_{n+1}) = (p_n + 2q_n, p_n + q_n)$$

から決まります．すると，$\sqrt{2}-1 < \dfrac{1}{2}$ と (10.9) から

$$\mathcal{D}(\sqrt{2}) \ni |\sqrt{2}q_n - p_n|, \qquad 0 < |\sqrt{2}q_n - p_n| < \frac{1}{2^n} \qquad (n \in \mathbb{N}) \tag{10.10}$$

が導かれます．よって，集合 $\mathcal{D}(\sqrt{2}) \cap [0,1)$ は無限集合であり，定理 10.4 より $\sqrt{2}$ は無理数であることが判ります． $\square$

この証明は，今までのものとは本質的に性格が違っていることに注意します．それは，「約数，素数」等の概念を一切使用せず，「不等式」すなわち，数の大小 (= 順序構造) のみを用いている点です．

応用例 10.2 (e の無理性) 自然対数の底であるネピアの定数

$$e = \sum_{k=0}^{\infty} \frac{1}{k!} = 2.71828182\cdots \tag{10.11}$$

が無理数であることも同様に証明できます．自然数 n に対して $q_n = n!$ とお

き，(10.11) の第 $n+1$ 項までの部分和を $\dfrac{p_n}{q_n}$ と書きます．このとき

$$p_n = q_n \sum_{m=0}^{n} \frac{1}{m!} = \sum_{m=0}^{n} n(n-1)\cdots(n-m+1)$$

から $p_n \in \mathbb{N}$ となります．すると

$$\begin{aligned}\mathcal{D}(e) \ni q_n e - p_n &= \sum_{m=n+1}^{\infty} \frac{1}{m(m-1)\cdots(n+1)} \\ &< \frac{1}{n+1}\left(1+\frac{1}{n+2}+\frac{1}{(n+2)^2}+\cdots\right) = \frac{n+2}{(n+1)^2}\end{aligned}$$

が成立します．したがって， $\mathcal{D}(e) \cap [0,1)$ は無限集合であり，定理 10.4 より e は無理数であることが判ります． □

応用例 10.1, 10.2 における証明のように，定理 10.4 は通常は次の形で利用されます．

$$\alpha\text{ が無理数} \iff \begin{pmatrix} \exists \gamma_n \in \mathcal{D}(\alpha) \setminus \{0\} \\ \lim_{n\to\infty} \gamma_n = 0 \end{pmatrix} \tag{10.12}$$

応用例 10.1, 10.2 では $\sqrt{2}$ や e の「個性」ともいうべき性質 (定義) によって (10.12) の条件をみたす列 $\gamma_n \in \mathcal{D}(\alpha) \setminus \{0\}$ を構成したわけですが，ここで

(1) 個々の無理数 α の特性に依存せずに， (10.12) の条件をみたす有理数列を見出す一般的な方法があるか？

(2) 無理数を特徴付ける 2 つの定理 10.1 と定理 10.4 の関係は？

という自然な疑問が生じます．これらの問に答えるのが，次の探検の舞台となる「**連分数**」です．

「互減法」から「連分数」へ

連分数は，冒頭で観察した「互減法」の各段階で 2 数の比を取ることによって得られる分数にほかなりません．すなわち**連分数と互減法は，同じ操作であ**

るが見る角度を変えたものである，ということができます．

以下の議論では，2 つの正の実数 $a, b > 0$ が与えられたものとし，a と b の間の「互減法」を，整数を成分とする 2 次の行列を用いて記述します．まず，一般に成立する等式

$$\begin{cases} \begin{pmatrix} a-b \\ b \end{pmatrix} = \begin{pmatrix} 1 & -1 \\ 0 & 1 \end{pmatrix} \begin{pmatrix} a \\ b \end{pmatrix} & (a > b) \\ \begin{pmatrix} a \\ b-a \end{pmatrix} = \begin{pmatrix} 1 & 0 \\ -1 & 1 \end{pmatrix} \begin{pmatrix} a \\ b \end{pmatrix} & (b > a) \end{cases} \tag{10.13}$$

に着目します．これより，「互減法」の各操作は次の 2 つの行列

$$T := \begin{pmatrix} 1 & -1 \\ 0 & 1 \end{pmatrix}, \qquad T' := \begin{pmatrix} 1 & 0 \\ -1 & 1 \end{pmatrix}$$

の「どちらかを左から掛ける」ことと一致します．また，a, b の位置を交換することは次のように行列 U を左から掛けることと一致します．

$$\begin{pmatrix} b \\ a \end{pmatrix} = U \begin{pmatrix} a \\ b \end{pmatrix}, \qquad U := \begin{pmatrix} 0 & 1 \\ 1 & 0 \end{pmatrix} \tag{10.14}$$

ここでは，考え方を固定するために，a, b の大小関係について $a > b$ なる状態を規準にして考えます．このとき，

$$a = kb + a_1, \qquad 0 < a_1 < b, \qquad k = \left[\frac{a}{b}\right] \in \mathbb{N}$$

すなわち，a, b に互減法を行うと，最初の $k = \left[\frac{a}{b}\right]$ 回は同じ操作が繰り返され，その結果大小が逆転します：

$$\begin{pmatrix} a \\ b \end{pmatrix} \overbrace{\mapsto \ \cdots \ \mapsto}^{k} \begin{pmatrix} a_1 \\ b \end{pmatrix}.$$

以上のステップを行列で表現すると (10.13), (10.14) より以下の式になります：

$$\begin{pmatrix} a \\ b \end{pmatrix} = C \begin{pmatrix} b \\ a_1 \end{pmatrix}, \quad C = T^{-k}U = \begin{pmatrix} k & 1 \\ 1 & 0 \end{pmatrix} \tag{10.15}$$

ここで，成分の比に注目し，次のようにおきます：

$$\alpha := \frac{a}{b}, \quad \alpha_1 := \frac{b}{a_1} \tag{10.16}$$

また 2 次の正則行列 $A = \begin{pmatrix} a & b \\ c & d \end{pmatrix}$ に対して実数 $A(\alpha)$ を次式で定めます：

$$\begin{pmatrix} a & b \\ c & d \end{pmatrix} \begin{pmatrix} \alpha \\ 1 \end{pmatrix} = (c\alpha + d) \begin{pmatrix} A(\alpha) \\ 1 \end{pmatrix} \tag{10.17}$$

すると，写像 $\alpha \mapsto A(\alpha)$ によって A は $\mathbb{R} \cup \{\infty\}$ から自身への全単射を定めます．また，(10.17) から明らかなように次の等式が成立します：

$$(BA)(\alpha) = B(A(\alpha)) \qquad (\forall\, A,\, B \in \mathrm{GL}_2(\mathbb{Q})).$$

この記法で，等式 (10.15) は次のように表現されます：

$$\alpha = (T^{-k}U)(\alpha) = k + \frac{1}{\alpha_1} \qquad (\alpha > 0,\, \alpha_1 > 1) \tag{10.18}$$

以上の行程を n 回行うと，次の形の表現が得られます．まず各ステップの結果を比で表わすと

$$\begin{cases} \alpha = k_0 + \dfrac{1}{\alpha_1} & (\alpha_1 > 1) \\ \alpha_1 = k_1 + \dfrac{1}{\alpha_2} & (\alpha_2 > 1) \\ \cdots & \\ \alpha_{n-1} = k_{n-1} + \dfrac{1}{\alpha_n} & (\alpha_n > 1) \end{cases} \tag{10.19}$$

となります．ここで α が無理数 (有理数) のときは $\alpha_1, \alpha_2, \cdots$ も無理数 (有理数) となることに注意します．さらに $\alpha_m > 1$ から次が導かれます．

$$1 \leqq k_m = [\alpha_m] < \alpha_m \qquad (m = 1, 2, \cdots)$$

(10.19) の等式を下から順次代入していくと，次の表示式が得られます．これを α の**連分数表示**と言います[2)]：

$$\alpha = k_0 + \cfrac{1}{k_1 + \cfrac{1}{k_2 + \cfrac{1}{\cdots + \cfrac{1}{k_{n-1} + \cfrac{1}{\alpha_n}}}}} \tag{10.20}$$

$$(k_i \in \mathbb{N}\ (1 \leqq i \leqq n-1), \quad k_0 \geqq 0, \quad \alpha_n > 1)$$

ここではスペースの節約のため，上の連分数を次のように表記します：

$$[k_0; k_1, \cdots, k_{n-1}, \alpha_n]$$

$k_0 = 0$ の場合は，初項を略すことにします．上記のプロセスを行列表示で表わすと

$$\begin{pmatrix} a \\ b \end{pmatrix} = A_n \begin{pmatrix} a_{n-1} \\ a_n \end{pmatrix}, \qquad (a_{n-1} > a_n)$$

$$A_n = \begin{pmatrix} k_0 & 1 \\ 1 & 0 \end{pmatrix} \begin{pmatrix} k_1 & 1 \\ 1 & 0 \end{pmatrix} \cdots \begin{pmatrix} k_{n-1} & 1 \\ 1 & 0 \end{pmatrix} \tag{10.21}$$

となります．ただし，$a_{-1} = a$, $a_0 = b$ とします．A_n は，整数を成分とする正則行列で，以下の性質をみたすことに注意します．

$$\det A_n = (-1)^n \tag{10.22}$$

これより

$$A_n \in \mathrm{GL}_2(\mathbb{Z}) := \left\{ \begin{pmatrix} a & b \\ c & d \end{pmatrix} \;\middle|\; \begin{matrix} a, b, c, d \in \mathbb{Z} \\ ad - bc = \pm 1 \end{matrix} \right\}$$

となります．$\mathrm{GL}_2(\mathbb{Z})$ は $\mathrm{SL}_2(\mathbb{Z})$ と同様に行列の積に関して群となります．さらに (10.21) から

[2)] 「連分数表示」は α が有理数のときも可能で，このとき (10.19) は，分母を払うと「**互除法**」と一致します．

$$A_n = \begin{pmatrix} p_n & p_{n-1} \\ q_n & q_{n-1} \end{pmatrix} \tag{10.23}$$

と成分表示され，$n \geqq 2$ に対して漸化式

$$\begin{cases} p_n = k_{n-1}p_{n-1} + p_{n-2} \\ q_n = k_{n-1}q_{n-1} + q_{n-2} \end{cases} \tag{10.24}$$

が成立し，(10.23) から次の等式が導かれます：

$$\alpha = A_n(\alpha_n) = \frac{p_n\alpha_n + p_{n-1}}{q_n\alpha_n + q_{n-1}}. \tag{10.25}$$

「無理数」の連分数展開

α を正の無理数とするとき，任意の $n \in \mathbb{N}$ について α_n は無理数となり，

$$\alpha = [k_0; k_1, \cdots, k_n, \cdots] \tag{10.26}$$

のような無限連分数表示が得られます．ただし，このような無限表示が意味をもつには，「収束性」を示さねばなりません．$n = 1, 2, \cdots$ に対して，上記の展開の k_n 以降の項を取り除いて得られる有理数を

$$[k_0; k_1, \cdots, k_n] = \frac{p_n}{q_n} \tag{10.27}$$

と表わし，α の「**第 n 近似分数**」と呼びます．(10.25) より

$$\alpha - \frac{p_n}{q_n} = \frac{\alpha_n p_n + p_{n-1}}{\alpha_n q_n + q_{n-1}} - \frac{p_n}{q_n} = \frac{p_{n-1}q_n - q_{n-1}p_n}{q_n(\alpha_n q_n + q_{n-1})}$$
$$= \frac{\pm 1}{q_n(\alpha_n q_n + q_{n-1})}.$$

ここで $k_m = [\alpha_m] < \alpha_m$ に注意すると

$$\left|\alpha - \frac{p_n}{q_n}\right| < \frac{1}{q_n(k_n q_n + q_{n-1})} = \frac{1}{q_n q_{n+1}} \tag{10.28}$$

が得られます．漸化式 (10.24) から明らかに正整数列 $q_1, q_2, \cdots, q_n, \cdots$ は単調増加列です．したがって，$q_n \to \infty \, (n \to \infty)$ となります．すると (10.28)

より

$$\left|\alpha - \frac{p_n}{q_n}\right| \to 0 \qquad (n \to \infty) \tag{10.29}$$

となって，(10.26) の収束性が示されました．

さらに，(10.28) によって有理数列 $\gamma_n = \dfrac{p_n}{q_n}$ は (10.12) の条件をみたすことが判ります．したがって，α の**近似分数**の列が 問 (1) の解答を与えることが判りました．

●——互減法の無限循環

定理 10.2, 10.3 において黄金比や $\sqrt{2}$ が無理数であることを，これらの数と 1 の間の「互減法」が**無限に続く**ことから導きました．その無限性を示すカギは，$1-\alpha=\alpha^2$ や $1=\beta^2+2\beta$ という等式から巧妙に導かれた「循環性」でした．これらの等式は，黄金比や $\sqrt{2}$ が **2 次 (実) 無理数**であることに由来します．一般に l **次 (実) 無理数** $(l=2,3,\cdots)$ は次のように定義されます．

定義 10.1　整数を係数とする既約な l 次方程式の解となる複素数を l 次の**代数的数**という．そのうち，実数であるものの全体を $\mathcal{R}_l$ と書く：

$$\mathcal{R}_l = \left\{\alpha \in \mathbb{R} \,\middle|\, [\mathbb{Q}(\alpha):\mathbb{Q}] = l\right\}.$$

記号の乱用ですが，統一的記述をするために，有理数と「無限大 ∞」を 1 次の代数的数と呼び，$\mathcal{R}_1 := \mathbb{Q} \cup \{\infty\}$ とおきます．また，いかなる $l \in \mathbb{N}$ についても l 次代数的数とはならない (実) 数を**超越数**と呼び，その全体を $\mathcal{R}_\infty$ で表わします．すると $\mathbb{R} \cup \{\infty\}$ は

$$\mathbb{R} \cup \{\infty\} = \bigcup_{l=1}^{\infty} \mathcal{R}_l \tag{10.30}$$

と互いに共通元のない集合の和 (合併) に類別されます．

互減法 (連分数) の小径の探策で，最初に出会う「驚き」は，次の美しい定理です．

定理 10.5 実数 α と 1 の間の互減法がある項から循環するとき，α は 2 次無理数である．逆に，2 次無理数と 1 の間の互減法は，ある項から循環する．

前半の証明 この定理の後半は次節で定理 10.6 の形で証明します．ここでは前半を示します．$\alpha, 1$ の間の互減法があるところから循環するとき

$$\alpha_{n+l} = \alpha_n \qquad (\forall n \geqq n_0) \tag{10.31}$$

をみたす $l \in \mathbb{N}$ および $n_0 \geqq 0$ が存在します．すると，等式 (10.25) から

$$A_{n-1}^{-1}(\alpha) = \alpha_n = \alpha_{n+l} = A_{n+l-1}^{-1}(\alpha)$$

となり，$C = A_{n+l-1}A_{n-1}^{-1} \in \mathrm{GL}_2(\mathbb{Z})$，$C \neq \pm I_2$ について $C(\alpha) = \alpha$ が成立することが判ります．これから C の行列成分を用いて α のみたす方程式

$$c\alpha^2 - (a-d)\alpha - b = 0$$

が導かれ，α は 2 次無理数 ($\alpha \in \mathcal{R}_2$) となることが判ります ($c = 0 \Longrightarrow \alpha \in \mathbb{Q}$ により，$c \neq 0$ に注意)． □

循環連分数と 2 次無理数

数の密林の奥深くに歩を進めると，誰でもいつの間にか導かれるのが「連分数の小径」です．そうなる理由については，前節で観察しましたが，次の 2 つがポイントです：

- 実数の大部分を占める「**無理数**」が，本質的に「**無限**」という構造 (概念) に基づくものである (定理 11.3 参照) こと．
- 2 つの実数の間で最も基本的な操作である「**互減法**」のステップ (足跡) を，2 数の比によってトレースしたものが「**連分数**」にほかならないこと．

定理 10.5 の後半のカラクリを解き明かすことが，以下の探検の第 1 目標ですが，その後，連分数の小径をさらに奥深く分け入り第 2，第 3 の「驚き」とも遭遇する予定です．

定義 10.2　無理数 α の連分数展開 $\alpha = [k_0; k_1, k_2, \cdots]$ が**循環的**であるとは，自然数 n_1, r が存在して

$$k_{n_1+i+r} = k_{n_1+i} \tag{10.32}$$

が任意の $i \geqq 0$ について成立することをいう．このような r の最小値は循環連分数の**周期**と呼ばれる．

この定義にもとづいて，互減法に関する定理 10.5 を連分数の性質に翻訳すると，以下のようになります．

定理 10.6　正の実数 α の連分数展開がある項から循環するとき，α は 2 次無理数である．逆に 2 次無理数の連分数展開は，ある項から循環する．

例 10.1　定理 10.2 から

$$\frac{-1+\sqrt{5}}{2} = [1, 1, 1, \cdots] = [0; \overline{1}\,] \quad (\text{循環連分数，周期 }1)$$

これより

$$\frac{1+\sqrt{5}}{2} = [\,\overline{1}\,]. \tag{10.33}$$

例 10.2　定理 10.3 から

$$\sqrt{2}-1 = [0; 2, 2, 2, \cdots] = [0; \overline{2}\,] \quad (\text{循環連分数，周期 }1)$$

これより

$$\sqrt{2}+1 = [2; \overline{2}\,], \quad \sqrt{2} = [1; \overline{2}\,]. \tag{10.34}$$

●—— $\mathcal{R}_2(d)$ の $\mathrm{GL}_2(\mathbb{Z})$-軌道の有限性

定理 10.6 の後半を示すカギとなるのは，2 次無理数の集合 $\mathcal{R}_2$ における $\mathrm{GL}_2(\mathbb{Z})$ の作用とその**軌道**の構造です．

◉——$\mathrm{GL}_2(\mathbb{Z})$ による軌道と不変量

$A \in \mathrm{GL}_2(\mathbb{Z})$ に対して，逆行列 A^{-1} の表示式から

$$\alpha = A^{-1}(A(\alpha)) = \frac{dA(\alpha) - b}{-cA(\alpha) + a}$$

が成り立ち，$\mathbb{Q}(A(\alpha)) = \mathbb{Q}(\alpha)$ であることが判ります．とくに

$$\alpha \in \mathcal{R}_l \iff A(\alpha) \in \mathcal{R}_l \qquad (1 \leqq l \leqq \infty)$$

が成立します．すなわち，各 l について $\mathcal{R}_l$ は上記の $\mathrm{GL}_2(\mathbb{Q})$ の作用で不変な部分集合となります．ここで $\alpha \in \mathcal{R}_2$ をとり，α がみたす整数係数の既約方程式を

$$\begin{aligned} f_\alpha(x) &= px^2 + qx + r \qquad (p \neq 0,\ \gcd(p,q,r) = 1) \qquad (10.35) \\ &= (x, 1) \begin{pmatrix} p & \dfrac{q}{2} \\ \dfrac{q}{2} & r \end{pmatrix} \begin{pmatrix} x \\ 1 \end{pmatrix} \in \mathbb{Z}[x] \end{aligned}$$

とし，その判別式を

$$D(\alpha) := q^2 - 4pr = -4\det \begin{pmatrix} p & \dfrac{q}{2} \\ \dfrac{q}{2} & r \end{pmatrix}$$

とします．このとき上記の行列 $A \in \mathrm{GL}_2(\mathbb{Q})$ に対して，$\beta = A(\alpha)$ とおくとき

$$f_\alpha(\alpha) = f_\alpha(A^{-1}(\beta)) = 0$$

となるので，β がみたす $\mathbb{Q}$ 上の既約 2 次方程式は，有理式 $f_\alpha(A^{-1}(x))$ の分子と一致します：

$$\begin{aligned} f_{A,\alpha}(x) &:= (-cx + a)^2 f_\alpha\left(\frac{dx - b}{-cx + a}\right) \\ &= (x, 1)\ {}^t A^* \begin{pmatrix} p & \dfrac{q}{2} \\ \dfrac{q}{2} & r \end{pmatrix} A^* \begin{pmatrix} x \\ 1 \end{pmatrix}, \end{aligned}$$

$$A^* = \begin{pmatrix} d & -b \\ -c & a \end{pmatrix}, \qquad {}^tA^* = \begin{pmatrix} d & -c \\ -b & a \end{pmatrix}.$$

補題 10.1　$A \in \mathrm{GL}_2(\mathbb{Z})$ に対して $f_{A,\alpha}(x)$ の係数の最大公約数は 1 である.

証明　上記の $f_\alpha(x)$, $f_{A,\alpha}(x)$ の行列表示に注目すると, A^*, ${}^tA^* \in \mathrm{GL}_2(\mathbb{Z})$ により, 係数行列の成分の最大公約数が等しいことが容易に判ります. □

これより次の重要な性質が得られます：

命題 10.1　$\alpha \in \mathcal{R}_2$ を 2 次無理数とするとき, 任意の $A \in \mathrm{GL}_2(\mathbb{Z})$ に対して α と $A(\alpha)$ の判別式は等しい.

$$D(\alpha) = D(A(\alpha)) \tag{10.36}$$

実際, $A \in \mathrm{GL}_2(\mathbb{Z})$ のときは上の結果から

$$\begin{aligned} D(A(\alpha)) &= -4\det\left({}^tA^* \begin{pmatrix} p & \dfrac{q}{2} \\ \dfrac{q}{2} & r \end{pmatrix} A^*\right) \\ &= (ad-bc)^2(q^2-4pr) \\ &= D(\alpha) \end{aligned}$$

が成立します. □

定義 10.3　$\alpha \in \mathcal{R}_2$ が

$$\alpha > 1, \quad -1 < \alpha' < 0 \tag{10.37}$$

をみたすとき**被約 2 次無理数**であるという. ただし, α' は α の共役 (α と異なる $f_\alpha(x)$ の根) である. 被約な 2 次無理数の全体を $\mathcal{R}_2^{(\mathrm{red})}$, そのうち判別式が d に等しい数の全体を $\mathcal{R}_2^{(\mathrm{red})}(d)$ と表記する.

命題 10.1 より任意の $A \in \mathrm{GL}_2(\mathbb{Z})$ に対して

$$
\begin{aligned}
\alpha \in \mathcal{R}_2(d) &\iff D(\alpha) = d \\
&\iff D(A(\alpha)) = d \\
&\iff A(\alpha) \in \mathcal{R}_2(d)
\end{aligned}
$$

が成立します．すなわち，群 $\mathrm{GL}_2(\mathbb{Z})$ の作用で $\mathcal{R}_2(d)$ は自分自身に写されます．

定理 10.7 $\mathcal{R}_2^{(\mathrm{red})}(d)$ は有限集合である．

証明 $\alpha \in \mathcal{R}_2^{(\mathrm{red})}(d)$ のみたす整数係数の既約方程式を (10.35) とするとき，(10.37) から容易に

$$
\begin{cases}
f_\alpha(0) = r < 0, \\
f_\alpha(1) = p + q + r < 0, \\
f_\alpha(-1) = p - q + r > 0, \qquad q < 0
\end{cases}
$$

が示されます．したがって判別式の条件から

$$
q^2 = d + 4pr < d, \qquad |q| < \sqrt{d}
$$

が得られます．これより q の取りうる値は有限個であることが判ります．このとき，$0 < q^2 - d = -4pr$ の取りうる値も有限個となり，その約数である p, r の取りうる値も有限個に限ることが判ります． □

命題 10.2 $\mathcal{R}_2(d)$ に属する任意の $\mathrm{GL}_2(\mathbb{Z})$-軌道は被約な数を含む．すなわち，任意の $\alpha \in \mathcal{R}_2(d)$ に対して $A(\alpha) \in \mathcal{R}_2^{(\mathrm{red})}$ となる $A \in \mathrm{GL}_2(\mathbb{Z})$ が存在する．

証明 必要なら α を $T^{-k}(\alpha) = \alpha + k$ で置き換えて，最初から $\alpha > 1$ と仮定しておきます．等式 (10.25) から α, α_n を各々の共役 α', α_n' で置き換えてえられる等式

$$\alpha' = \frac{p_n \alpha'_n + p_{n-1}}{q_n \alpha'_n + q_{n-1}} \tag{10.38}$$

も成立していることに注意します．すると後者から

$$\alpha'_n = -\frac{q_{n-1}}{q_n} \cdot \frac{\alpha' - \dfrac{p_{n-1}}{q_{n-1}}}{\alpha' - \dfrac{p_n}{q_n}} \tag{10.39}$$

ここで (10.29) で示したように

$$\lim_{n\to\infty} \frac{p_n}{q_n} = \lim_{n\to\infty} \frac{p_{n-1}}{q_{n-1}} = \alpha$$

となるので，

$$\lim_{n\to\infty} \frac{\alpha' - \dfrac{p_{n-1}}{q_{n-1}}}{\alpha' - \dfrac{p_n}{q_n}} = \frac{\alpha' - \alpha}{\alpha' - \alpha} = 1$$

が成立します．よって，十分大きな $n \in \mathbb{N}$ に対して $\alpha' - \dfrac{p_{n-1}}{q_{n-1}}, \alpha' - \dfrac{p_n}{q_n}$ は同符号であり，とくに (10.39) から $\alpha'_n < 0$ となります．したがって (10.21) から漸化式

$$\alpha'_{n+1} = C_{k_n}^{-1}(\alpha'_n) = \frac{1}{\alpha'_n - k_n}$$

が成立することに注意すると

$$-1 < \alpha'_{n+1} < 0$$

となることが導かれます．また，十分大きな $n \in \mathbb{N}$ に対して $\alpha_n > 1$ が成り立つので，

$$\alpha_n = A_n^{-1}(\alpha) \in \mathcal{R}_2^{(\mathrm{red})}, \qquad A_n = \begin{pmatrix} p_n & p_{n-1} \\ q_n & q_{n-1} \end{pmatrix}$$

となります．これで主張が示されました． □

命題 10.2 と 定理 10.7 から次の重要な結果が得られます．

定理 10.8　$\mathcal{R}_2(d)$ は有限個の $\mathrm{GL}_2(\mathbb{Z})$-軌道からなる.

◉——2 次無理数の循環性

以上の準備のもとで，定理 10.6 (= 定理 10.5) の後半が示されます.

定理 10.6 の後半の証明　$\alpha \in \mathcal{R}_2(d)$ を任意の 2 次無理数とし，その連分数展開を

$$\alpha = [k_0; k_1, \cdots, k_{n-1}, \alpha_n]$$

とします． 命題 10.1 の証明から n を十分大にとると，α_n は被約 2 次無理数となります．そこで，$\alpha_n \in \mathcal{R}_2^{(\mathrm{red})}(d)$ となる最小の自然数を n_0 とします．このとき関係式

$$\alpha_{n_0+1} = \frac{1}{\alpha_{n_0} - k_{n_0}}$$

から，$\alpha_{n_0+1} \in \mathcal{R}_2^{(\mathrm{red})}(d)$ となることが判ります．以下同様に，任意の $l \in \mathbb{N}$ に対して $\alpha_{n_0+l} \in \mathcal{R}_2^{(\mathrm{red})}(d)$ となります．一方，定理 10.6 より $\mathcal{R}_2^{(\mathrm{red})}(d)$ は有限集合なので，

$$\alpha_{n_0+l} = \alpha_{n_0+l+r} \qquad (0 \leqq l < l + r)$$

をみたす整数 $l \geqq 0, r > 0$ が存在します．このとき $n_1 = n_0 + l$ とおくと，容易に

$$\alpha_{n_1+i} = \alpha_{n_1+i+r} \qquad (\forall\, i \geqq 0)$$

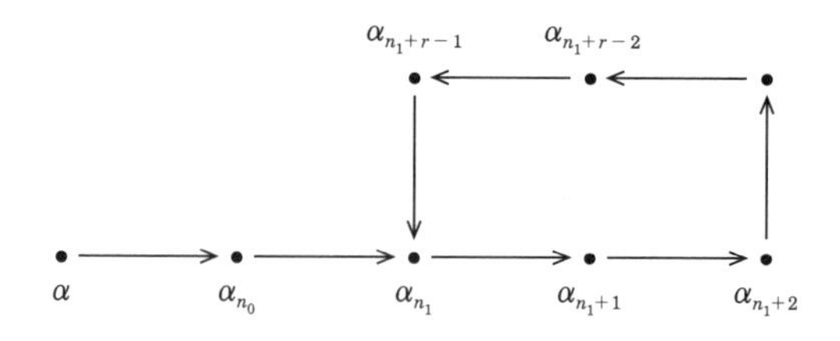

図 10.4　連分数の循環性

が成立することが示せます. □

連分数の幾何学

連分数の小径で，次に出会う「驚き」は，F. クラインによる幾何学的解釈です.

座標平面において，x, y 座標がともに整数である点を**格子点**と呼び，その全体が作る格子を考えます．ここでは**正の無理数** α のみを扱うので，第 1 象限の格子点に着目します．原点 O を通り傾きが α の第 1 象限上の半直線を $L(\alpha)$ とします．$L(\alpha)$ は O 以外の格子点を通らないことは明らかです.

さていま，第 1 象限を無限に伸びた板とみなし，その格子点に釘(くぎ)が打ちつけてあると考えます．また，半直線 $L(\alpha)$ の上の非常に (無限) 遠くの点 P_∞ と O を結ぶ紐(ひも)が 2 本張られているとします.

ここで，紐のうちの 1 本を引っ張りながら下の端を，O から $\mathrm{P}_{-1} = (1, 0)$ に移動します．すると，この紐は $L(\alpha)$ の下方にある格子点上の釘に引っかかって「折れ線」を形成します．この折れ線のかどに位置する頂点を順に

$$\mathrm{P}_{-1} = (1, 0),\ \mathrm{P}_1,\ \mathrm{P}_3,\ \mathrm{P}_5, \cdots,$$

とします．同様に，もう 1 本の紐の端を，$L(\alpha)$ の上方で引っ張りながら下の端を，O から $\mathrm{P}_0 = (0, 1)$ に移動します．すると，この紐は $L(\alpha)$ の上方に「折れ線」を形成します．その折れ線のかどに位置する頂点を順に

$$\mathrm{P}_0 = (0, 1),\ \mathrm{P}_2,\ \mathrm{P}_4,\ \mathrm{P}_6, \cdots,$$

とします．P_n の座標を $\mathrm{P}_n(q_n, p_n)$ とするとき，次の定理が成り立ちます.

定理 10.9 無理数 $\alpha > 0$ から上記のように格子点列 $\{P_n\}$ を定めるとき，有理数 $\dfrac{p_n}{q_n}$ は第 n 近似分数と一致する.

また，「互減法と連分数」の節で観察した行列式の等式 (10.22)

$$\det(A_n) = p_n q_{n-1} - q_n p_{n-1} = (-1)^n$$

は以下のように翻訳されます：

命題 10.3 任意の $n \in \mathbb{N}$ に対して，$\overrightarrow{\mathrm{OP}_{n-1}}$, $\overrightarrow{\mathrm{OP}_n}$ は格子群 $\mathbb{Z}^2$ の基底を形成し，これらを隣接辺とする平行四辺形の面積は 1 である．

次の図 10.5 は $\alpha = \sqrt{2}$ の場合に折れ線の一部を描いたものです．

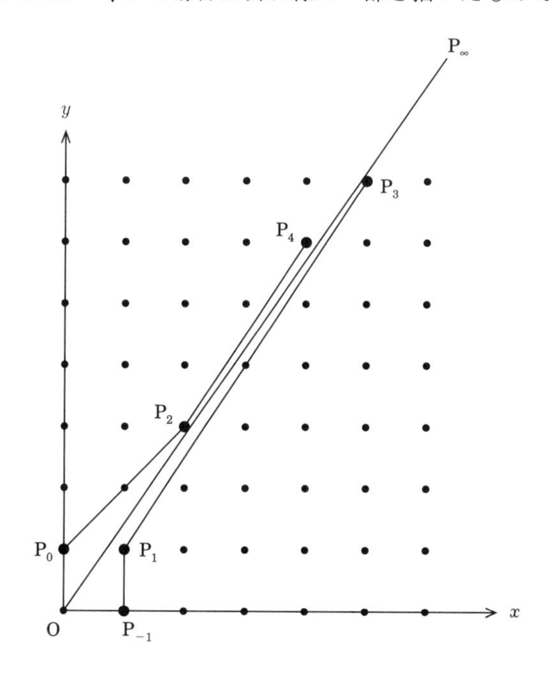

図 **10.5** 連分数 $(\sqrt{2})$ の幾何学

「連分数」とモジュラー群

2 数の間で，**等しくないときは，大きい方から小さい方を引く**，という操作を繰り返すことを**互減法**と言いました．2 数をベクトル表記すると，互減法の各操作は以下の表 10.1 の 2 つの行列 T, T' のどちらかを掛けることに対応します．また，a, b の位置を交換することは次の行列 U を掛けることと一致します．互減法の各ステップでの結果を，2 数間の比で表現したものが「連分数」にほかならないのでした．

T, T', U はいずれも成分が整数で行列式が ± 1 であることに注意します．

表 10.1

操作	行列	同次座標	比 $(\alpha = \dfrac{a}{b})$
T	$\begin{pmatrix} 1 & -1 \\ 0 & 1 \end{pmatrix}$	$\begin{pmatrix} a \\ b \end{pmatrix} \mapsto \begin{pmatrix} a-b \\ b \end{pmatrix}$	$\alpha \mapsto \alpha - 1$
T'	$\begin{pmatrix} 1 & 0 \\ -1 & 1 \end{pmatrix}$	$\begin{pmatrix} a \\ b \end{pmatrix} \mapsto \begin{pmatrix} a \\ b-a \end{pmatrix}$	$\alpha \mapsto \dfrac{\alpha}{1-\alpha}$
U	$\begin{pmatrix} 0 & 1 \\ 1 & 0 \end{pmatrix}$	$\begin{pmatrix} a \\ b \end{pmatrix} \mapsto \begin{pmatrix} b \\ a \end{pmatrix}$	$\alpha \mapsto \dfrac{1}{\alpha}$
UT^k	$\begin{pmatrix} 0 & 1 \\ 1 & -k \end{pmatrix}$	$\begin{pmatrix} a \\ b \end{pmatrix} \mapsto \begin{pmatrix} b \\ a-kb \end{pmatrix}$	$\alpha \mapsto \dfrac{1}{\alpha - k}$

さて，成分が整数で行列式が 1 の 2 次の行列全体からなる群 $\mathrm{SL}_2(\mathbb{Z})$ は**モジュラー群** と呼ばれ，現代の数学研究の最先端においても非常に重要な役割を果たしています．

このことから，「互減法」や「連分数」におけるさまざまな結果は，モジュラー群 $\mathrm{SL}_2(\mathbb{Z})$, $\mathrm{GL}_2(\mathbb{Z})$ のもつ性質から由来する，ということができます．逆に，「互減法」や「連分数」における「情報」からモジュラー群を復元できることが以下の定理から判ります：

定理 10.10　$\mathrm{GL}_2(\mathbb{Z})$ は 2 個の行列 T, U で生成される．また $\mathrm{SL}_2(\mathbb{Z})$ は T, T' で生成される：

$$\begin{cases} \mathrm{GL}_2(\mathbb{Z}) = \Big\langle\, T,\, U \,\Big\rangle \\ \mathrm{SL}_2(\mathbb{Z}) = \Big\langle\, T,\, T' \,\Big\rangle \end{cases} \tag{10.40}$$

証明　2 個の行列 T, U で生成される $\mathrm{GL}_2(\mathbb{Z})$ の部分群を $G := \langle T, U \rangle$ とおきます．ここで $T' = UTU$ および

$$\begin{cases} S := T^{-1}T'T^{-1} = \begin{pmatrix} 0 & 1 \\ -1 & 0 \end{pmatrix} \in G \cap \mathrm{SL}_2(\mathbb{Z}) \\ T^{-1}T'T^{-1}U = \begin{pmatrix} 1 & 0 \\ 0 & -1 \end{pmatrix} \in G \\ UT^{-1}T'T^{-1} = \begin{pmatrix} -1 & 0 \\ 0 & 1 \end{pmatrix} \in G \end{cases} \tag{10.41}$$

に注意します．前半の主張は, 任意の $A = \begin{pmatrix} a & b \\ c & d \end{pmatrix} \in \mathrm{GL}_2(\mathbb{Z})$ が $T^{\pm 1}, T'^{\pm 1}, U$ の積で表わされることを意味します．そのために，A の第 1 列に注目し，その成分 a, c の間に互減法と同じ操作を施し，$|a|, |c|$ の小さくない方をより小さくすることができます．$\det(A) = ad - bc = \pm 1$ により a, c の最大公約数は 1 なので，この操作を繰り返して，A の第 1 列を $\begin{pmatrix} \pm 1 \\ 0 \end{pmatrix}, \begin{pmatrix} 0 \\ \pm 1 \end{pmatrix}$ のいずれかに変換することができます．すなわち，$T^{\pm 1}, T'^{\pm 1}, U$ の積を左から掛けることにより A は $A' = \begin{pmatrix} \pm 1 & b' \\ 0 & d' \end{pmatrix}$ の形に変換されます．すると行列式の条件から $d' = \pm 1$ が判ります．このとき A' に左から $T^{d'b'}$ を掛けると $\begin{pmatrix} \pm 1 & 0 \\ 0 & \pm 1 \end{pmatrix}$ となりますが, (10.41) よりこれらはすべて G に属します．以上で $A \in G = \langle T, U \rangle$ が示されました．後半の主張は，部分群

$$G_0 := \langle T, T' \rangle = \langle T, S \rangle \subsetneqq \mathrm{SL}_2(\mathbb{Z})$$

が任意の $A = \begin{pmatrix} a & b \\ c & d \end{pmatrix} \in \mathrm{SL}_2(\mathbb{Z})$ を含むことを，前半と同様に示すことによって証明されます． □

●――連分数の定める有理式

連分数の表示式 (10.20) において，これまでは $k_0, \cdots, k_{n-1}$ は整数と仮定して議論をすすめて来ましたが，(10.20) の右辺は (分母が 0 にならない限り) 任意の実数 (または複素数) に対して意味をもたせることができます．そこで，$k_0, \cdots, k_{n-1}$ および α_n を独立変数 $x_0, x_1, \cdots, x_n$ で置き換えた表現式 $[x_0, x_1, \cdots, x_n]$ を $n+1$ 変数の有理式 (分数式) とみなし，以下のように表わします．

$$[x_0; x_1, x_2, \cdots, x_n] = \frac{G(x_0, x_1, \cdots, x_n)}{G(x_1, x_2, \cdots, x_n)} \tag{10.42}$$

容易に分かるように $G(x_0, x_1, \cdots, x_n)$ は整数係数の多項式です．たとえば $n = 1, 2, 3$ のとき以下のようになります：

$$[x_0; x_1] = \frac{x_0 x_1 + 1}{x_1},$$
$$[x_0; x_1, x_2] = \frac{x_0 x_1 x_2 + x_0 + x_2}{x_1 x_2 + 1},$$
$$[x_0; x_1, x_2, x_3] = \frac{x_0 x_1 x_2 x_3 + x_0 x_1 + x_0 x_3 + x_2 x_3 + 1}{x_1 x_2 x_3 + x_1 + x_3}.$$

定義式 (10.20) から明らかなように，$G(x_0, \cdots, x_n)$ は次の漸化式をみたします：

$$G(x_0, \cdots, x_n) = x_0 G(x_1, \cdots, x_n) + G(x_2, \cdots, x_n),$$
$$G(x_0) = x_0, \qquad G(x_0, x_1) = x_0 x_1 + 1 \tag{10.43}$$

このように，連分数の一般表示に現れる多項式は，帰納的に計算可能で，数多くの興味深い性質をもっています．ここでは，オイラーによる以下の公式を挙げ，その証明を読者のみなさんへの練習問題とします．

$$G(x_0, \cdots, x_n) = \sum_J \prod_{j \in J} x_j \tag{10.44}$$

ここで右辺の和は，$\{0, 1, \cdots, n\}$ の部分集合 J で，その補集合がいくつかの連続する 2 数の対からなるようなものにわたるとします：

$$\{0, 1, \cdots, n\} = J \sqcup \{k_1, k_1 + 1\} \sqcup \cdots \sqcup \{k_r, k_r + 1\}$$

とくに，対の個数 $r=0$ なら $J=\{0,1,\cdots,n\}$ で，このとき加える項は $x_0\cdots x_n$ となります．また n が奇数なら，$J=\emptyset$ に対応する項 1 (= 空集合上の積) が現れることに注意します．

e の連分数展開

連分数の小路の探索で，次に遭遇する「驚き」は，ネピアの定数 e の連分数展開の不思議な規則性です．ここでは，その規則性を導く道筋を観察します．出発点となるのは，双曲型正接関数の値についての次の簡単な等式です：

$$\coth\frac{1}{2n}=\frac{2}{\sqrt[n]{e}-1}+1.$$

実際，この等式は

$$\sinh\frac{1}{2n}=\frac{\sqrt[2n]{e}-\frac{1}{\sqrt[2n]{e}}}{2},\qquad \cosh\frac{1}{2n}=\frac{\sqrt[2n]{e}+\frac{1}{\sqrt[2n]{e}}}{2}$$

の比から容易に導かれます．次に $n\geqq 0$ に対して $\psi_n(a)$ を以下のように定めます：

$$\psi_n(a):=\frac{1}{(2n-1)!!}+\sum_{k=1}^{\infty}\frac{1}{(2n+2k-1)!!}\frac{1}{(2k)!!}\frac{1}{a^{2k}}.$$

命題 10.4　次の関係式が成立する．

$$\psi_0(a)=\cosh\frac{1}{a},\qquad \psi_1(a)=a\sinh\frac{1}{a}$$
$$\psi_n(a)=(2n+1)\psi_{n+1}(a)+\frac{1}{a^2}\psi_{n+2}(a)$$

証明　$A_{n,r}$ を以下の式で定めます：

$$A_{n,r}=\frac{1}{(2n+2r-1)!!}\frac{1}{(2r)!!}\frac{1}{a^{2r}}$$

このとき

$$\frac{A_{n,r+1}}{A_{n,r}}=\frac{1}{(2n+2r-1)}\frac{1}{(2r+2)}\frac{1}{a^2}\ \to\ 0\qquad (r\to\infty)$$

となり，まず $\psi_n(a)$ の定義の無限級数が意味をもつことが判ります．次に

$$\psi_0(a) = 1 + \sum_{r=1}^{\infty} \frac{1}{(2r-1)!!} \frac{1}{(2r)!!} \frac{1}{a^{2r}}$$
$$= 1 + \sum_{r=1}^{\infty} \frac{1}{(2r)!} \frac{1}{a^{2r}} = \cosh \frac{1}{a}$$

同様に

$$\psi_1(a) = 1 + \sum_{r=1}^{\infty} \frac{1}{(2r+1)!} \frac{1}{a^{2r}} = a \sinh \frac{1}{a},$$

$$(2n+1)\psi_{n+1}(a) = \frac{1}{(2n-1)!!} + \sum_{r=1}^{\infty} \frac{2n+1}{(2n+2r+1)!!} \frac{1}{(2r)!!} \frac{1}{a^{2r}},$$

$$\frac{1}{a^2}\psi_{n+2}(a) = \sum_{r=1}^{\infty} \frac{1}{(2n+2r+1)!!} \frac{2r}{(2r)!!} \frac{1}{a^{2r}}$$

が示されます．これらから

$$\begin{aligned}
&(2n+1)\psi_{n+1}(a) + \frac{1}{a^2}\psi_{n+2}(a) \\
&\quad = \left(\frac{1}{(2n-1)!!} + \sum_{r=1}^{\infty} \frac{2n+1}{(2n+2r+1)!!} \frac{1}{(2r)!!} \frac{1}{a^{2r}} \right) \\
&\qquad + \left(\sum_{r=1}^{\infty} \frac{1}{(2n+2r+1)!!} \frac{2r}{(2r)!!} \frac{1}{a^{2r}} \right) \\
&\quad = \frac{1}{(2n-1)!!} + \sum_{r=1}^{\infty} \frac{1}{(2n+2r+1)!!} \frac{1}{(2r)!!} \frac{1}{a^{2r}} \\
&\quad = \psi_n(a)
\end{aligned}$$

が得られます．以上の結果を用いて，次の定理が導かれます．

定理 10.11　$\coth \dfrac{1}{a}$ の連分数展開は

$$\coth \frac{1}{a} = [a;\, 3a,\, 5a,\, \cdots] = [\overline{(2n+1)a}]_{n \geqq 0}$$

証明 $\omega_n := \dfrac{a\psi_n(a)}{\psi_{n+1}(a)}$ とおきます．とくに $n = 0$ のときは

$$\omega_0 = \frac{\cosh\dfrac{1}{a}}{\sinh\dfrac{1}{a}} = \coth\frac{1}{a}$$

となります．このとき先ほどの命題 10.3 より

$$\frac{a\psi_n(a)}{\psi_{n+1}(a)} = a(2n+1) + \frac{\psi_{n+2}(a)}{a\psi_{n+1}}$$
$$\omega_n = a(2n+1) + \frac{1}{\omega_{n+1}}$$

ここで $\omega_n \geqq a(2n+1) > 1$ が成り立つので次の等式が得られます：

$$\coth\frac{1}{a} = \omega_0 = [a; 3a, 5a, \cdots a(2n+1), \cdots] \\ = [\overline{(2n+1)a}]_{n\geqq 0}. \tag{10.45}$$

□

次の補題は少し複雑ですが，直接計算で示されます：

補題 10.2 $b, c \in \mathbb{N}$, $\{u_n\}_{n\geqq 0}$, $u_n > 0$ に対して α, β を以下の連分数展開で定まる正数とする：

$$\alpha = [u_0; b, c, u_1, b, c, u_2, b, c, u_3, \cdots]$$
$$\beta = [(bc+1)u_0 + (b+c); (bc+1)u_1 + (b+c), \cdots]$$

このとき α, β の間に次の関係が成立する：

$$\beta = (bc+1)\alpha.$$

定理 10.12 $n \in \mathbb{N}$ を自然数とするとき，$\sqrt[n]{e}$ は以下のように連分数展開される：

$$\sqrt[n]{e} = [\overline{1,\, 2kn+k-1,\, 1}]_{k\geqq 0}.$$

証明　補題 10.2 において

$$b = c = 1, \qquad u_k = 2nk + (n-1)$$

とおきます．このとき

$$\alpha = [n-1;\ 1,\ 1,\ n,\ 1,\ 1,\ 3n-1,\ \cdots,\ 1, 2nk+(n-1), 1,\ \cdots],$$

$$\alpha' = [2(n-1)+2;\ 2(3n-1)+2,\ 2(5n-1)+2,\ \cdots,\ ]$$

$$= [2n;\ 6n,\ 10n,\ \cdots,\ 2n(2k+1),\ \cdots] = \coth\frac{1}{2n}$$

したがって

$$\alpha' = 2\alpha + 1$$

の関係が成立します！ 定理 10.6 の証明より

$$\coth\frac{1}{2n}\ \frac{2}{\sqrt[n]{e}-1} + 1 \ = \ \alpha' = 2\alpha + 1$$

よって

$$\frac{1}{\sqrt[n]{e}-1} \ = \ \alpha, \qquad \sqrt[n]{e} \ = \ 1 + \frac{1}{\alpha}$$

以上から

$$\sqrt[n]{e} \ = \ 1 + [0;\ n-1,\ 1,\ 1,\ 3n-1,\ 1,\ \cdots,\ 1, 2nk+(n-1), 1,\ \cdots]$$

$$= [1;\ n-1,\ 1,\ 1,\ 3n-1,\ 1,\ \cdots,\ 1, 2nk+(n-1), 1,\ \cdots]$$

$$= [\overline{1, 2nk+(n-1), 1}]_{k \geqq 0}$$

が得られます．　□

とくに $n=1$ とすると e の連分数展開が得られます：

定理 10.13

$$e = [\overline{1,\ 2n,\ 1}]_{n \geqq 0} \ = \ [1;\ 0,\ \overline{1,\ 2n,\ 1}]_{n \geqq 1} \ = \ [2;\ \overline{1,\ 2n,\ 1}]_{n \geqq 1} \quad (10.46)$$

上の結果から，e が無理数であることの別証明が得られます．

e の異なる定義

以上の探検では，ネピアの定数 e の定義を無限級数 (10.11) の和としてきましたが，最後に，e の無限級数とは異なる定義を述べておきます．

まず各項が正である 2 つの数列 $\{a_n\}$, $\{b_n\}$ を以下のように定めます．

$$a_n = \left(1 + \frac{1}{n}\right)^n, \quad b_n = \left(1 + \frac{1}{n}\right)^{n+1} \qquad (n \in \mathbb{N}) \tag{10.47}$$

定理 10.14

(i)　数列 $\{a_n\}$ は有界な単調増加列, $\{b_n\}$ は有界な単調減少列である．

(ii)　任意の $m, n \in \mathbb{N}$ に対して $a_n < b_m$ が成立する．

(iii)　$\displaystyle\lim_{n\to\infty} a_n = \lim_{n\to\infty} b_n = \sum_{k=0}^{\infty} \frac{1}{k!} = e.$

証明　同じ n については明らかに $a_n < b_n$ が成立します．数列 $\{a_n\}$, $\{b_n\}$ の単調性は以下の補題 10.3 を用いて示されます．

$\{b_n\}$ について述べると

$$\frac{b_n}{b_{n+1}} = \frac{\left(1 + \dfrac{1}{n}\right)^{n+1}}{\left(1 + \dfrac{1}{n+1}\right)^{n+2}} = \frac{(n+1)^{2n+3}}{n^{n+1}(n+2)^{n+2}} = \frac{n+1}{n+2}\left(1 + \frac{1}{n^2+2n}\right)^{n+1}$$

$$> \frac{n+1}{n+2}\left(1 + \frac{n+1}{n^2+2n}\right) = \frac{n^3+4n^2+4n+1}{n^3+4n^2+4n} > 1$$

以上から 2 つの数列は有界な単調列，したがって収束列であることが判ります．他方 $b_n = a_n\left(1 + \dfrac{1}{n}\right)$ からこれらの極限値は一致します．これより任意の $m, n \in \mathbb{N}$ に対する不等式 $a_n < b_m$ が導かれます．

次に a_n を二項定理で展開して表示すると

$$a_n = \sum_{k=0}^{n} \binom{n}{k} \left(\frac{1}{n}\right)^k = 1 + \sum_{k=1}^{n} \frac{\left(1 - \dfrac{1}{n}\right)\left(1 - \dfrac{2}{n}\right)\cdots\left(1 - \dfrac{k-1}{n}\right)}{k!}$$

$$\therefore \lim_{n\to\infty} a_n \leqq 1 + \sum_{k=1}^{\infty} \frac{1}{k!} = e$$

となります．同様に b_n について，$n \geqq m$ なる m を固定するとき

$$
\begin{aligned}
b_n &= \sum_{k=0}^{n+1} \binom{n+1}{k} \left(\frac{1}{n}\right)^k \\
&= 1 + \frac{n+1}{n} \left(1 + \sum_{k=2}^{n+1} \frac{\left(1 - \frac{1}{n}\right) \cdots \left(1 - \frac{k-2}{n}\right)}{k!} \right) \\
&\geqq 1 + \frac{n+1}{n} \left(1 + \sum_{k=1}^{m} \frac{\left(1 - \frac{1}{n}\right) \cdots \left(1 - \frac{k-1}{n}\right)}{(k+1)!} \right)
\end{aligned}
$$

この両辺で $n \to \infty$ とすると

$$
\lim_{n\to\infty} b_n \geqq \lim_{m\to\infty} 1 + \left(1 + \sum_{k=1}^{m} \frac{1}{(k+1)!} \right) = 2 + \sum_{k=1}^{m} \frac{1}{(k+1)!}
$$

m は任意なので

$$
\lim_{n\to\infty} b_n \geqq 2 + \lim_{m\to\infty} \sum_{k=1}^{m} \frac{1}{(k+1)!} = 2 + \sum_{k=1}^{\infty} \frac{1}{(k+1)!} = e
$$

が得られます．これらより $\{a_n\}$, $\{b_n\}$ の極限値が (10.11) の和 e に等しいことが判ります． □

補題 10.3 以下の不等式が成立する．

$$
\begin{cases}
\text{(i)} \quad \displaystyle\prod_{i=1}^{n} (1 + a_i) \geqq 1 + \sum_{i=1}^{n} a_i \qquad (0 < a_i, \forall i) \\
\text{(ii)} \quad \displaystyle\prod_{i=1}^{n} (1 - a_i) \geqq 1 - \sum_{i=1}^{n} a_i \qquad (0 < a_i < 1, \forall i)
\end{cases}
\tag{10.48}
$$

第 11 章　未踏の樹海：関数項の連分数

樹氷(きばな)咲く 樹くぐりぬけ みづからのかすけき才の限り知りにき
—— 塚本邦雄『透明文法』

前章に引き続いて連分数の探検を行います．前の 2 章の探検の主題は，与えられた個々の実数の「連分数展開」のパターンとその由来を観察することであり，「連分数の小径」と呼ぶに相応しいものでした．

本章では，そのような「小径」をくぐりぬけたところに，これまでとは別世界のように広がる巨大な「**一般連分数**」の森が存在することを観察します．実際，この森の奥深さは私たちのような凡人にははかり知れず，その終点まで到達した者はいません．誰も未だかつて足を踏み入れたことがない領域が広がっているのです —— この森を，真に奥深くまで進んだ数少ない数学者の中から唯一人を挙げるなら，それはラマヌジャン (1887–1920) のほかにはいないであろうと思います．

今回の探検は，「一般連分数」の森の入口のあたりについて，その一部分の様子を垣間見ることが目的です．探検の最後に，連分数についてラマヌジャンが発見した，数多くの不思議な結果の 1 つを観察します．

一般連分数

実数 α の**連分数展開**とは，

$$\alpha = [k_0; k_1, \cdots, k_{n-1}, \cdots]$$
$$= k_0 + \cfrac{1}{k_1 + \cfrac{1}{k_2 + \cfrac{1}{\cdots + \cfrac{1}{k_{n-1} + \cfrac{1}{\cdots}}}}} \tag{11.1}$$

の形の表示を言うのでした．ただし，$k_0 = [\alpha]$ は α の整数部分，$k_i\,(i \geqq 1)$ は正の整数です．

前章の探検では，一般に成立する連分数の性質として，以下の 2 点を観察しました：

- 有理数の連分数展開は有限であり，逆も成立．
- (実) 2 次無理数の連分数展開は，ある項から循環する．逆に循環連分数は 2 次無理数である．

これらの結果を，実数の q 進法による小数展開の規則性(パターン)と比較するのは興味深いことです ($q > 1$ は自然数)：

表 11.1

	$\mathcal{R}_1$	$\mathcal{R}_2$	$\mathcal{R}_{l\ (l \geqq 3)}$	$\mathcal{R}_\infty$
q 進法展開	循環	?	?	!?
連分数展開	有限	循環	?	!?

ただし，ここで $\mathcal{R}_l$ は第 10 章に登場した，l 次の実代数的数の全体を表わす記号で，とくに $\mathcal{R}_1 := \mathbb{Q} \cup \{\infty\}$ は有理数と ∞ からなる集合を表わします．また，どの $l \in \mathbb{N}$ についても $\mathcal{R}_l$ に属さない (実) 数を**超越数**と呼び，その全体を $\mathcal{R}_\infty$ で表わしました．

さて，前章の探検では，自然対数の底であるネピアの定数[1] e の連分数展開が (10.46) のように，「循環的部分」と「等差数列的部分」を合わせもつ，興味深い規則性をもつことを観察しました．

[1] 本書では触れていませんが $e \in \mathcal{R}_\infty$，すなわち e は超越数であることが知られています．

このように，数の密林には，その連分数展開の模様によって区別されるさまざまな種類の「数」が棲息しています．そこで，もっともっと珍しい模様をもつ数を探したくなります．また，逆に，連分数展開の模様からもとの数の「値」や性質がどのように読み取れるのか，という素朴な疑問も湧いてきます．

例えば，各正整数 $m \in \mathbb{N}$ に対して，

$$\begin{aligned}\alpha_m &:= [0,\, m,\, m+1,\, m+2,\, \cdots] \qquad (m \in \mathbb{N}) \\ &= \cfrac{1}{m + \cfrac{1}{m+1+\cfrac{1}{m+2+\cfrac{1}{m+3+\cfrac{1}{\cdots}}}}}\end{aligned} \tag{11.2}$$

のように，その項が等差数列をなす無限連分数表示は，前章の (10.28), (10.29) で観察したようにある無理数に収束するはずですが，その値は一体どのようにして求められるのでしょうか？

その答は，特殊関数の仲間であるベッセル関数

$$J_\nu(x) := \sum_{n=0}^{\infty} \frac{(-1)^n}{n!\Gamma(\nu+n+1)} \cdot \left(\frac{x}{2}\right)^{\nu+2n} \tag{11.3}$$

の $x = 2\sqrt{-1}$ における値の比として，以下のように求められます．

定理 11.1　正整数 m に対して連分数展開 (11.2) で定まる実数 α_m について次の等式が成立する：

$$\alpha_m = \frac{J_m(2\sqrt{-1})}{\sqrt{-1}J_{m-1}(2\sqrt{-1})} \quad = \frac{\displaystyle\sum_{n=0}^{\infty} \frac{1}{n!(n+m)!}}{\displaystyle\sum_{n=0}^{\infty} \frac{1}{n!(n+m-1)!}} \tag{11.4}$$

上のような素朴な疑問のほかにも，以下のような問題が考えられます：

- 3 次以上の代数的無理数の「連分数展開」にはいかなる規則性も無いのか？

- 連分数の表示において，$k_i\,(i \geqq 1)$ が正整数という条件を外すとどうなるか？
- 連分数の表示 (11.1) において，分子が 1 という条件を外すとどうなるか？

これらの問題のうち，最初のものは非常に難解で，これまでの「連分数」の枠組みの範囲では何も知られていないようです．また，後の 2 つの問題に答えようとすると，「連分数」を，2 実数間の「互減法」の結果を比によって表現し直したもの，というこれまでの見方を超えて，より大きな枠組みの中で見直す必要があります．このように，ひとたび「連分数」を，その項がすべて正整数という条件を外して考えると，その項はすべて連続なパラメータ，または自由変数とみなせて，「連分数の森」は恐ろしく多彩な内容と奥深さをもつ密林となります．

今回の探検であつかう「一般連分数」は，以下のような多重の分数式をいいます[2)]．

$$\cfrac{a_1}{b_1 + \cfrac{a_2}{b_2 + \cfrac{a_3}{\ddots + \cfrac{\ddots}{b_{n-1} + \cfrac{a_n}{b_n}}}}} \tag{11.5}$$

$$a_i \neq 0 \ (1 \leqq i \leqq n)$$

この式を，以下の左辺の和記号，または右辺のような一行の式で表わすことにします：

$$\mathop{\mathbb{K}}_{k=1}^{n} \frac{a_k}{b_k} = \frac{a_1}{b_1} + \frac{a_2}{b_2} + \frac{a_3}{b_3} + \cdots + \frac{a_n}{b_n} \tag{11.6}$$

以上において，$a_i, b_i\ (1 \leqq i \leqq n)$ は，あらかじめ指定された (任意の) 体 K に属するものとします．このとき上の式の「値」は，K の四則 (加減乗除の演算) によって，全体を通分することにより確定します．ただし，$\dfrac{a}{0} = \infty\ (a \neq 0)$ として「値」が ∞ になる場合を許し，$\dfrac{a}{\infty} = 0\,(a \in K)$ とします．

一般に分数の分子・分母に 0 でない同一の数を掛けても，分数の値は変わらない，という原理を適用すると，上記の「一般連分数」に以下のような変換を

2) これに対して，表示 (11.1) の形のものを「**正則連分数**」と呼びます．

行ってもその「値」は不変であることが判ります．

$$\begin{cases} b_1 \mapsto \lambda_1 b_1, & a_1 \mapsto \lambda_1 a_1, \\ b_2 \mapsto \lambda_2 b_2, & a_2 \mapsto \lambda_1\lambda_2 a_2, \\ & \cdots \\ b_n \mapsto \lambda_n b_n, & a_n \mapsto \lambda_{n-1}\lambda_k a_k \end{cases} \tag{11.7}$$

ここで，$\lambda_i \neq 0$ ($\forall i \geqq 1$) は任意の K のもとをとることができます．したがって，この種の変換によって任意の一般連分数は

$$a_i = 1 \qquad (\forall i \geqq 1) \tag{11.8}$$

をみたす (正則) 連分数と同値であることが判ります．このように，一般連分数においては，有限項の場合でも同じ値をもつ連分数表示が無限に多く存在します．すると，第 10 章で観察したこれまでの連分数に関する結果の中には，一般連分数では成り立たない性質もいくつか存在します．例えば，定理 10.6 に相当する性質は以下の例 11.1 で見るように，一般連分数ではすべての項が有理数でも成り立ちません．

さて (11.5) の値を通常の単純分数で表わすには，第 10 章のように**近似分数列**を用いるのが便利です．まず

$$p_{-1} = 1, \quad p_0 = 0, \quad q_{-1} = 0, \quad q_0 = 1$$

とし，$m \geqq 1$ に対して p_m, q_m を以下の漸化式で定めます：

$$\begin{cases} p_m = b_m p_{m-1} + a_m p_{m-2}, \\ q_m = b_m q_{m-1} + a_m q_{m-2}. \end{cases} \tag{11.9}$$

このとき帰納法によって次の等式が示されます．

$$\frac{a_1}{b_1} + \frac{a_2}{b_2} + \cdots + \frac{a_n}{b_n} = \frac{p_n}{q_n} \tag{11.10}$$

また，同様に帰納法によって示される次の関係式もしばしば使われます．$m \geqq 1$ に対して

$$\frac{p_{m+1}}{q_{m+1}} - \frac{p_m}{q_m} = (-1)^m \frac{a_1 a_2 \cdots a_{m+1}}{q_m q_{m+1}} \tag{11.11}$$

以上においては，有限個の項からなる「一般連分数」について述べましたが，無限個の項からなる連分数の「値」を定めるには，体 K は完備な「位相」をもつ位相体であるという仮定が必要です．このとき

$$\alpha = \mathop{\mathbb{K}}_{k=1}^{\infty} \frac{a_k}{b_k} \iff \lim_{n\to\infty} \frac{p_n}{q_n} = \alpha \tag{11.12}$$

と定めます．ただし，$\dfrac{p_n}{q_n}$ は，与えられた連分数表示の第 $n+1$ 項以降を除いた近似分数 (11.10) とします．

●──オイラーの連分数恒等式

ここで，オイラーによる一般連分数の恒等式を観察します．

定理 11.2 $\{x_j\}_{j=1}^{n}$ $(n \geqq 2)$ を独立な変数とするとき，次の等式が成立する．ただし $x_0 = 1$ とおく．

$$\sum_{j=1}^{n} x_j = \frac{x_1}{1} - \frac{x_0 x_2}{(x_1+x_2)} - \frac{x_1 x_3}{(x_2+x_3)} - \cdots - \frac{x_{n-2} x_n}{(x_{n-1}+x_n)} \tag{11.13}$$

証明 項数 n に関する帰納法で示します．$n=2$ のとき，与式の左辺は

$$\frac{x_1}{1} - \frac{x_0 x_2}{(x_1+x_2)} = \cfrac{x_1}{1-\cfrac{x_2}{x_1+x_2}} = x_1 + x_2$$

となるので主張が成立します．項数が n のとき，与式の左辺の連分数において最後の 2 項に注目し

$$\frac{x_{n-3}x_{n-1}}{(x_{n-2}+x_{n-1})} - \frac{x_{n-2}x_n}{x_{n-1}+x_n} = \frac{x_{n-3}y_{n-1}}{(x_{n-2}+y_{n-1})}$$

とおきます．この置き換えで与式の左辺の連分数は項数が $n-1$ で独立変数を $x_1, \cdots, x_{n-2}, y_{n-1}$ としたものになります．他方，上の等式は分母を払えば容易に

$$y_{n-1} = x_{n-1} + x_n$$

と同値であることが判ります．そこで上の 2 式によって項数が n の場合の (11.13) は項数が $n-1$ の場合に帰着します．これで帰納法が成立し，定理 11.2 が示されました． □

オイラーの恒等式は独立変数 $\{x_j\}_{j=1}^{n}$ に関する有理関数体における等式で，右辺は整式です．したがって，等式 (11.13) は，左辺の連分数が意味をもつ限り，変数 $\{x_j\}$ に任意の値 $\{a_j\}$ を代入しても成立します．この条件は容易に

$$a_j + a_{j+1} \neq 0 \qquad (j \geqq 1)$$

であることが判ります．

さて，定理 11.2 によって任意に与えられた n 個の K のもとの「和」を「一般連分数」に容易に変換することが可能であることが判りました．

例 11.1　任意の非負整数 n に対して $a_n = \dfrac{1}{2^n}$ とおくとき，等比級数の和は

$$\sum_{j=1}^{\infty} a_j = \frac{1}{2} + \frac{1}{2^2} + \frac{1}{2^3} + \cdots = 1$$

そこで，定理 11.2 において $\{x_j\}_{j=0}^{\infty}$ にこの数列 $\{a_j\}_{j=0}^{\infty}$ を代入して定まる一般連分数を計算すると

$$a_{j-2}a_j = \frac{1}{2^{2j-2}}, \qquad a_{j-1} + a_j = \frac{1}{2^{j-1}} + \frac{1}{2^j} = \frac{3}{2^j}$$

によって次のようになります：

$$\cfrac{\left(\frac{1}{2}\right)}{1 - \cfrac{\left(\frac{1}{4}\right)}{\left(\frac{3}{4}\right) - \cfrac{\left(\frac{1}{16}\right)}{\left(\frac{3}{8}\right) - \cfrac{\left(\frac{1}{64}\right)}{\left(\frac{3}{16}\right) - \cfrac{\left(\frac{1}{256}\right)}{\left(\frac{3}{32}\right) - \cdots}}}}} = 1 \qquad (11.14)$$

ここで前節の同値変換を行って，この一般連分数の分子がすべて 1 となるようにします．すなわち (11.7) において $\lambda_j = 2\ (\forall j \geqq 1)$ とおきます．このとき上の一般連分数は

$$\frac{1}{2}+\frac{1}{\left(\frac{-3}{2}\right)}+\frac{1}{3}+\frac{1}{\left(\frac{-3}{2}\right)}+\frac{1}{3}+\cdots=\left[0,2,\overline{\left(\frac{-3}{2}\right),3}\right]=1 \tag{11.15}$$

のように循環節が $\left\{\frac{-3}{2}, 3\right\}$ の循環連分数となります！

べき級数の一般連分数表示

ここでは，複素数を係数にもつ形式的べき級数，すなわち

$$f(x)=c_0+c_1x+c_2x^2+\cdots+c_nx^n+\cdots \tag{11.16}$$

の全体からなる可換環 $\mathbb{C}[[x]]$ を考えます．$\mathbb{C}[[x]]$ が整域であることは明らかなので，その商体 (分数体) を K とします．容易に示されるように，K は以下のような形式的ローラン級数の全体と一致します．

$$g(x)=\sum_{n=n_0}^{\infty} c_nx^n \qquad (n_0\in\mathbb{Z})$$

◉──ハンケル行列式

定義 11.1　数列 $\{a_n\}_{n=0}^{\infty}$ に対して，

$$H_k^{(n)}:=\det\begin{pmatrix} a_n & a_{n+1} & \cdots & a_{n+k-1} \\ a_{n+1} & a_{n+2} & \cdots & a_{n+k} \\ & & \cdots & \\ a_{n+k-1} & a_{n+k} & \cdots & a_{n+2k-2} \end{pmatrix} \qquad (k\geqq 2) \tag{11.17}$$

$$H_1^{(n)}=a_n, \quad H_0^{(n)}=1$$

とおき，これらを $\{a_n\}_{n=0}^{\infty}$ の **ハンケル行列式**と呼ぶ．$n<0$ に対しても $a_n=0$ とおいて (11.17) でハンケル行列式を定める．すべての $k\geqq 0$ に対して $H_k^{(n)}\neq 0$ をみたす数列 $\{a_n\}_{n=0}^{\infty}$ は**正規数列**であるという．また，$n+k>0$ なるすべての n,k で $H_k^{(n)}\neq 0$ となる数列 $\{a_n\}_{n=0}^{\infty}$ を**超正規数列**という．

定理 11.3 (ヤコビの恒等式)　ハンケル行列式の間に次の等式が成立する：$k \geqq 1$ に対して

$$H_k^{(n-1)} H_k^{(n+1)} - H_{k+1}^{(n-1)} H_{k-1}^{(n+1)} = (H_k^{(n)})^2. \tag{11.18}$$

次に，数列 $\{a_n\}_{n=0}^{\infty}$ から $k \geqq 0$ について以下の数列 $\{e_k^{(n)}\}_{n=0}^{\infty}$, $\{q_k^{(n)}\}_{n=0}^{\infty}$ を構成します．まず $k=0$ のときは

$$e_0^{(n)} = 0, \qquad q_0^{(n)} = \frac{a_{n+1}}{a_n}$$

とおきます．$k \geqq 1$ のときは以下のように帰納的に定めます：

$$\begin{cases} e_{k+1}^{(n)} = q_k^{(n+1)} - q_k^{(n)} + e_k^{(n+1)}, \\ q_{k+1}^{(n)} = \dfrac{e_{k+1}^{(n+1)}}{e_{k+1}^{(n)}} \cdot q_k^{(n+1)} \end{cases} \tag{11.19}$$

この方法で 2 つの数列を構成することは，上式の右辺の形から「商差法」と呼ばれます．ただし (11.19) の第 2 式で右辺の分母が 0 となる場合はそれ以降の項が確定しない可能性があり，$\{e_k^{(n)}\}_{n=0}^{\infty}$, $\{q_k^{(n)}\}_{n=0}^{\infty}$ はつねに定まるとは限らないことに注意します．

命題 11.1　「商差法」の数列 $\{e_k^{(n)}\}_{n=0}^{\infty}$, $\{q_k^{(n)}\}_{n=0}^{\infty}$ の各項は，ハンケル行列式によって以下のように表わされる．

$$q_k^{(n)} = \frac{H_{k+1}^{(n-1)} H_k^{(n)}}{H_{k+1}^{(n)} H_k^{(n+1)}}, \qquad e_k^{(n)} = \frac{H_{k+1}^{(n)} H_{k-1}^{(n+1)}}{H_k^{(n+1)} H_k^{(n)}}. \tag{11.20}$$

この等式によって，数列 $\{a_n\}_{n=0}^{\infty}$ が正規数列であれば，「商差法」の 2 数列は任意の k について確定することが判ります．

例 11.2　数列 $a_n = \dfrac{1}{n!}$ $(n \geqq 0)$ に対して「商差法」を行うと次の結果が得られます．これらは帰納法によって容易に確かめられます．

$$
\begin{cases}
e_0^{(n)} = 0, \quad q_0^{(n)} = \dfrac{1}{n+1} \\
e_k^{(n)} = \dfrac{-k}{(n+2k-1)(n+2k)}, \\
q_k^{(n)} = \dfrac{n+k}{(n+2k)(n+2k+1)}
\end{cases}
\tag{11.21}
$$

◉——パデ近似

定義 11.2 形式的べき級数 (11.16) と整数 $p, q \geqq 0$ が与えられたとき，次数がそれぞれ p, q の多項式 $P(x), Q(x) \in \mathbb{C}[x]$ を選んで

$$
P(x) - Q(x)\left(\sum_{k=0}^{\infty} c_k x^k\right) = \sum_{n=0}^{\infty} d_n x^n \tag{11.22}
$$

と展開する．このとき，右辺の係数のうち

$$
d_0, d_1, \cdots, d_{p+q}
$$

がすべて 0 となるとき，有理式 $\dfrac{P(x)}{Q(x)}$ をもとのべき級数 (11.16) の (p, q) **パデ近似** という．

命題 11.2 数列 $\{a_n\}_{n=0}^{\infty}$ が超正規数列であれば，任意の整数 $p, q \geqq 0$ に対して，べき級数 (11.16) の (p, q) パデ近似は一意的に定まる．

実際，各自然数 $n \in \mathbb{N}$ について $p = \left[\dfrac{n-1}{2}\right], q = \left[\dfrac{n}{2}\right]$ とするとき，(p, q) パデ近似は次のようにして定まります．

$$
P_n(x) = \sum_{k=0}^{p} a_k x^k, \qquad Q_n(x) = \sum_{k=0}^{q} b_k x^k
$$

と書くとき，条件は

$$\begin{cases} a_k = \displaystyle\sum_{j=0}^{k} c_{k-j} b_j & (0 \leqq k \leqq p) \\ 0 = \displaystyle\sum_{j=0}^{q} c_{p+k-j} b_j & (1 \leqq k \leqq q) \end{cases} \tag{11.23}$$

と表わされます．いま $b_0 = 1$ と正規化して (11.23) の後半の条件式を $b_1, \cdots, b_q$ に関する連立一次方程式とみなすと，その係数行列の行列式はハンケル行列式 H_q^{p-q} と一致します．したがって数列 $\{a_n\}_{n=0}^{\infty}$ が超正規という仮定により $H_q^{p-q} \neq 0$ となって $b_1, \cdots, b_q$ が一意的に求められます．これを (11.23) の前半の条件式に代入すると $a_0, \cdots, b_p$ が求められます．ここで n の偶奇で場合を分けます．

• まず $n = 2m$ が偶数のとき，$p = \deg P_n = m - 1$, $q = \deg Q_n = m$ であり，上で述べた $b_1, \cdots, b_m$ に関する連立一次方程式の解についてのクラメルの公式から

$$b_j = -\frac{H_j^*}{H_m^{(0)}} \qquad (1 \leqq j \leqq m) \tag{11.24}$$

と表わされます．ここで $H_m^{(0)}$ は係数の列 $\{c_n\}$ から定まるハンケル行列式で，H_j^* はその第 $(q-j+1)$ 列を ${}^t(c_m, c_{m+1}, \cdots, c_{2m})$ で置き換えた行列式を表わします．このとき (11.22) から右辺の初稿の係数は

$$d_{2m} = c_{2m} + \sum_{j=1}^{m} c_{2m+1-j} b_j$$

となりますが，これに (11.24) を代入して整理すると

$$d_{2m} = \frac{H_{m+1}^{(0)}}{H_m^{(0)}}. \tag{11.25}$$

• $n = 2m+1$ が奇数の場合は，$p = \deg P_n = m$, $q = \deg Q_n = m$ となります．偶数の場合と同様な計算で次式が得られます：

$$d_{2m+1} = \frac{H_{m+1}^{(1)}}{H_m^{(1)}}. \tag{11.26}$$

そこであらためて，$m \geqq 0$ に対して数列 $\{d_n\}$ を (11.25), (11.26) によって定めるとき，次の定理が得られます．

定理 11.4　数列 $\{a_n\}_{n=0}^{\infty}$ が超正規数列であれば，上のように定めた数列 $\{d_n\}_{n=0}^{\infty}$ から

$$\alpha_n = -\frac{d_n}{d_{n-1}} \quad (n \geqq 1), \qquad \alpha_0 = d_0 (= c_0)$$

すなわち

$$d_n = (-1)^n \alpha_0 \, \alpha_1 \cdots \alpha_n \qquad (n \geqq 0)$$

とおくとき，べき級数 (11.16) のパデ近似 $\dfrac{P_n(x)}{Q_n(x)}$ は連分数

$$\frac{\alpha_0}{1} + \frac{\alpha_1 x}{1} + \frac{\alpha_2 x}{1} + \cdots + \frac{\alpha_n x}{1} + \cdots + \tag{11.27}$$

の第 n 近似分数に等しい．

定理 11.5　超正規数列 $\{c_n\}_{n=0}^{\infty}$ から (11.16) によって定まるべき級数 $f(x)$ は，$\{c_n\}_{n=0}^{\infty}$ から「商差法」によって構成された数列によって，(形式的に) 次の連分数に書き直される

$$\frac{c_0}{1} - \frac{q_0^{(0)} x}{1} - \frac{e_1^{(0)} x}{1} - \frac{q_1^{(0)} x}{1} - \frac{e_2^{(0)} x}{1} - \frac{q_2^{(0)} x}{1} - \cdots \tag{11.28}$$

例 11.3　例 11.2 の数列 $a_n = \dfrac{1}{n!}$ は超正規数列であることが示されます．このとき指数関数

$$e^x = \sum_{n=0}^{\infty} \frac{x^n}{n!}$$

の (p, q) パデ近似 $\dfrac{P(x)}{Q(x)}$ は

$$\begin{cases} P(x) = \sum_{k=0}^{p} \binom{p}{k} \cdot \frac{(p+q-k)!}{q!} \cdot x^k \\ Q(x) = \sum_{j=0}^{q} \binom{q}{j} \cdot \frac{(p+q-j)!}{p!} \cdot (-1)^j x^j \end{cases} \tag{11.29}$$

で与えられます．また例 11.2 の (11.21) を定理 11.5 に適用して e^x の一般連分数展開

$$e^x = \frac{1}{1} - \frac{x}{1} + \frac{\left(\frac{x}{2}\right)}{1} - \frac{\left(\frac{x}{6}\right)}{1} + \frac{\left(\frac{x}{6}\right)}{1} - \frac{\left(\frac{x}{10}\right)}{1} + \frac{\left(\frac{x}{10}\right)}{1} - \cdots \tag{11.30}$$

が得られます．この一般連分数に (11.7) の同値変換を行って，第 2 項以降の分子がすべて x となるように標準化すると

$$e^x = \frac{1}{1} - \frac{x}{1} + \frac{x}{2} - \frac{x}{3} + \frac{x}{2} - \frac{x}{5} + \frac{x}{2} - \frac{x}{7} + \cdots \tag{11.31}$$

となります．

ガウスの超幾何級数と連分数

複素数 $\alpha \in \mathbb{C}$ と非負の整数 $n \geqq 0$ に対して

$$(\alpha)_0 = 1,$$
$$(\alpha)_n = \frac{\Gamma(\alpha+n)}{\Gamma(\alpha)} = \alpha(\alpha+1)(\alpha+2)\cdots(\alpha+n-1) \tag{11.32}$$

とおきます ($\Gamma(z)$ は複素ガンマ関数)．このとき，次の形のべき級数は複素数 $\gamma \in \mathbb{C}$ が 0 以下の整数でない限り，任意の $\alpha, \beta \in \mathbb{C}$ に対して半径 1 の円の内部 $|x| < 1$ で収束します．その和で定まる関数をガウスの**超幾何関数**と呼びます：

$$F(\alpha, \beta; \gamma; x) = \sum_{n=0}^{\infty} \frac{(\alpha)_n(\beta)_n}{(\gamma)_n} \cdot \frac{x^n}{n!} \tag{11.33}$$

超幾何関数 $F(\alpha, \beta; \gamma; x)$ の重要な性質の多くは次の積分表示から導かれます：$\mathrm{Re}(\gamma) > \mathrm{Re}(\beta) > 0$ で $x \in \mathbb{C} \setminus [0, +\infty)$ のとき

$$F(\alpha,\beta;\gamma;x) = \frac{\Gamma(\gamma)}{\Gamma(\beta)\Gamma(\gamma-\beta)}\cdot\int_0^1 t^{\beta-1}(1-t)^{\gamma-\beta-1}(1-tx)^{-\alpha}\,dt.$$

これより，部分積分法によって，超幾何関数は次の漸化式をみたすことが容易に示されます：

$$\begin{aligned} F(\alpha,\beta+1;\gamma+1;x) &= F(\alpha,\beta;\gamma;x) \\ &\qquad + \frac{\alpha(\gamma-\beta)x}{\gamma(\gamma+1)}F(\alpha+1,\beta+1;\gamma+2;x) \end{aligned} \tag{11.34}$$

これを書き換えると

$$\frac{F(\alpha,\beta;\gamma;x)}{F(\alpha,\beta+1;\gamma+1;x)} = 1 - \frac{\alpha(\gamma-\beta)x}{\gamma(\gamma+1)}\frac{1}{\dfrac{F(\alpha,\beta+1;\gamma+1;x)}{F(\alpha+1,\beta+1;\gamma+2;x)}}$$

となります．この右辺の分母に上の漸化式を (α, β を交換して) 適用すると，次の連分数表示が得られます．

$$\frac{F(\alpha,\beta;\gamma;x)}{F(\alpha,\beta+1;\gamma+1;x)} = 1 - \frac{\alpha(\gamma-\beta)x}{\gamma(\gamma+1)} \; + \; \frac{(\beta+1)(\gamma-\alpha+1)x}{\gamma(\gamma+2)} \; - \cdots$$

この逆数を取ると次の定理が得られます．

定理 11.6

$$\frac{F(\alpha,\beta+1;\gamma+1;x)}{F(\alpha,\beta;\gamma;x)} = \frac{1}{1} + \mathop{\mathbb{K}}_{k=1}^{\infty} \frac{a_k x}{1} \tag{11.35}$$

$$\begin{cases} a_{2k-1} = -\dfrac{(\alpha+k-1)(\gamma-\beta+k-1)}{(\gamma+2k-1)(\gamma+2k-2)}, \\ \quad a_{2k} = -\dfrac{(\beta+k)(\gamma-\alpha+k)}{(\gamma+2k)(\gamma+2k-1)}. \end{cases}$$

(11.35) の右辺が $x \in \mathbb{R}$, $x \geqq 1$ の場合を除く任意の複素数 $x \in \mathbb{C}$ に対して収束することは,

$$\lim_{k\to\infty} a_k = -\frac{1}{4}$$

から判ります．

初等関数とその連分数展開

超幾何関数は，そのパラメータを特別な値に取ると，さまざまな既知の関数に一致します．とくに，殆どの初等関数がこのようにして得られます．ここでは，そのような例のいくつかを挙げておきます．

$$\begin{aligned}
F(-\alpha,\beta;\beta;x) &= (1-x)^{\alpha}\\
F(1,1;2;x) &= -\frac{\log(1-x)}{x}\\
F\left(\frac{1}{2},1;\frac{3}{2};x\right) &= \frac{1}{2x}\log\frac{1+x}{1-x}\\
F\left(\frac{1}{2},1;\frac{3}{2};-x^2\right) &= \frac{\arctan x}{x}\\
F\left(\frac{1}{2},\frac{1}{2};\frac{3}{2};-x^2\right) &= \frac{\arcsin x}{x}
\end{aligned}$$

したがって，前節の結果からさまざまな初等関数の連分数展開が得られます．

$$\begin{aligned}
\arctan x &= \frac{x}{1\,+}\,\frac{x^2}{3\,+}\,\frac{(2x)^2}{5\,+}\,\frac{(3x)^2}{7\,+}\cdots\\
\tan x &= \frac{x}{1\,-}\,\frac{x^2}{3\,-}\,\frac{x^2}{5\,-}\,\frac{x^2}{7\,-}\cdots\\
\log\frac{1+x}{1-x} &= \frac{2x}{1\,-}\,\frac{x^2}{3\,-}\,\frac{(2x)^2}{5\,-}\,\frac{(3x)^2}{7\,-}\cdots\\
\frac{e^x-1}{e^x+1} &= \frac{x}{2\,+}\,\frac{x^2}{6\,+}\,\frac{x^2}{10\,+}\,\frac{x^2}{14\,+}\cdots
\end{aligned}$$

ラマヌジャンの連分数

最後に冒頭に掲げた最初の問題，すなわち，3 次以上の代数的無理数の「連分数展開」の規則性（パターン）に関するラマヌジャンの驚くべき発見の観察を行います．

$|q|<1$ なる複素数 $q\in\mathbb{C}$ に対して $R(q), S(q)$ を次の連分数表示で定めます．

$$
\begin{cases}
R(q) := \dfrac{q^{\frac{1}{5}}}{1} \; + \; \dfrac{q}{1} + \dfrac{q^2}{1} \; + \; \dfrac{q^3}{1} \; + \cdots \\
S(q) := -R(-q)
\end{cases}
\tag{11.36}
$$

この連分数表示は，それぞれ $q = e^{-2\pi}$, $q = e^{-\pi}$ に対して収束し，その値は次のような 4 次の代数的数となります．この結果はラマヌジャンがハーディに宛て送った最初の手紙のなかで述べられたものです．

定理 11.7

$$
\begin{cases}
R(e^{-2\pi}) = \sqrt{\dfrac{5+\sqrt{5}}{2}} - \dfrac{\sqrt{5}+1}{2} \\
S(e^{-\pi}) = \sqrt{\dfrac{5-\sqrt{5}}{2}} - \dfrac{\sqrt{5}-1}{2}
\end{cases}
\tag{11.37}
$$

さて，定理 11.7 の背景には以下の関係式があり，これもラマヌジャンのハーディ宛の手紙の中で言及されています：

定理 11.8 (5 次のモジュラー関係式) $|q| < 1$ なる複素数 $q \in \mathbb{C}$ に対して $x = R(q)$, $y = R(q^5)$ とおくとき x, y は次の関係式をみたす：

$$
x^5 = y \, \frac{1 - 2y + 4y^2 - 3y^3 + y^4}{1 + 3y + 4y^2 + 2y^3 + y^4}. \tag{11.38}
$$

今回の探検の当初の計画は，定理 11.7, 11.8 の証明のカラクリを解明し，同様な結果を導く可能性とその筋道を探索することにありました．これらの結果の背景には，テータ関数を含む「保型関数」と代数体の「単数」についての特殊な性質が絡んでいるようです．その探求は間違いなく数論の新しい発展につながる筈ですが $\cdots$ (本章冒頭の一首に続きます)．

第12章 双眼鏡(バイナリスコープ)で見る素数の森

鉄製のひらかぬひつぎ女王の木乃伊(ミイラ)がにぎりいたるその鍵
—— 塚本邦雄『透明文法』

本章では "1" という道標(みちしるべ)に沿って，ふたたび素数の森の探検を試みます．

素数のなかに特別な形をしたもの —— フェルマー素数とメルセンヌ素数 —— があることを第 1 章で観察しました．

これら 2 種の素数は数論において際立った性質を持っていますが，いずれも有限個の例が見つかっているのみで，無限に多く存在するか否かは未解決の難問です．この章ではこの問題に関連して，素数の分布に対するひとつの実験的なアプローチを試みることにします．そのカギとなるアイデアは，素数を 2 進法 (0 と 1 の配列) で表示することによって，そのパターンを調べることです．

フェルマー数 F_n は 2 進法では

$$F_n = 2^{2^n} + 1 = 1\overbrace{0 \cdots 0}^{2^n - 1}1_{(2)} \tag{12.1}$$

のように表わされます．すなわち，奇素数のなかで 2 進法表示における "1" の個数が最小 (=2) であるものがフェルマー素数にほかなりません．同様に，メルセンヌ素数 $M_p = 2^p - 1$ は 2 進法では

$$M_p = 2^p - 1 = \overbrace{11 \cdots 1}^{p}{}_{(2)} \tag{12.2}$$

のように表わされ，メルセンヌ素数とは 2 進法表示における“1”の個数が最大である奇素数にほかならないことが判ります．以上の観察から，「素数の森」を探索するにあたって

2 進法表示における 1 の個数に着目する

という 1 つの方針が浮かんできます．

正整数の 2 進展開と 2 項分布

まず，正整数 n の 2 進展開についての簡単な観察から始めます．n の 2 進展開の初項はつねに 1 で，末尾の項は n が奇数なら 1，偶数なら 0 となります．その桁数と n の大きさの間には

$$2^N \leqq n < 2^{N+1} \iff \text{桁数} = N+1 \tag{12.3}$$

という関係が成立します．このとき n の 2 進展開は以下のようになります：

$$\begin{aligned} n &= a_0a_1a_2\cdots a_{N\,(2)} \\ &= 2^N a_0 + 2^{N-1}a_1 + \cdots + 2a_{N-1} + a_N, \\ a_0 &= 1,\ a_j \in \{0,1\} \qquad (1 \leqq j \leqq N). \end{aligned} \tag{12.4}$$

逆に，与えられた正整数 N に対して a_j $(1 \leqq j \leqq N)$ を $0, 1$ の任意の配列とすると，これに $a_0 = 1$ を追加すると (12.4) をその 2 進展開とする正整数 n が定まります．

さて，ここで (12.4) に対して次のような N 次の多項式を定めます：

$$f_n(X) := X^N + a_1X^{n-1} + \cdots + a_{n-1}X + a_N. \tag{12.5}$$

この定め方はやや唐突ですが，$f_n(X)$ は (素) 数の密林の今後の探検において便利であるだけでなく，興味深い多項式であることが判ります．まず，明らかに

$$\begin{aligned} f_n(1) &= a_0 + a_1 + \cdots + a_N \\ &= \#(\{j \,|\, a_j = 1\ (0 \leqq j \leqq N)\}). \end{aligned} \tag{12.6}$$

すなわち次の命題が成り立ちます：

命題 12.1 n の 2 進展開に現れる "1" の個数は $f_n(1)$ に等しい：とくに

$$\begin{cases} f_n(1) = 1 \iff n = 2^N \\ f_n(1) = 2 \iff n = 2^N + 1;\ N = 2^m \text{ ならフェルマー数} \\ f_n(1) = N + 1 \iff n = 2^{N+1} - 1 \text{ はメルセンヌ数} \end{cases} \tag{12.7}$$

さて，正整数 N が与えられるとき，2 進展開の桁数が $N+1$ である正整数の全体を $\mathcal{B}_N$ とし，この集合を以下のように分割します．

$$\mathcal{B}_N := \{\mathcal{B}_N(0), \mathcal{B}_N(1), \cdots, \mathcal{B}_N(N)\},$$
$$\mathcal{B}_N(k) := \{n \mid f_n(1) = k+1,\ 2^N \leqq n < 2^{N+1}\}$$

すなわち，$\mathcal{B}_N(k)$ は，$\mathcal{B}_N$ に属する n のうち，その 2 進展開中に現れる 1 の個数が $k+1$ $(0 \leqq k \leqq N)$ となるものからなる集合です．その位数は容易に

$$B_N(k) := \#(\mathcal{B}_N(k)) = \binom{N}{k}$$

であることが判ります．ここで便宜のために

$$B_N := \{B_N(0), B_N(1), \cdots, B_N(N)\}$$

とおきます．かくして $(B_N)_N$ から第 8 章の図 8.1 のような 2 項係数のピラミッドが再現されます．とくに (8.3) により

$$|B_N| := \sum_{k=0}^{N} B_N(k) = \sum_{k=0}^{N} \binom{N}{k} = 2^N \tag{12.8}$$

が成立します．さて，N が大きくなるとき配列データ B_N がどのような性質をもつかを，具体例を通して調べてみます．$N = 30$ として B_{30} を計算すると

$$\begin{aligned} B_{30} = \{&1, 30, 435, 4060, 27405, 142506, 593775, 2035800, 5852925, 14307150, \\ &30045015, 54627300, 86493225, 119759850, 145422675, 155117520, \\ &145422675, 119759850, 86493225, 54627300, 30045015, \\ &14307150, 5852925, 2035800, 593775, 142506, 27405, 4060, 435, 30, 1\} \end{aligned}$$

となり，両端に近い所と中央付近とではその大きさに大きな隔たりがあります．そこでこれらの対数を取って $\{(k,\log B_{30}(k))\}_{0\leqq k\leqq 30}$ を (x,y) 平面にプロットしたものが図 12.1 です．

この図を見ると 31 個の点 $(k,\log B_{30}(k))$ が，実線で描かれた 1 つの曲線 —— それは $x=15\,(=\dfrac{N}{2})$ を軸とする放物線 (2 次関数) と推定できます —— のきわめて近くに分布していることが観察されます．とくに中心の付近の点はほとんどこの放物線上にあるように見えます．このことは，ほかの N についても同様です．そこで，以下のような問題が生じます．

1. $\{\log B_N(k)\}$ を近似する 2 次関数の (N 関して統一的な) 表示を求めよ．
2. $\{\log B_N(k)\}$ が 2 次関数で良く近似される「理由」は何か？

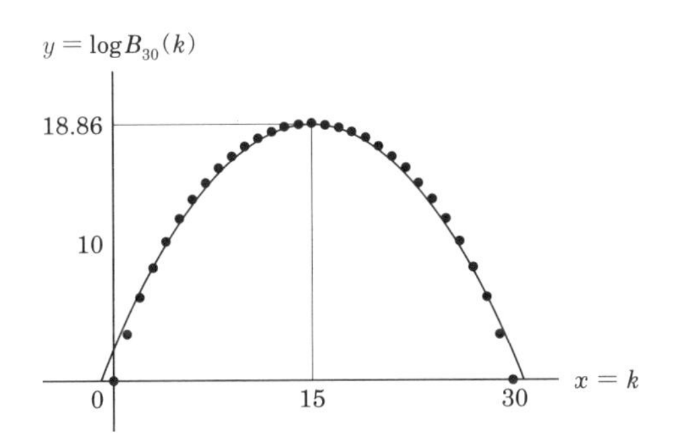

図 **12.1**

●—— 2 項分布の極限：ド・モアブルの定理

最初の問の解答の候補は以下のように初等的に導けます．簡単のため N は偶数，$n=\dfrac{N}{2}$ とし，求める 2 次関数 (の候補) を

$$y=f(x)\;=\;ax^2+bx+c$$

とおきます．2 次関数は異なる 3 点での値によって決定されることに注意して，$x=n-1,\,n,\,n+1$ を取ると y の値はそれぞれ $y=\log\dbinom{2n}{n-1},\,\log\dbinom{2n}{n},\,\log\dbinom{2n}{n+1}$

であることから直ちに

$$a = \log\frac{n}{n+1}, \qquad b = -2na, \qquad c = an^2 + \log\binom{2n}{n},$$
$$f(x) = -\log\frac{n+1}{n}(x-n)^2 + \log\binom{2n}{n}$$

が導かれます．ここで (9.21) を用いると

$$-\log\frac{n+1}{n} = -\log\left(1+\frac{1}{n}\right) \sim -\frac{1}{n} \quad (n \to \infty)$$

となるので N が十分大きいとき

$$y = f_N(x) = \log\binom{N}{\left[\frac{N}{2}\right]} - \frac{2}{N}\left(x - \frac{N}{2}\right)^2 \tag{12.9}$$

が $\{(k, \log B_N(k))\}$ を近似する 2 次関数であると推測できます．$N = 30$ のときこのグラフは，図 12.1 の曲線とほぼ一致します．N が奇数の場合も同様な推論から (12.9) が導かれます．

以上の推測を正確に述べると次の定理が成り立ちます：

定理 12.1 正整数 N, k $(0 < k < N)$ は

$$(\star) \quad \lim_{N\to\infty} \frac{k - \frac{N}{2}}{N^{\frac{3}{4}}} = 0$$

をみたすように動くものとする．このとき (12.9) の 2 次関数 $f_N(x)$ に対して

$$\lim_{N\to\infty} f_N(k) - \log B_N(k) = 0 \tag{12.10}$$

が成立する．

証明 簡単のため N は偶数，$N = 2n$ とします．このとき

$$f_N(k) - \log B_N(k) = \log\binom{N}{n} - \log\binom{N}{k} - \frac{1}{n}(k-n)^2$$

$$= \log \frac{k!(N-k)!}{n!^2} - \frac{1}{n}(k-n)^2.$$

ここで 3 個の階乗 $n!, k!, (N-k)!$ にスターリングの公式 (9.20) を適用します．すなわち条件 $(\star)$ より $N \to \infty$ のとき $k, N-k \to \infty$ となることに注意すると

$$n! \sim \sqrt{2\pi} n^{n+\frac{1}{2}} e^{-n}, \qquad k! \sim \sqrt{2\pi} k^{k+\frac{1}{2}} e^{-k},$$
$$(N-k)! \sim \sqrt{2\pi}(N-k)^{(N-k)+\frac{1}{2}} e^{-(N-k)}$$

これより

$$\frac{k!(N-k)!}{n!^2} \sim \frac{k^{k+\frac{1}{2}}(N-k)^{(N-k)+\frac{1}{2}}}{n^{2n+1}}$$

が成立します．したがって (12.10) は $N, n \to \infty$ のとき

$$\log\left(\frac{k^{k+\frac{1}{2}}(N-k)^{(N-k)+\frac{1}{2}}}{n^{2n+1}}\right) - \frac{1}{n}(k-n)^2 \to 0 \tag{12.11}$$

と同値です．これを示すために $u := \dfrac{k-n}{n}$ とおきます．このとき

$$k = n(1+u), \qquad N-k = n(1-u)$$

となるので，(9.21) を用いて

$$\log k = \log n(1+u) = \log n + u - \frac{1}{2}u^2 + \frac{1}{3}u^3 - \frac{1}{4}u^4 + \cdots,$$
$$\log(N-k) = \log n(1-u) = \log n - u - \frac{1}{2}u^2 - \frac{1}{3}u^3 - \frac{1}{4}u^4 - \cdots$$

と表わすと (12.11) の左辺は次のように表わされます：

$$\left(k+\frac{1}{2}\right)\log k + \left(N-k+\frac{1}{2}\right)\log(N-k) - (2n+1)\log n - \frac{1}{n}(k-n)^2$$
$$= -\frac{1}{2}u^2 + \frac{2n-3}{3\cdot 4}u^4 + \frac{2n-5}{5\cdot 6}u^6 + \frac{2n-7}{7\cdot 8}u^8 + \cdots$$

よって，(12.11) が成立するための条件は

$$\lim_{n\to\infty} u^2 = 0, \qquad \lim_{n\to\infty} nu^4 = 0$$

が成立することと同値です．これは条件 ($\star$) にほかなりません．N が奇数のときも同様です．以上で定理 12.1 が示されました． □

第 2 の問の答は上記の 定理 12.1 の証明から自然に得られますが，重要なのはその意味です．実は，定理 12.1 は本質的には確率論において良く知られた

十分大きな N に対する 2 項分布は「正規分布」によって近似される

という事実 (ド・モアブルの定理) と同等な内容を意味しています．すなわち，ド・モアブル (de Moivre) は 1733 年ころ，次の極限公式が成立することを示しました．

定理 12.1*(ド・モアブル)

$$\lim_{N\to\infty} 2^{-N} \sum_{0\leqq k\leqq \frac{1}{2}(N+x\sqrt{N})} \binom{N}{k} = \frac{1}{\sqrt{2\pi}} \int_{-\infty}^{x} e^{-\frac{t^2}{2}}\, dt. \tag{12.12}$$

この極限公式において，左辺では和の差分，右辺では積分の微分を取り，さらにその対数 log を取って変数を $x = \dfrac{k-\dfrac{N}{2}}{\sqrt{\dfrac{N}{4}}}$ と変換したものが (12.9), (12.10) にほかなりません．ここで，$\dfrac{N}{2}, \sqrt{\dfrac{N}{4}}$ はそれぞれ標準 2 項分布 $B\left(k; N, \dfrac{1}{2}\right)$ の平均と標準偏差に等しいことを注意します．

2 進展開でみる素数の分布

素数の 2 進展開について前節と同様な観察を行います．

このため，特別な素数 $p=2$ を除外します．$p>2$ なる素数は奇数なので，その 2 進法表示の両端は 1 となります．

$$p = a_0 a_1 a_2 \cdots a_{N\,(2)} \qquad (a_0 = a_N = 1) \tag{12.13}$$

このように p の 2 進法表示の両端は 1 と固定されすので，「可変部分」は $N-1$ 個の $a_j\,(1\leqq j\leqq N-1)$ です．そこで，すべての素数の集合を $\mathcal{P}$ で表わし，

正整数 N および h $(0 \leqq h \leqq N-1)$ に対して

$$\mathcal{P}_N(h) := \mathcal{B}_N(h+1) \cap \mathcal{P} \qquad (0 \leqq h \leqq N-1) \tag{12.14}$$

$$\mathcal{P}_N := \{\mathcal{P}_N(0), \mathcal{P}_N(1), \cdots, \mathcal{P}_N(N-1)\}$$

とおきます．またこれらの集合 (列) の元の個数を各々 $P_N(h)$, P_N と表記します．すなわち，$\mathcal{P}_N(h)$ は $2^N < p < 2^{N+1}$ をみたす素数のうち，その 2 進法表示に現れる 1 の個数が $h+2$ であるものの全体からなる集合で，$P_N(h)$ はその位数を表わします．また 2 進法表示すると $N+1$ 桁となる素数の総数は

$$|P_N| := P_N(0) + P_N(1) + \cdots + P_N(N-1)$$

で表わされます．$|P_N|$ の値は $1 \leqq N \leqq 32$ のとき以下の表 12.1 のようになります．

表 12.1　$|P_N|$ の表

N	$\lvert P_N\rvert$	N	$\lvert P_N\rvert$	N	$\lvert P_N\rvert$	N	$\lvert P_N\rvert$
1	1	2	2	3	2	4	5
5	7	6	13	7	23	8	43
9	75	10	137	11	255	12	464
13	872	14	1612	15	3030	16	5709
17	10749	18	20390	19	38635	20	73586
21	140336	22	268216	23	513708	24	985818
25	1894120	26	3645744	27	7027290	28	13561907
29	26207278	30	50697537	31	98182656	32	190335585

この表から，$|P_N|$ の大きさは N が 1 増加するたびに，およそ 2 倍になる：

$$|P_{N+1}| \sim 2|P_N| \tag{12.15}$$

という現象が観察できます．自然数に関する分布の場合は (12.8) により

$$|B_{N+1}| = 2|B_N|$$

となり，同じ現象が等号で成立することが判ります．

一般に素数の現れ方やその分布は，きわめて不規則で謎に満ちていることを考えると，これはちょっとした驚きです！　われわれは素数の森の探検で「新発

見」をしたのでしょうか？―― 残念ながら，実は (12.15) は新しい結果ではなく，有名な「素数定理」から容易に導かれることがらです．詳細は読者への演習問題とします．

次に，$P_N = \{(h, \log P_N(h))\}_{0 \leqq h \leqq N-1}$ について実際に計算をすると，$1 \leqq N \leqq 20$ および $N = 30$ について $P_N(h)$ は表 12.2 のようになります．

表 12.2　P_N の表

N	$P_N = \{P_N(0), \cdots, P_N(N-1)\}$
1	$\{1\}$
2	$\{1, 1\}$
3	$\{0, 2, 0\}$
4	$\{1, 1, 2, 1\}$
5	$\{0, 2, 2, 3, 0\}$
6	$\{0, 3, 5, 4, 0, 1\}$
7	$\{0, 3, 4, 12, 0, 4, 0\}$
8	$\{1, 0, 10, 11, 8, 9, 4, 0\}$
9	$\{0, 4, 6, 17, 16, 24, 5, 3, 0\}$
10	$\{0, 2, 13, 25, 28, 34, 20, 14, 1, 0\}$
11	$\{0, 3, 11, 38, 28, 79, 52, 35, 4, 5, 0\}$
12	$\{0, 2, 9, 41, 78, 105, 105, 77, 29, 16, 1, 1\}$
13	$\{0, 2, 16, 65, 71, 189, 194, 185, 77, 60, 9, 4, 0\}$
14	$\{0, 2, 16, 67, 114, 283, 362, 302, 230, 163, 55, 18, 0, 0\}$
15	$\{0, 4, 18, 104, 134, 389, 531, 734, 415, 450, 171, 77, 0, 3, 0\}$
16	$\{1, 1, 25, 75, 247, 501, 906, 1093, 1143, 854, 517, 253, 69, 21, 2, 1\}$
17	$\{0, 3, 15, 115, 233, 838, 1279, 1990, 1905, 2045, 1146, 800, 260, 91, 21, 8, 0\}$
18	$\{0, 4, 19, 107, 368, 934, 2003, 3044, 3659, 3872, 3082, 1913, 887, 354,$ $121, 21, 1, 1\}$
19	$\{0, 5, 15, 150, 371, 1420, 2635, 5044, 5747, 7758, 6136, 5070, 2358, 1321,$ $445, 142, 7, 11, 0\}$
20	$\{0, 3, 37, 137, 513, 1544, 3931, 6937, 10920, 13001, 12659, 10971, 6904,$ $3660, 1652, 578, 94, 41, 4, 0\}$
$\cdots$	$\cdots\cdots$
30	$\{0, 8, 51, 389, 2331, 10717, 46100, 149315, 406194, 943934, 1919012, 3280200,$ $4904887, 6415902, 7333827, 7319869, 6374415, 4905211, 3265948,$ $1877505, 930328, 408435, 145007, 44428, 10682, 2463, 331, 47, 0, 1\}$

前節のように $N=30$ に注目すると，この範囲には約五千万 $(=50697537)$ 個の素数が存在します．そこで $\{(h,\,\log P_{30}(h))\}_{0\leqq h\leqq 29}$ を座標平面にプロットすると図 12.2 のようになります．

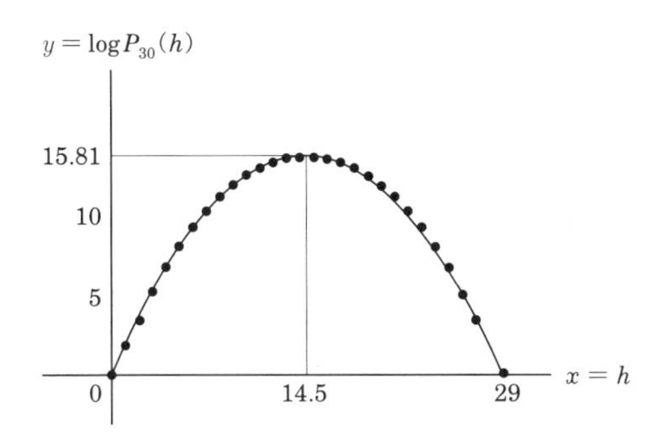

図 **12.2**　$\log P_{30}(h)$ の分布

この図を前節の図 12.1 と比較すると，そのあまりの類似性に驚かざるを得ません!!　ほかの N についても同様であることが確かめられます．こうして，素数の 2 進法表示から得られるデータ

$$\{(h,\log P_N(h))\,|\,0\leqq h\leqq N-1\}$$

は自然数に対するデータ $\{(k,\log B_N(k))\,|\,0\leqq k\leqq N\}$ の場合のように，放物線 (2 次関数) できわめて良く近似されることが観察されます．

そこで前節の定理 12.1 とその背景に関する議論を考慮すると，以下のような推論に導かれます：

予想 12.1　十分大きな N に対して $\{(h,\log P_N(h))\,|\,0\leqq h\leqq N-1\}$ の分布を「最良近似」する曲線は，以下の形の 2 次関数で与えられる放物線である．

$$y=c_N-a_N\left(x-\frac{N-1}{2}\right)^2 \qquad (a_N,\,c_N>0) \tag{12.16}$$

2 次関数を (12.9) のように定めること，また「最良近似」の条件を，定理 12.1 のように正確に定式化することは今後の課題です．

$f_p(X)$ の既約性

本節では，正整数 n の 2 進表示を係数として (12.5) のように定められた多項式 $f_n(X)$ を探検対象とします．目標は次の定理です：

定理 12.2 $n = p$ が素数のとき $f_p(X) \in \mathbb{Z}[X]$ は $\mathbb{Q}[X]$ における既約多項式である．

一般に，整数の環 $\mathbb{Z}$ と有理数係数多項式の環 $\mathbb{Q}[X]$ の間には類似する性質がたくさんあります．このことは，両者がともに「整除原理」をもつユークリッド環 (整域) の典型的な例であるという事実に基づいています．そして $\mathbb{Q}[X]$ において「素数」の役割を果たすものは「既約多項式」ですから，上記の定理 12.2 の主張は実にうまく対応して自然なことのように見えます．その証明も，以下のように容易にできそうに思えます：

> $f_p(X)$ が $\mathbb{Q}[X]$ において可約であるとすると，それは $\mathbb{Z}[X]$ においても可約であり，定数ではない多項式の積
>
> $$f_p(X) = g(X)h(X), \qquad g(X),\, h(X) \in \mathbb{Z}[X]$$
>
> に分解します．ここで $X = 2$ を代入すると
>
> $$p = f_p(2) = g(2)h(2), \qquad g(2),\, h(2) \in \mathbb{Z} \qquad \cdots\ (\dagger)$$
>
> となって素数 p の「分解」が生じるので矛盾．
>
> よって $f_p(X)$ は既約である．

しかし，注意深く見直すと，この議論にはギャップがあることが判ります．実際，$g(2)$, $h(2)$ のどちらかが ± 1 となる可能性があるので，上の等式 ($\dagger$) は p の真の分解を与えるとは限らないのです．

上の議論の「穴」を埋めて正しい証明にするためには，

$$g(X) \mid f_p(X) \ \ (g(X) \in \mathbb{Z}[X]) \implies g(2) \neq \pm 1 \qquad \cdots\ (\dagger\dagger)$$

を示すことが必要です．これは簡単な問題ではなさそうです．$p = f_p(2)$ が素数という条件のみからでは，とても出そうには思えません．そこで発想を転換

して，(††) を導くには，$g(X)$ の根 ($f_p(X)$ の根の一部) を $\alpha_1, \cdots, \alpha_m$ とするとき

$$g(q) = c(q - \alpha_1) \cdots (q - \alpha_m) \qquad \cdots (\ddagger)$$

であることに注目します．$c \in \mathbb{N}$ は $g(X)$ の最高次の係数です．かくして，以下の補題に至ります．そのポイントは，複素平面上において議論することです．

補題 12.1　整数係数の多項式 $f(X)$ について，次の 3 条件をみたす整数 q が存在するとき，$f(X)$ は $\mathbb{Q}$ 上既約である．

(i)　$f(X)$ の任意の根 $\alpha \in \mathbb{C}$ について $\mathrm{Re}(\alpha) < q - \dfrac{1}{2}$.

(ii)　$f(q-1) \neq 0$.

(iii)　$f(q)$ は素数である．

証明　平面上で 2 点からの距離が等しい点の軌跡はこの 2 点を結ぶ線分の垂直二等分線であり，これによって平面は 2 つの部分に分割されます．いま複素平面の 2 点を $q-1, q$ とすると，垂直二等分線は方程式 $\mathrm{Re}(z) = q - \dfrac{1}{2}$ で表わされることに注意すると

$$\mathrm{Re}(z) < q - \frac{1}{2} \iff |(q-1) - z| < |q - z|.$$

このことと条件 (i) を組み合わせると $f(X)$ の任意の根 $\alpha \in \mathbb{C}$ について $|(q-1) - \alpha| < |q - \alpha|$ となることが導かれます．したがって，$f(X)$ の任意の因子 $g(X) \in \mathbb{Z}[X] \backslash \mathbb{Z}$ に対して (‡) により

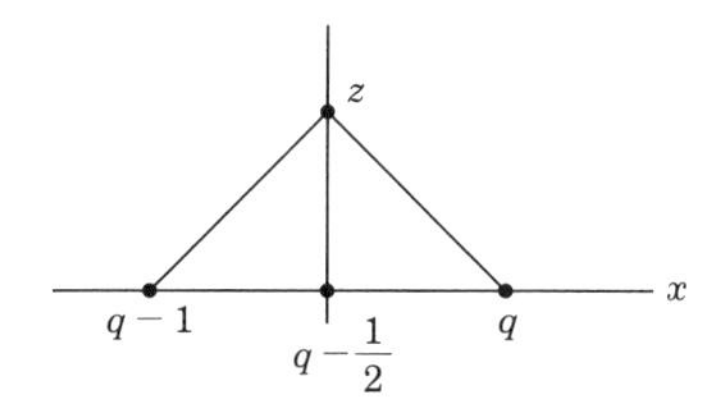

図 **12.3**

$$|g(q-1)| < |g(q)|$$

となります．これと条件 (ii) の $g(q-1) \neq 0$ と合わせると

$$1 \leqq |g(q-1)| < |g(q)|.$$

となり (††) が導かれます!! そこで，すでに観察したように $f(X)$ が $\mathbb{Q}$ 上可約であると仮定し，

$$f(X) = g_1(X)g_2(X), \qquad g_i(X) \in \mathbb{Z}[X] \qquad (i = 1, 2)$$

を非自明な分解とすると $p = f(q) = g_1(q)g_2(q)$ は非自明な分解となり，条件 (iii) に反します．したがって $f(X)$ は $\mathbb{Q}$ 上既約となります． □

$f_p(X)$ の係数はすべて非負であることから 整数 $q > 1$ に対して $f_p(q-1) > 0$. よって $f_p(X)$ について 条件 (ii) は自明に成立します．そこで補題 12.1 から定理 12.2 を導くには，問題の多項式 $f(X) = f_p(X)$ と $q \in \mathbb{N}$ に対して条件 (i) を示せばよいことになります．

本節では，もう少し一般的に正整数 $q > 1$ に対して $n \in \mathbb{N}$ の q 進法表示に対する同様な多項式 $f_n(X; q) \in \mathbb{Z}[X]$ を考えます．すなわち

$$n = a_0 a_1 \cdots a_{m\ (q)} \;=\; a_0 q^m + a_1 q^{m-1} + \cdots + a_m \tag{12.17}$$
$$(a_0 \neq 0, \quad a_j \in \{0, 1, \cdots, q-1\} \qquad (0 \leqq j \leqq m))$$

を n の q 進表示とするとき，多項式 $f_n(X; q) \in \mathbb{Z}[X]$ を次式で定めます．

$$f_n(X; q) := a_0 X^m + a_1 X^{m-1} + \cdots + a_m. \tag{12.18}$$

定理 12.3 q を $q > 1$ なる整数とする．$n = p$ が素数のとき $f_p(X; q) \in \mathbb{Z}[X]$ は $\mathbb{Q}[X]$ における既約多項式である．

表 12.3

n	10 進展開	$f_n(X;10)$	2 進展開	$f_n(X;2)$
3	3	3	11	$X+1$
17	17	$X+7$	10001	X^4+1
31	31	$3X+1$	11111	$X^4+\cdots+X+1$
53	53	$5X+3$	110101	$X^5+X^4+X^2+1$
137	137	X^2+3X+7	10001001	X^7+X^3+1
1093	1093	X^3+9X+3	10001000101	$X^{10}+X^6+X^2+1$

補題 12.2 多項式 $g(X)=a_0X^m+a_1X^{m-1}+\cdots+a_m$ の係数 $a_0, a_1, \cdots, a_m$ が

$$a_0 \neq 0, \quad a_j \in \{0, 1, \cdots, q-1\} \qquad (0 \leqq j \leqq m)$$

をみたすとき，$g(X)$ の任意の根 $\alpha \in \mathbb{C}$ について次の不等式が成立する：

$$\mathrm{Re}(\alpha) < q - \frac{1}{2} \qquad \cdots (\heartsuit)$$

証明 $g(X)$ の根を $\alpha \in \mathbb{C}$ とします．$|\alpha| \leqq 1$ の場合は，明らかに

$$\mathrm{Re}(\alpha) \leqq 1 < q - \frac{1}{2}$$

が成立するので，以下では $|\alpha|>1$ とします．同様な理由で $\mathrm{Re}(\alpha)>0$ と仮定して構いません．このとき $\mathrm{Re}\left(\frac{1}{\alpha}\right)>0$ に注意すると

$$\begin{aligned} 0 = \left|\frac{g(\alpha)}{\alpha^m}\right| &= \left|a_0 + \frac{a_1}{\alpha} + \cdots + \frac{a_m}{\alpha^m}\right| \\ &\geqq \left|a_0 + \frac{a_1}{\alpha}\right| - \left|\frac{a_2}{\alpha^2}\right| - \cdots - \left|\frac{a_m}{\alpha^m}\right| \\ &\geqq \mathrm{Re}\left(a_0 + \frac{a_1}{\alpha}\right) - (q-1)\left(\frac{1}{|\alpha|^2} + \cdots + \frac{1}{|\alpha|^m}\right) \\ &> 1 - (q-1)\left(\frac{1}{|\alpha|^2} + \frac{1}{|\alpha|^3} + \cdots\right) = 1 - \frac{q-1}{|\alpha|(|\alpha|-1)} \end{aligned}$$

したがって

$$|\alpha|^2 - |\alpha| - (q-1) < 0,$$
$$1 < |\alpha| < \frac{1}{2}\left(1 + \sqrt{1 + 4(q-1)}\right).$$

ここで上式の右辺と $q - \dfrac{1}{2}$ の大小関係を比較すると,

$$\frac{1}{2}(1 + \sqrt{1 + 4(q-1)}) \leqq q - \frac{1}{2} \iff 1 + 4(q-1) \leqq 4(q-1)^2$$
$$(q > 1 \text{ は整数}) \iff 3 \leqq q$$

よって $q \geqq 3$ のとき，上記の α について $1 < |\alpha| < q - \dfrac{1}{2}$ が成立します．したがって $g(X)$ の任意の根 α が (♡) をみたします.

これで $q \geqq 3$ の場合に補題 12.2 の証明ができました.

- $q = 2$ の場合　この場合は 素数 p に対する多項式 $f_p(X)$ に限定しても，その根 α について

$$|\alpha| > q - \frac{1}{2} = \frac{3}{2}$$

となることが実際に起こります.

例 12.1　$p = 53 = 110101_{(2)}$. このとき，$f_{53}(X) = X^5 + X^4 + X^2 + 1$ はちょうど 1 つ実根 α をもちます．第 5 章で述べたニュートン近似法 (5.10) でその近似値を計算します．数列 $\{a_n\}$ を

$$a_{n+1} = a_n - \frac{f_{53}(a_n)}{f'_{53}(a_n)}, \qquad a_1 = -2$$

で定めるとその最初の 6 項は

$$-2,\ -1.75,\ -1.61466,\ -1.57365,\ -1.57017,\ -1.570147$$

したがって $\alpha = -1.5701\cdots$, $|\alpha| > \dfrac{3}{2}$.

このように $q = 2$ のときは，上記の評価では補題 12.2 の証明には不十分で，さらに詳細な考察が必要です．そこで，$g(X)$ の 1 つの根 α が

$$\mathrm{Re}(\alpha) \geqq \frac{3}{2}$$

をみたすと仮定してみます (背理法). 前半の議論から $|\alpha| > 1$, $\mathrm{Re}(\alpha) > 0$ なる $g(X)$ の根 α に対して

$$|\alpha| < \frac{1}{2}(1 + \sqrt{1 + 4(q-1)}) = \frac{1}{2}(1 + \sqrt{5})$$

が成立しています. ここで, 図 12.4 のように第 1 象限の複素数 $\alpha_0 \in \mathbb{C}$ を

$$\mathrm{Re}(\alpha_0) = \frac{3}{2}, \qquad \mathrm{Im}(\alpha_0) > 0, \qquad |\alpha_0| = \frac{1}{2}(1 + \sqrt{5})$$

をみたすように取り, その偏角を $\arg(\alpha_0) = \theta_0$ とすると

$$\cos(\theta_0) = \frac{\frac{3}{2}}{\frac{1+\sqrt{5}}{2}} = 0.927051 \ > \ 0.92388 = \cos\left(\frac{\pi}{8}\right).$$

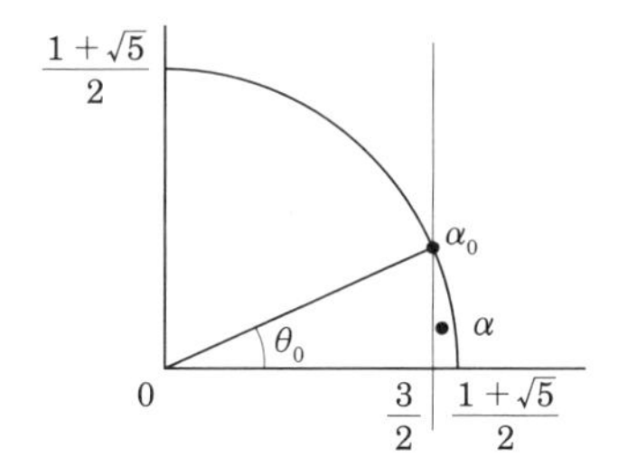

図 12.4

これより $0 < \theta_0 < \dfrac{\pi}{8}$ であることが判ります. したがって $f(X)$ の根 α が $\mathrm{Re}(\alpha) \geqq \dfrac{3}{2}$ をみたすならば, その偏角 θ は $0 < \theta < \dfrac{\pi}{8}$ をみたし,

$$\mathrm{Re}(\alpha),\ \mathrm{Re}(\alpha^2),\ \mathrm{Re}(\alpha^3),\ \mathrm{Re}(\alpha^4) > 0$$

となることが判ります. すると $a_0 = 1$ に注意して

$$0 = \left|\frac{g(\alpha)}{\alpha^m}\right| = \left|a_0 + \frac{a_1}{\alpha} + \cdots + \frac{a_m}{\alpha^m}\right|$$

$$
\begin{aligned}
&\geqq \left|a_0 + \frac{a_1}{\alpha} + \cdots + \frac{a_4}{\alpha^4}\right| - \left|\frac{a_5}{\alpha^5}\right| - \cdots - \left|\frac{a_m}{\alpha^m}\right| \\
&\geqq \mathrm{Re}\left(a_0 + \frac{a_1}{\alpha} + \cdots + \frac{a_4}{\alpha^4}\right) - \left(\frac{1}{|\alpha|^5} + \cdots + \frac{1}{|\alpha|^m}\right) \\
&> 1 - \left(\frac{1}{|\alpha|^5} + \frac{1}{|\alpha|^6} + \cdots\right) = 1 - \frac{1}{|\alpha|^4(|\alpha|-1)}
\end{aligned}
$$

したがって $|\alpha|$ について次の不等式が得られます：

$$
|\alpha|^5 - |\alpha|^4 - 1 < 0. \qquad \cdots (\clubsuit)
$$

ここで，実関数 $h(x) := x^5 - x^4 - 1$ は $x = \dfrac{4}{5}$ で極小，その値は $h\left(\dfrac{4}{5}\right) < -1$ をみたします．また $h(x)$ は $x > \dfrac{4}{5}$ では単調に増加し，$h\left(\dfrac{4}{3}\right) = \dfrac{4^4}{3^5} - 1 > 0$ となります．これより $h(x)$ のただ 1 つの正の実根 $\gamma_0\,(= 1.3247\cdots)$ は $\gamma_0 < \dfrac{4}{3}$ をみたします．一方 ($\clubsuit$) は $h(|\alpha|) < 0$ を意味するので，上のことから $|\alpha| < \gamma_0$ であることが結論されます．かくして

$$
1 < \mathrm{Re}(\alpha) \leqq |\alpha| < \gamma_0 < \frac{4}{3} < \frac{3}{2}
$$

となって，最初の仮定 $\mathrm{Re}(\alpha) \geqq \dfrac{3}{2}$ に反する結果 (矛盾) が導かれました．

以上によって $q = 2$ の場合にも (‡) が成立すること示されました．これで 補題 12.2 の証明は完了です．　□

注意　$q = 2$ の場合は $1 < n < 2^{13}$ の範囲のすべての自然数 n と，$f_n(X)$ の任意の根 α について

$$
\mathrm{Re}(\alpha) < \frac{6}{5}
$$

が成立しています．そこで，この不等式を一般の場合に証明しようと試みるのは興味深い挑戦です．

第 13 章 森の広場(スクェア)：素数たちの饗宴

昆蟲は日々にことばや 文字を知り 辞書から 花の名を つづりだす
—— 塚本邦雄『水葬物語』

数の密林の探検も，いよいよ最終章です．最後の探検では，これまでとは異なる観点から，素数の生態を観察します．今までの多くの探検では，それぞれの素数が数論や数学の世界で独立に果たしている役割に重点をおいてきました．

今回のテーマは無限個の「素数たち」が数の密林にバラバラに棲息しているのではなく，お互いに密接な「関係」を保ちながら「共存」していることを観察することです．

実は素数たちは，どのふたりも仲良く手をつないで，何通りもの仕方で交歓(コラボ)しているのです —— ここでは，彼ら・彼女らが集まり，手をつないでダンス (饗宴) をする場所，数の森の広場(スクェア)の 1 つに注目します．

素数の学校の「クラス分け」

本書の最初の数章で，「素数が無限に多く存在する」ことのさまざまな証明を観察しました．とくに第 1 章の冒頭で出会ったユークリッド『原論』の証明の鮮やかさは衝撃的 (!) で，誰でも一度見たら忘れることはない，と思えるものでした．

さて，素数の無限性をより精密にした性質に「**算術級数定理**」があります．正の整数 m と整数 a に対して，これまでのように，法 m による a の剰余類を $a+m\mathbb{Z}$ と書きます．このとき次の主張を「算術級数定理」と言います．

定理 AP　整数 a が m と素であるとき $AP(a;m)$：$a+m\mathbb{Z}$ は無限に多くの素数をふくむ.

この定理を一般の (m, a) について証明することは簡単ではありません．しかし，いくつかの (m, a) については，本書でも扱った初等的な証明が可能です．たとえば，ユークリッドの証明を注意深く見直すと，ほぼ**そのままの議論**で $AP(-1;4)$ が示されます：

$AP(-1;4)$ の証明　実際，$p \equiv -1 \pmod 4$ をみたす素数が有限個しか存在しないと仮定し，それらを p_1, p_2, $\cdots$, p_n とおくとき，次の式で定まる自然数 N を考えます：

$$N = 4p_1p_2\cdots p_n - 1 \tag{13.1}$$

N の素因子 q はどれも $p_1, \cdots, p_n$ と異なることは明らかです．いま，それらがすべて $q \equiv 1 \pmod 4$ をみたすとすると，その積についても $N \equiv 1 \pmod 4$ となり，(13.1) の右辺の形に反します．よって，N の素因子 q のうち，少なくとも 1 つは $q \equiv -1 \pmod 4$ をみたすことになり，最初の仮定に矛盾します．したがって，$p \equiv -1 \pmod 4$ をみたす素数が無限個存在することが導かれます．　□

表 13.1

	$p \equiv 1 \pmod 4$	$p \equiv -1 \pmod 4$
p	$5, 13, 17, 29, 37, 41,$ $53, 61, 73, 89, 97, \cdots$	$3, 7, 11, 19, 23, 31, 43,$ $47, 59, 67, 71, 79, 83, \cdots$

そこで，次は $AP(1;4)$ の証明が問題となりますが，この場合，上の議論はそのままではうまくいきません．$AP(1;4)$ をユークリッドの方法にしたがって証明[1] するには，ちょっとした工夫 (アイデア) が必要です．

$AP(1;4)$ の証明　$p \equiv 1 \pmod 4$ をみたす相異なる素数 p_1, p_2, $\cdots$, p_n が与えられたとき，次の式により自然数 N が定まります．

[1] $AP(1;2^n)$ のフェルマー数を利用した初等的証明については，すでに第 1 章の探検で示されていることに注意します．

$$N = (2p_1p_2 \cdots p_n)^2 + 1$$

N の素因子 q はどれも $p_1, \cdots, p_n$ と異なることは明らかです．さらに，上式の法 q による還元を考えると

$$-1 \equiv (2p_1p_2 \cdots p_n)^2 \pmod{q}$$

となります．これは，有限体 $\mathbb{F}_q$ の乗法群 $\mathbb{F}_q^\times$ において -1 が平方数であること，すなわち $\mathbb{F}_q^\times$ が位数 4 の元をもつことを意味します．よって $q \equiv 1 \pmod{4}$ となります．以上の議論により，$p \equiv 1 \pmod{4}$ をみたす素数が無限個存在することが判ります． □

このように，奇素数を法 4 に関する剰余によって 2 種類に分けるとき，各々に属する素数の「振る舞い」にはかなり大きな差があります．この違いは一体何を意味するのでしょうか —— その疑問を解くカギは，上の $AP(1;4)$ の証明中に見られるように，平方数です．今回の探検は，**素数**を中心にして，**平方数** **(square)** に関連するいくつかの数論の話題を観察します．

「平方数（スクェア）」: F^2 ＝ ふたりの「F」

ヨーロッパの文芸復興は 12 世紀ころ，アラビアからの文物の輸入とともに始まりました．13 世紀になると各地に大学が創設されますが，この時代の数学者にイタリアの レオナルド・ピサーノ (1170–1250) がいます．別名を**フィボナッチ**ともいい，その名のついた有名な数列は本書でも登場しました．レオナルドは，アラビア数学の精髄をヨーロッパに伝えた当代随一の数学者で，フレデリック 2 世に召され，その面前で帝室の公証人パレルモのヨハネスの提出した問題：

> **「それ自身が平方数で，さらに 5 を加えても引いても再び平方数となるものを求めよ」** $\cdots (*)$

を解いて名声をさらに高め，後にこの問題の研究を発展させて『**平方の書**』を著しました．また，次の公式もレオナルドによるものです：

$$(a^2 + b^2)(c^2 + d^2) = (ac - bd)^2 + (ad + bc)^2 \tag{13.2}$$

この等式は，2 個の整数がともに平方数の和の形をしているなら，その積も平方数の和で表わされることを示しています．したがって，与えられた正の整数 n を 2 個の平方数の和の形に表わす問題は，n の素因子を同様に 2 個の平方数の和の形に表わす問題に還元されます．そして n が素数のとき，この問題は 17 世紀の数学者フェルマーによって以下の定理 ——「**2 平方和定理**」と言います —— のように解決されました．

定理 13.1 奇素数 p が 2 個の整数の平方の和

$$p = a^2 + b^2 \qquad (a,\, b \in \mathbb{Z}) \tag{13.3}$$

の形に表わされるための必要十分条件は $p \equiv 1 \pmod 4$ となることである．

まず必要条件は簡単に示されます．奇素数 p について $p = a^2 + b^2$ (a, b は自然数) と表わせたとします．このとき，右辺の値を 4 で割ったときの剰余を a, b の偶・奇によって場合を分けて調べ，右辺と比較すると，結局 $p \equiv 1 \pmod 4$ のみが可能であることが判ります．

本章の探検では，数論のいくつかの話題に関連して，定理 13.1 の後半の主張 (十分条件) に 6 通りの証明を与えます．

平方剰余記号

この節では p を奇素数とします．p 元体 $\mathbb{F}_p := \mathbb{Z}/p\mathbb{Z}$ の乗法群 $\mathbb{F}_p^\times$ が $p-1$ 次の巡回群となることは，第 1 章の定理 1.2 で観察したとおりです．$\mathbb{F}_p^\times$ の生成元を (1.7) のように g とします．

定義 13.1 p を奇素数とし，$a \in \mathbb{F}_p^\times$ に対して $a = g^k$ と表わすとき平方剰余記号を以下のように定める：

$$\left(\frac{a}{p}\right) := (-1)^k. \tag{13.4}$$

任意の整数 $a \in \mathbb{Z}$ について，これを自然に $\mathbb{F}_p$ の元とみなして $\left(\dfrac{a}{p}\right)$ を定め

ます．$\left(\dfrac{a}{p}\right)$ の値は $\mathbb{F}_p^\times$ の生成元 g の取り方に依存せず，a のみによって定まることに注意します．さらに便宜のため，$\left(\dfrac{0}{p}\right) = 0$ と定めます．

上の定義を言い換えると，次のようになります：

$$\left(\frac{a}{p}\right) := \begin{cases} +1, & a \equiv x^2 \pmod p \quad (\exists\, x \in \mathbb{Z}) \\ 0, & a \equiv 0 \pmod p \\ -1, & \text{その他} \end{cases} \tag{13.5}$$

平方剰余記号 $\left(\dfrac{a}{p}\right)$ の値 ± 1 は，($\mathbb{F}_p$ の元ではなく) 通常の整数とみなします．一方，これを $\mathbb{F}_p$ において考えると，**オイラーの規準**と呼ばれる，以下の等式 ($\mathbb{Z}$ では法 p の合同式) が成立します．

$$a^{\frac{p-1}{2}} \equiv \left(\frac{a}{p}\right) \pmod p \tag{13.6}$$

証明　$a \in \mathbb{F}_p^\times$ を $a = g^k$ と表わすとき $g^{\frac{p-1}{2}} = -1$ となります．これより

$$a^{\frac{p-1}{2}} = (g^k)^{\frac{p-1}{2}} = (g^{\frac{p-1}{2}})^k = (-1)^k = \left(\frac{a}{p}\right) \qquad \square$$

(13.6) に $a = -1$ を代入すると，$\mathbb{F}_p$ における，次の等式が得られます．ところが両辺の値はともに ± 1 なのでこの等式は $\mathbb{Z}$ においても成立します．

$$\left(\frac{-1}{p}\right) = (-1)^{\frac{p-1}{2}} \tag{13.7}$$

- $a = 2$ の場合　$\left(\dfrac{2}{p}\right) = 1$ は $\mathbb{F}_p^\times$ が 2 の平方根を含むことを意味します．

一方，複素数体 $\mathbb{C}$ で 1 の原始 8 乗根 ζ を考えると $\zeta + \zeta^{-1} = \sqrt{2}$ が成立します．このことに着目すると次の等式が導かれます：

$$\left(\frac{2}{p}\right) = (-1)^{\frac{p^2-1}{8}} \tag{13.8}$$

証明　$\mathbb{F}_p$ の 2 次拡大 $\mathbb{F}_{p^2}$ の乗法群は位数 p^2-1 の巡回群であることから，$\mathbb{F}_{p^2}$ には 1 の原始 8 乗根 ζ および $\zeta+\zeta^{-1} = \sqrt{2}$ が含まれます．他方，定理 6.2 で観察したように $x \mapsto x^p$ は有限体 $\mathbb{F}_{p^2}$ の自己同型で

$$\mathbb{F}_p = \{x \in \mathbb{F}_{p^2} \mid x^p = x\}$$

が成立します．これより $\sqrt{2} = (\sqrt{2})^p \in \mathbb{F}_p$ となるには，次のいずれかが必要十分条件となります：

$$\text{(i)}\quad \zeta \in \mathbb{F}_p \quad \text{または} \quad \text{(ii)}\quad \zeta^p = \zeta^{-1},\ (\zeta^{-1})^p = \zeta.$$

条件 (i), (ii) はそれぞれ $8\,|\,(p-1)$，$8\,|\,(p+1)$ と同値です．以上から $\left(\dfrac{2}{p}\right) = 1$ は $8\,|\,(p^2-1)$ と同値であることが示されました　□

上記の等式 (13.7), (13.8) は，本章の最後に観察する**平方剰余の相互法則** (13.55) に対する，**第 1 補充則**，**第 2 補充則**と呼ばれています．

また，上で用いた $\mathbb{F}_p^\times$ の構造から容易に以下の (i), (ii) が導かれます．

(i)　$a \mapsto \left(\dfrac{a}{p}\right)$ は $\mathbb{F}_p^\times$ から $\{\pm 1\}$ への全射準同型写像である：

$$\left(\frac{a}{p}\right)\left(\frac{b}{p}\right) = \left(\frac{ab}{p}\right) \qquad (\forall a, b \in \mathbb{F}_p^\times). \tag{13.9}$$

(ii)　$\left(\dfrac{a}{p}\right) = 1,\ \left(\dfrac{b}{p}\right) = -1$ となる $a, b \in \mathbb{F}_p^\times$ は各々 $\dfrac{p-1}{2}$ ずつ存在する．

第 1 証明：無限降下法

最初に観察する定理 13.1 の証明のアイデアは，フェルマーによるもので，「**無限降下法**」と呼ばれる論法に基づくものです．まず，問題の等式を法 p で考察します．次の結果は，以下の探検で何度も利用されます．

補題 13.1　奇素数 p に対して合同式 $x^2+y^2 \equiv 0 \pmod{p}$ をみたす整数

$x,\, y\ \left(0 < x, y < \dfrac{p}{2}\right)$ が存在するための必要十分条件は，$p \equiv 1 \pmod 4$ であることである．

証明　p 元体 $\mathbb{F}_p$ で考えます．条件から $x, y \in \mathbb{F}_p^\times$ となるので $z := \dfrac{x}{y}$ とおくと，この合同式は $z^2 = -1$ と同値です．この式は -1 が平方であることを意味するので，主張は (13.7) から導かれます．　□

この補題により，素数 p が $4k+1$ 型のとき，

$$\begin{cases} x^2 + y^2 = pn \\ 0 < x, y < \dfrac{p}{2},\ \gcd(x, y) = 1 \end{cases} \tag{13.10}$$

をみたす自然数 x, y, n が存在することが判ります．するとこのとき $n < \dfrac{p}{2}$ となります．さて，以下に述べる定理 13.1 の証明法の要点は，以下の主張をを示す点にあります．

> (13.10) において $n > 1$ のときは，$n > n_1 > 0$ なる $n_1 \in \mathbb{N}$ について同様な等式が成立する　$\cdots$ (∗∗)

すると $\mathbb{N}$ の整列性から降下列 $n > n_1 > n_2 > \cdots$ は有限で止まり，$n_r = 1$ について (13.10) が成立することになり，定理 13.1 の証明が完了します．

(∗∗) を示すには，まず整数 $x_0,\, y_0$ を以下の条件

$$x \equiv x_0,\ y \equiv y_0 \pmod n, \qquad \left(|x_0|, |y_0| \leqq \frac{n}{2}\right)$$

をみたすように取ります．このとき

$$\begin{aligned} &{x_0}^2 + {y_0}^2 \equiv x^2 + y^2 \equiv 0 \pmod n \\ &\therefore\ {x_0}^2 + {y_0}^2 = n \cdot n_1 \qquad (\exists n_1 \in \mathbb{N}) \end{aligned} \tag{13.11}$$

となりますが，一方では

$$n_1 = \frac{{x_0}^2 + {y_0}^2}{n} \leqq \frac{\left(\frac{n}{2}\right)^2 + \left(\frac{n}{2}\right)^2}{n} \leqq \frac{n}{2} < n$$

が成立します．そこで (13.10), (13.11) の 2 式を辺々掛け合わせて (13.2) を用いると次の等式が得られます．

$$\begin{aligned} p{\cdot}n^2{\cdot}n_1 &= (x^2+y^2)({x_0}^2+{y_0}^2) \\ &= (xx_0+yy_0)^2 + (xy_0-yx_0)^2 \end{aligned} \tag{13.12}$$

ここで，x_0, y_0 の合同条件から

$$\begin{cases} xx_0+yy_0 \equiv x^2+y^2 \equiv 0 \pmod{n} \\ xy_0-yx_0 \equiv xy-yx \equiv 0 \pmod{n} \end{cases}$$

となり，(13.12) の両辺を n^2 で整除することができて

$$p{\cdot}n_1 = \left(\frac{xx_0+yy_0}{n}\right)^2 + \left(\frac{xy_0-yx_0}{n}\right)^2$$

が得られます．これで $n_1 < n$ で (∗∗) が成立することが示されました． □

第 2 証明：ガウスの整数環

整数 a, b に対して $a+bi$ $(i=\sqrt{-1})$ の形の複素数を**ガウスの整数**といい，その全体を

$$\mathbb{Z}[i] = \{a+bi \mid a,\, b \in \mathbb{Z}\}$$

と表わします．$\mathbb{Z}[i]$ の各元 $a+bi$ は複素平面上の格子点 (a,b) と 1 対 1 に対応します．$\mathbb{Z}[i]$ は $\mathbb{Z}$ を部分環として含む可換環となることは容易に確かめられます．これを **ガウスの整数環**と呼びます．

定理 13.1 の第 2 証明は $\mathbb{Z}[i]$ を舞台として行われます．その基本となる性質は，$\mathbb{Z}$ の場合と同様に $\mathbb{Z}[i]$ においても以下に述べる「整除原理」が成り立つことです．この原理から，以下のように第 2 証明のカギとなる定理 13.5 が導かれます．

定理 13.2 ($\mathbb{Z}[i]$ **における整除原理**)　任意の $\alpha,\, \beta \in \mathbb{Z}[i]$ $(\beta \neq 0)$ に対して，

$$\alpha = \gamma\beta + \delta, \qquad 0 \leqq |\delta| < |\beta| \tag{13.13}$$

をみたす整数 $\gamma, \delta \in \mathbb{Z}[i]$ が存在する.

証明　座標平面は格子点によって辺の長さが 1 の正方形に無限分割されます. このことから $\mathbb{Z}[i]$ の各元 (格子点) を中心に半径 1 の円を描くと, 全平面はこれらの開円板で覆われます. したがって, 複素数 $\dfrac{\alpha}{\beta} \in \mathbb{C}$ からの距離が 1 より小さな格子点が存在します. この格子点に対応するガウスの整数を $\gamma \in \mathbb{Z}[i]$ とし $\delta := \alpha - \gamma\beta$ とおくと

$$\left|\frac{\alpha}{\beta} - \gamma\right| < 1 \quad \text{より} \quad 0 \leqq |\delta| = |\alpha - \gamma\beta| < |\beta|$$

となります. これで主張が示されました. □

定理 13.3 (**$\mathbb{Z}[i]$ のイデアルの単項性 (PID)**)　$\mathbb{Z}[i]$ の任意のイデアル I は単項である. すなわち $I = \beta\mathbb{Z}[i]$ となる $\beta \in \mathbb{Z}[i]$ が存在する.

証明　$\mathbb{Z}[i]$ のイデアルを $I \neq \{0\}$ とします. I の 0 でない元 γ のうち, $|\gamma|$ が最小となるものを β とします. このとき $I = \beta\mathbb{Z}[i]$ が成立することが, 整除原理を用いて $\mathbb{Z}$ のときと同様に示されます. □

$\alpha \in \mathbb{Z}[i]$ について $\alpha\beta = 1$ となる $\beta \in \mathbb{Z}[i]$ が存在するとき, α を**単元** (可逆元) といいます. $\mathbb{Z}[i]$ の単元は $\pm 1, \pm i$ の 4 個からなる乗法群をなすことは容易に判ります. また, $\alpha \in \mathbb{Z}[i]$ が $\mathbb{Z}[i]$ において**素数 (素元)** であるとは, $\alpha = \beta\gamma$ $(\beta, \gamma \in \mathbb{Z}[i])$ のとき β, γ のどちらかが単元となること, と定義します. このとき次の 2 つの定理が成立します.

定理 13.4 (**素因数分解の存在と一意性**)　ガウスの整数環 $\mathbb{Z}[i]$ において任意の 0 でない整数は, 単元 $\pm 1, \pm i$ および 有限個の素元の積として, 順序を除き一意的に表わされる.

証明　まず素元の積への分解が存在することを背理法で示します. すなわち, 有限個の素元の積として表わされない元 $\alpha \in \mathbb{Z}[i]$, $\alpha \neq 0$ があると仮定し

ましょう．α は単元でも素元でもないので，定義から $\alpha = \beta_1\alpha_1$ をみたす単元でない元 $\beta_1, \alpha_1 \in \mathbb{Z}[i]$ が存在します．このとき $|\beta_1|^2 = \beta_1\overline{\beta_1}$, $|\alpha_1|^2 = \alpha_1\overline{\alpha_1}$ は正整数で $|\alpha|^2 = \alpha\overline{\alpha}$ の真の約数となります．β_1, α_1 が素元なら仮定に反するので，(議論の対称性から) α_1 が素元でないとして話を進めます．このとき $\alpha_1 = \beta_2\alpha_2$ をみたす単元でない元 $\beta_2, \alpha_2 \in \mathbb{Z}[i]$ が存在します．上と同様に $|\beta_2|^2$, $|\alpha_2|^2$ は正整数で $|\alpha_1|^2$ の真の約数です．以下同様にして，このプロセスが無限につづきます．すると正整数の無限個の真の減少列

$$|\alpha|^2 > |\alpha_1|^2 > |\alpha_2|^2 > \cdots > |\alpha_n|^2 > \cdots$$

が存在することになり，これは自然数の全体 $\mathbb{N}$ が下に有界であることに反します．以上から任意の 0 でないガウスの整数は有限個の素元の積として表わされることが示されました．その表示が，順序を除き一意的であることは $\mathbb{Z}$ における素因数分解の場合と同様に，素元の個数による帰納法で示されます．　□

注意　$\alpha \in \mathbb{Z}[i]$ が素元，$\varepsilon \in \mathbb{Z}[i]$ が単元のとき，$\alpha\varepsilon$ も素元ですが，素因数分解の一意性の議論ではこの形の 2 個の素元は区別せず，同一の素元とみなしています．

定理 13.5　奇素数 p が $\mathbb{Z}[i]$ においても素数 (素元) であるための必要十分条件は，$p \equiv -1 \pmod 4$ となることである．

証明　$\mathbb{Z}[i]$ が整数係数多項式環の剰余環と同型であること：

$$\mathbb{Z}[X]/(X^2+1) \cong \mathbb{Z}[i],$$
$$f(X) \pmod{(X^2+1)} \mapsto f(i)$$

に注目します．このとき 奇素数 p に対する以下の条件はすべて同値となります：

p が $\mathbb{Z}[i]$ の素数 (素元) である

$\Longleftrightarrow p\mathbb{Z}[i]$ が $\mathbb{Z}[i]$ の素イデアル

$\Longleftrightarrow \mathbb{Z}[i]/p\mathbb{Z}[i]$ が整域 (位数 p^2)

$\Longleftrightarrow (\mathbb{Z}/p\mathbb{Z})[i] = \mathbb{F}_p[i] \cong \mathbb{F}_{p^2}$：位数 p^2 の有限体

$$
\begin{aligned}
&\iff \mathbb{F}_p[X]/(X^2+1) \cong \mathbb{F}_{p^2} \\
&\iff X^2+1 \text{ が } \mathbb{F}_p[X] \text{ で既約} \\
&\iff i=\sqrt{-1} \ \notin \mathbb{F}_p^\times : (p-1) \text{ 次巡回群} \\
&\iff 4 \nmid (p-1) \\
&\iff p \not\equiv 1 \pmod 4. \qquad \square
\end{aligned}
$$

2 平方和定理 (定理 13.1) は，この定理の簡単な帰結です．$p \equiv 1 \pmod 4$ のとき，定理 13.5 より p は 2 個の非単元の積に分解します：

$$p=\alpha\beta, \quad \alpha, \beta \ \in \mathbb{Z}[i]\backslash\mathbb{Z}[i]^\times$$

この等式の複素共役をとり，もとの等式と辺々掛け合わせると

$$p^2=(\alpha\overline{\alpha})(\beta\overline{\beta}), \qquad \alpha\overline{\alpha}, \beta\overline{\beta} \neq 1$$

となります．これより

$$\alpha\overline{\alpha}=\beta\overline{\beta}=p$$

が得られます．いま $\alpha=a+bi$ $(a, b \in \mathbb{Z})$ と書くと上式は $p=a^2+b^2$ と表わされます．これで定理 13.1 が示されました． □

第 3 証明：ヤコブスタールの定理

定義 13.2 p を奇素数とする．$f(x) \in \mathbb{F}_p$ を重根をもたない多項式とするとき

$$J_p(f) := \sum_{k \in \mathbb{F}_p} \left(\frac{f(k)}{p}\right) \tag{13.14}$$

の形の和を**ヤコブスタール和**と呼ぶ.

この名前は Jacobsthal による，次の研究結果に由来します.

$a \in \mathbb{F}_p$ に対して 3 次多項式 $f(x)=x(x^2+a)$ に対するヤコブスタール和を $S_4(a)$ と記します：

$$S_4(a) := \sum_{k \in \mathbb{F}_p^\times} \left(\frac{k(k^2+a)}{p}\right) \tag{13.15}$$

このとき次の定理が成立します.

定理 13.6 (Jacobsthal, 1906)　p を $p \equiv 1 \pmod 4$ なる素数とする. $a, b \in \mathbb{F}_p^\times$ を $\left(\frac{a}{p}\right) = +1$, $\left(\frac{b}{p}\right) = -1$ となるように取るとき $S_4(a)$, $S_4(b)$ はともに偶数であり，次の等式が成立する：

$$p = \left(\frac{1}{2}S_4(a)\right)^2 + \left(\frac{1}{2}S_4(b)\right)^2. \tag{13.16}$$

等式 (13.16) の証明にかかる前に，まず $f(x)$ が 1 次式および 2 次式の場合のヤコブスタール和について観察しておきます.

補題 13.2　任意の $a, c \in \mathbb{F}_p$, $a \neq 0$ に対して

$$J_p(ax+c) = \sum_{k \in \mathbb{F}_p} \left(\frac{ak+c}{p}\right) = 0. \tag{13.17}$$

証明　写像 $k \mapsto ak+c$ は $\mathbb{F}_p$ から自身への全単射 (1 対 1 の対応) を与えるので

$$\sum_{k \in \mathbb{F}_p} \left(\frac{ak+c}{p}\right) = \sum_{k \in \mathbb{F}_p} \left(\frac{k}{p}\right)$$

が成立します. とくに $c = 0$ の場合を考えると (a を b と書き直す)

$$\sum_{k \in \mathbb{F}_p} \left(\frac{k}{p}\right) = \sum_{k \in \mathbb{F}_p} \left(\frac{bk}{p}\right) = \left(\frac{b}{p}\right) \sum_{k \in \mathbb{F}_p} \left(\frac{k}{p}\right),$$

$$\left(1 - \left(\frac{b}{p}\right)\right) \sum_{k \in \mathbb{F}_p} \left(\frac{k}{p}\right) = 0$$

が得られます. ここで $b \in \mathbb{F}_p^\times$ として，$\left(\frac{b}{p}\right) \neq 1$ となる元を選ぶとき，最後の

等式から直ちに主張が導かれます. □

補題 13.3

$$J_p(x^2+c) = \sum_{k\in\mathbb{F}_p}\left(\frac{k^2+c}{p}\right) = \begin{cases} -1 & (c\neq 0) \\ p-1 & (c=0) \end{cases} \tag{13.18}$$

証明 $c=0$ の場合は, 左辺の和の $k\neq 0$ の項の値はすべて $+1$ ですから等式は明らかです. そこで $c\neq 0$ の場合を考えます. まず, 平方剰余記号の定義から

$$\left(\frac{k^2+c}{p}\right) = 1 \iff \exists\, h\in\mathbb{F}_p^{\times},\ k^2+c = h^2 \qquad \cdots(\triangle)$$

となりますが, 等式 $(\triangle)$ を $c=h^2-k^2=(h+k)(h-k)$ と変形し, $h+k=u, h-k=v$ とおくと $(\triangle)$ は $uv=c$ となります. また, このとき $h=\dfrac{u+v}{2}, k=\dfrac{u-v}{2}$ と表わされるので, (h,k) と (u,v) は 1 対 1 に対応します. また $uv=c$ をみたす $(u,v)\in\mathbb{F}_p^2$ の個数は $(p-1)$ です. 一方,

$$1+\left(\frac{k^2+c}{p}\right) = \begin{cases} 2 & (\exists\, h\neq 0:\ k^2+c=h^2) \\ 1 & (h=0,\ k^2+c=0^2) \\ 0 & (\nexists\, h:\ k^2+c=h^2) \end{cases}$$

が成立します. この両辺を $k\in\mathbb{F}_p$ について加えると, その和は $c=h^2-k^2$ をみたす $(k,h)\in{\mathbb{F}_p}^2$ の個数に等しいことが判りますが, 上でみたように, この値は $(p-1)$ です. かくして

$$\sum_{k\in\mathbb{F}_p}\left(1+\left(\frac{k^2+c}{p}\right)\right) = p+\sum_{k\in\mathbb{F}_p}\left(\frac{k^2+c}{p}\right) = p-1,$$

$$\sum_{k\in\mathbb{F}_p}\left(\frac{k^2+c}{p}\right) = -1.$$

□

●――定理 13.6 の証明

p を奇素数，$a \in \mathbb{F}_p$ として $S_4(a)$ を (13.15) の和とします．まず，$p \equiv -1 \pmod 4$ のときは 任意の $a \in \mathbb{F}_p$ に対して $S_4(a) = 0$ となることに注意します．実際，このとき $S_4(a)$ における $(p-1)$ 項の和を $k, p-k$ の組に分けて $k = 1, 2, \cdots, \dfrac{p-1}{2}$ について加えれば

$$\left(\frac{p-k}{p}\right) = \left(\frac{-k}{p}\right) = \left(\frac{-1}{p}\right)\left(\frac{k}{p}\right) = -\left(\frac{k}{p}\right)$$

となり，$S_4(a) = 0$ であることが判ります．そこで，以下では $p \equiv 1 \pmod 4$ とします．このとき $\left(\dfrac{-1}{p}\right) = +1$ であることから，上と同じ和の分割操作によって，$S_4(a)$ はつねに偶数であることが判ります．また $S_4(a)$ は次の性質をみたします．

補題 13.4

$$S_4(t^2\,a) = \left(\frac{t}{p}\right) S_4(a) \qquad (\forall\, a,\, t \in \mathbb{F}_p^{\times}). \tag{13.19}$$

証明　$t \in \mathbb{F}_p^{\times}$ に対して $S_4(a)$ における和の変数を $k = t\,h$ と変換することにより，以下のように導かれます：

$$\begin{aligned} S_4(t^2\,a) &= \sum_{k \in \mathbb{F}_p^{\times}} \left(\frac{k(k^2+t^2a)}{p}\right) = \sum_{h \in \mathbb{F}_p^{\times}} \left(\frac{th(t^2h^2+t^2a)}{p}\right) \\ &= \left(\frac{t^3}{p}\right) \sum_{h \in \mathbb{F}_p^{\times}} \left(\frac{h(h^2+a)}{p}\right) = \left(\frac{t}{p}\right) S_4(a). \end{aligned}$$

□

$a, b \in \mathbb{F}_p^{\times}$ を $\mathbb{F}_p^{\times}/(\mathbb{F}_p^{\times})^2$ の一組の代表系とするとき，補題 13.2 によって次の等式が成立します：

$$\begin{aligned} \frac{p-1}{2}\Big(S_4(a)^2 + S_4(b)^2\Big) &= \sum_{k \in \mathbb{F}_p^{\times}} S_4(k)^2 = \sum_{k \in \mathbb{F}_p} S_4(k)^2 \qquad (\,S_4(0) = 0\,) \\ &= \sum_{k \in \mathbb{F}_p} \left\{ \sum_{x \in \mathbb{F}_p} \left(\frac{x(x^2+k)}{p}\right) \right\} \left\{ \sum_{y \in \mathbb{F}_p} \left(\frac{y(y^2+k)}{p}\right) \right\} \end{aligned}$$

$$
\begin{aligned}
&= \sum_{k,x,y\in\mathbb{F}_p} \left(\frac{xy(x^2+k)(y^2+k)}{p}\right) \\
&= \sum_{x,y\in\mathbb{F}_p} \left(\frac{xy}{p}\right) \sum_{k\in\mathbb{F}_p} \left(\frac{k^2+(x^2+y^2)k+x^2y^2}{p}\right) \\
&= \sum_{x,y\in\mathbb{F}_p} \left(\frac{xy}{p}\right) \sum_{k\in\mathbb{F}_p} \left(\frac{\left(k+\dfrac{x^2+y^2}{2}\right)^2-\left(\dfrac{x^2-y^2}{2}\right)^2}{p}\right)
\end{aligned}
$$

この最後の和に補題 13.3 の結果を適用すると，上式は

$$
(\mathrm{LHS}) = \sum_{x,y\in\mathbb{F}_p} \left(\frac{xy}{p}\right) \times \begin{cases} p-1 & (y=\pm x) \\ -1 & (y\neq \pm x) \end{cases}
$$

となります．ここで，和を 2 つに分けて補題 13.2 を用いると

$$
\begin{aligned}
(\mathrm{LHS}) &= -\sum_{y\neq\pm x} \left(\frac{xy}{p}\right) + (p-1)\sum_{y=\pm x}\left(\frac{\pm x^2}{p}\right) \\
&= -\left(\sum_{x}\left(\frac{x}{p}\right)\right)\left(\sum_{y=\pm x}\left(\frac{x}{p}\right)\right) + \sum_{y=\pm x}\left(\frac{\pm x^2}{p}\right) + (p-1)\sum_{x}\left(\frac{\pm x^2}{p}\right) \\
&= 0 + 2(p-1) + (p-1)\cdot 2(p-1) \;=\; 2p(p-1)
\end{aligned}
$$

という結果が得られます．この一連の等式の最初と最後を比較すると (13.16) が導かれます．その結果，2 平方和定理の第 4 証明が得られました． □

楕円曲線と $\mathbb{F}_p$ -有理点

上述の，フィボナッチが解いた，**等差数列をなす 3 つの平方数**に関する問題は，有理数体 $\mathbb{Q}$ 上で定義された**虚数乗法**をもつ「**楕円曲線**[2)] 」の有理点を求める問題に翻訳されることが判ります．いま，簡単のため x^2-1, x^2, x^2+1 がすべて平方数となる場合を考えると，

$$
x^2+1=y^2, \qquad x^2-1=z^2
$$

と書いて辺々加えると

2) 特異点のない射影平面上の 3 次曲線で，有理点を 1 つ指定されたもののこと．

$$2x^2 = y^2 + z^2, \qquad \left(\frac{y}{x}\right)^2 + \left(\frac{z}{x}\right)^2 = 2$$

となります．この最後の方程式はパラメータ解

$$\frac{y}{x} = \frac{t^2 - 2t - 1}{t^2 + 1}, \qquad \frac{z}{x} = \frac{t^2 + 2t - 1}{t^2 + 1}$$

をもつので，これを $x^2 + 1 = y^2$ に代入して等式

$$4t(t^2 - 1)x^2 = -(t^2 + 1)^2, \qquad -1\left(\frac{t^2 + 1}{2x}\right)^2 = t(t^2 - 1)$$

を得ます．これは $(X, Y) := \left(t, \dfrac{t^2 + 1}{2x}\right)$ が楕円曲線

$$E\,:\; Y^2 = X(X^2 - 1) \tag{13.20}$$

の有理点であることを意味します．

さて，上記の方程式を各素数 p について有限体 $\mathbb{F}_p$ 上で考察し，E の $\mathbb{F}_p$ -有理点の個数を N_p と記します．すなわち，

$$N_p := 1 + \#\{(x, y) \in \mathbb{F}_p^2 \mid y^2 = x(x^2 - 1)\}. \tag{13.21}$$

補題 13.3 の証明における議論と同じようにして，次の等式が示されます：

$$N_p = p + 1 + S_4(-1).$$

今回の探検における，最後の「出会い」は，次の驚くべき事実です．

定理 13.7 任意の奇素数 p に対して，$\mathbb{F}_p$ 上のヤコブスタール和 $S_4(-1)$ は以下の無限積 $f(x)$ を展開したときの x^p の係数の (-1) 倍に等しい．

$$\begin{aligned} f(x) &:= x \prod_{n=1}^{\infty} (1 - x^{4n})^2 (1 - x^{8n})^2 \qquad (13.22) \\ &= x - 2x^5 - 3x^9 + 6x^{13} + 2x^{17} - x^{25} - 10x^{29} - 2x^{37} + 10x^{41} + \cdots \end{aligned}$$

これは実に「不思議な」主張です．実際，$f(x)$ を定義する無限積の添え字も因子も自然数 n で表現されており，「素数」の姿はどこにもありません！——

にもかかわらず，これをべき級数に展開すると任意の奇素数 p について，その x^p の係数が $-S_4(-1;p)$ に一致する，というのですから驚きです．

言い換えると，関数 $f(x)$ は奇素数の集合上で定義された関数 (写像)

$$p \mapsto -S_4(-1;p)$$

の「情報」を丸ごと含んでいる，ということができます．一体，いかなる関数がどのような「仕組み」で，そのような性質をもち得るのでしょうか？

再訪 ： ヤコブスタール和

さて第 3 証明では，次式で定められる**ヤコブスタール和**[3)]

$$S_4(a;p) := \sum_{k\in\mathbb{F}_p} \left(\frac{k(k^2+a)}{p}\right) \qquad (a \in \mathbb{F}_p^\times) \tag{13.23}$$

を用いると，$r \in \mathbb{F}_p^\times$, $u \in \mathbb{F}_p^\times \backslash \mathbb{F}_p^{\times 2}$ を任意に取るとき，(13.16) が成立すること，すなわちこれらに対するヤコブスタール和が (13.3) の解 a, b を与えることが本質的でした．ここで，$p \equiv 1 \pmod 4$ のときはつねに $r = -1$ とできること，また $p \equiv -1 \pmod 4$ のときはつねに $S_4(r;p) = S_4(u;p) = 0$ となることに注意します．

前章で述べたように，フィボナッチが扱った，**等差数列をなす 3 つの平方数**に関する問題は，整数 $a \in \mathbb{Z}\,(a \neq 0)$ に対して $F_a(X) := X(X^2+a)$ とおくとき，変数 X, Y に関する 3 次の不定方程式

$$E_a \,:\, Y^2 = F_a(X) \tag{13.24}$$

の有理数解を求める問題と関係します．ここで (13.24) を，素数 p を法とする還元によって有限体 $\mathbb{F}_p$ 上で考察し，E_a の $\mathbb{F}_p$ -有理点の個数を $N_p(a)$ と記します：

$$N_p(a) := 1 + \#\{(x,y) \in \mathbb{F}_p^2 \mid y^2 = F_a(x)\}. \tag{13.25}$$

定理 13.8　$N_p(a)$ について，次の等式が成立する．

3) 本章では，ヤコブスタール和が素数 p に関する ($\mathbb{F}_p$ 上の) 和であることを明確にするため $S_4(a;p)$ と記します．

$$N_p(a) = p + 1 + S_4(a) \tag{13.26}$$

証明 直線 $X = x\,(x \in \mathbb{F}_p)$ と曲線 (13.24) の交点の個数は以下のように与えられます．

$$1 + \left(\frac{F_a(x)}{p}\right) = \begin{cases} 2 & (F_a(x) = y^2\ (\pm y \in \mathbb{F}_p^{\times})) \\ 1 & (F_a(x) = 0\ (0 \in \mathbb{F}_p)) \\ 0 & (\text{その他}) \end{cases}$$

そこで上式を $x \in \mathbb{F}_p$ について加え，さらに射影平面の無限遠直線の上にこの曲線上の点が 1 つ存在することを考慮すると等式 (13.26) が得られます． □

「平方(スクェア)」： L^2 ＝ **2** つの「L-関数」

上記の問の答は，関数 $f(x)$ についての以下の性質にあります．まず，複素上半平面を

$$\mathfrak{H} = \{\tau = x + iy \in \mathbb{C} \mid y > 0\}$$

と表わします．このとき，実数を成分とし行列式が正の 2×2 行列 $\gamma = \begin{pmatrix} a & b \\ c & d \end{pmatrix}$ によって $\mathfrak{H}$ の変換

$$\gamma : \mathfrak{H} \longrightarrow \mathfrak{H}, \quad \gamma(\tau) = \frac{a\tau + b}{c\tau + d} \tag{13.27}$$

が定まります．

●——$\mathbb{C}$ 上の楕円曲線

ここで**楕円曲線**について，前と異なる視点から観察してみましょう．

$\mathbb{C}$ 上の楕円曲線は，複素平面 $\mathbb{C}$ の格子 L から得られる 1 次元複素トーラスとして以下のように実現されます．ここで 1 次変換 $z \mapsto \dfrac{z}{\omega_2}$ は複素トーラスの同型を引き起こすので，周期格子 L を正規化して

$$L = L_\tau := \mathbb{Z} + \mathbb{Z}\tau, \qquad \tau := \frac{\omega_1}{\omega_2} \in \mathfrak{H}$$

としても一般性を失ないません．すなわち，格子 L_τ は上半平面 $\mathfrak{H}$ の点でパラメータ付けられます．このとき

$$\wp_{L_\tau}(z) := \frac{1}{z^2} + \sum_{w \in L_\tau \setminus \{0\}} \left\{ \frac{1}{(z-w)^2} - \frac{1}{w^2} \right\}$$

は 各 $\omega \in L_\tau$ に対して

$$\wp_{L_\tau}(z+\omega) = \wp_{L_\tau}(z)$$

をみたす解析関数，すなわち**楕円関数**となります．$\wp_{L_\tau}(z)$ をワイエルシュトラスの $\wp$-関数 といいます．$\wp_{L_\tau}(z)$ は L_τ の点で 2 位の極をもち，ほかの点では正則な関数であり，またその導関数 $\wp'_{L_\tau}(z)$ も楕円関数となります．そして $k = 2, 3$ に対して

$$g_k(\tau) := \sum_{w \in L_\tau \setminus \{0\}} \frac{1}{w^{2k}} \qquad (L_\tau = \mathbb{Z} + \mathbb{Z}\tau)$$

とおくとき，

$$\wp'_{L_\tau}(z)^2 = 4\wp_{L_\tau}(z)^3 - g_2(L_\tau)\wp_{L_\tau}(z) - g_3 \tag{13.28}$$

という注目すべき関係式が成立します．そこで写像

$$\psi_{L_\tau} : \mathbb{C}/L_\tau \longrightarrow \mathbb{P}^2(\mathbb{C}), \tag{13.29}$$

$$\psi_{L_\tau}(z) = \begin{cases} (\wp_{L_\tau}(z), \wp'_{L_\tau}(z), 1) & (\omega \notin L_\tau) \\ (0, 1, 0) & (\omega \in L_\tau) \end{cases}$$

によって複素トーラス $\mathbb{C}/L_\tau$ は射影平面 $\mathbb{P}^2(\mathbb{C})$ に埋め込まれ，その像は方程式

$$Y^2 Z = 4X^3 - g_2 X Z^2 - g_3 Z^3 \tag{13.30}$$

をみたす点の全体と一致するため，3 次代数曲線となります．さらに，$\tau \in \mathfrak{H}$ に対してこの複素トーラスを $E_\tau := \mathbb{C}/L_\tau$ と書くとき，τ_1，$\tau_2 \in \mathfrak{H}$ について

$$E_{\tau_1} \cong E_{\tau_2} \iff \begin{pmatrix} \tau_2 = \gamma(\tau_1), \\ \exists\gamma \in \mathrm{SL}_2(\mathbb{Z}) \end{pmatrix}$$

が成立します．このように上半平面 $\mathfrak{H}$ の商空間 $SL_2(\mathbb{Z})\backslash\mathfrak{H}$ は $\mathbb{C}$ 上の複素トーラスのパラメータ空間であって，その各点ごとに互いに同型でない $\mathbb{C}$ 上の複素トーラスが対応しています．

さて**楕円曲線**とは，射影平面 $\mathbb{P}^2$ 上の特異点をもたない 3 次曲線 E のことを言います．すなわち，E は 3 変数 X, Y, Z の既約な同次 3 次式 $F(X,Y,Z) = 0$ の解 (零点集合) から定まる連比 $(X : Y : Z) \in \mathbb{P}^2$ の全体からなる曲線ですが，その方程式は適当な座標変換を行なってから，$x = \dfrac{X}{Z}, y = \dfrac{Y}{Z}$ とおいて非同次形の方程式

$$E : y^2 = F(x) := x^3 + Ax + B \tag{13.31}$$

の形に変形することができます．このとき E が特異点をもたない条件は，方程式 $F(x) = 0$ が重解をもたないことと同値です．他方，(13.30) の右辺の判別式は

$$\Delta(\tau) = g_2(\tau)^3 - 27g_3(\tau)^2 \tag{13.32}$$

となり，任意の $\tau \in \mathfrak{H}$ に対して $\Delta(\tau) \neq 0$ がみたされます．逆に，この条件をみたす任意の複素数 g_2, g_3 に対して $g_2 = g_2(z)$, $g_3 = g_3(z)$ となる $z \in \mathfrak{H}$ が存在することが示せます．したがって $\mathbb{P}^2$ 上の任意の非特異 3 次曲線は以上のようにして得られます．また関数 E_τ から $j(E_\tau)$ を

$$j(E_\tau) = j(\tau) := \frac{12^3 g_2(\tau)^3}{g_2(\tau)^3 - 27g_3(\tau)^2} \tag{13.33}$$

で定めると，$j(\tau)$ は次の性質をみたします．

- $j(\tau)$ は $SL_2(\mathbb{Z})$-不変な関数である．
- $E_1 \cong E_2 \iff j(E_1) = j(E_2)$.

$j(\tau)$ は楕円曲線の解析的パラメータ τ を代数的なパラメータにうつす超越関数で，数学の中で最も神秘的な関数のひとつです．

●——$\mathbb{Q}$ 上の楕円曲線と L-関数

以下では**楕円曲線**の方程式を (13.31) とし，$A, B \in \mathbb{Z}$ とします．このとき，(13.31) から **bad prime** と呼ばれる素数の有限集合 $S(E)$ が定まり，$S(E)$ に属さない素数 p については (13.31) を法 p で還元したものが $\mathbb{F}_p$ 上の楕円曲線を与えます．E を有限体 $\mathbb{F}_p$ 上の曲線とみなしたとき，無限遠点も込めた $\mathbb{F}_p$ 上の有理点の個数を $N_p = N_p(E)$ で表わし

$$a_p(E) = 1 + p - N_p \tag{13.34}$$

と記します．この $a_p(E)$ は非常に重要な量です．実は，各 $p \in S(E)$ について，絶対値が $\sqrt{p}$ の複素数 α とその複素共役 $\bar{\alpha}$ を用いて

$$a_p = \alpha + \bar{\alpha}$$

と表わせ，さらに $q = p^n$ とおけば有限体 $\mathbb{F}_q$ 上の点の個数は

$$N_{p^n}(E) = 1 + p^n - \alpha^n - \bar{\alpha}^n$$

となることが知られています．

定義 13.3　$\mathbb{Q}$ 上の楕円曲線 E の L-関数とは，次のような good な素数に関する無限積で定まる $s \in \mathbb{C}$ の関数である．

$$L(E/\mathbb{Q}, s) = \prod_{p:\mathbf{good}} (1 - a_p(E)p^{-s} + p^{1-2s})^{-1} \tag{13.35}$$

$L(E/\mathbb{Q}, s)$ は s の実部が $\mathrm{Re}(s) > \dfrac{3}{2}$ をみたすとき絶対収束します．この事実は，以下の節で観察する Hasse-Weil の評価式が一般のばあいにも成立することから導かれることに注意します．

●——保型形式と L-関数

整数係数の 2×2 行列で，(2,1)-成分が N で割り切れ，かつ行列式が 1 であるものの全体

$$\Gamma_0(N) = \left\{ \begin{pmatrix} a & b \\ c & d \end{pmatrix} \,\middle|\, a,b,c,d \in \mathbb{Z},\ ad-bc=1,\ N|c \right\}.$$

は「レベル N の**モジュラー群**」と呼ばれる $\mathrm{SL}_2(\mathbb{Z})$ の部分群の 1 つで，上記の変換によって $\mathfrak{H}$ に作用します．そこで，正整数 k に対して，$\mathfrak{H}$ 上の正則函数 $f(\tau)$ で，任意の $\begin{pmatrix} a & b \\ c & d \end{pmatrix} \in \Gamma_0(N)$ に対して関数等式 (保型性)

$$f\left(\frac{a\tau+b}{c\tau+d}\right) = (c\tau+d)^k f(\tau)$$

をみたすものを，重さ k，レベル N の**保型形式**と呼びます．その全体 $M_k(N)$ は $\mathbb{C}$ 上の有限次元ベクトル空間となります．$\Gamma_0(N)$ の元 $\gamma = \begin{pmatrix} 1 & 1 \\ 0 & 1 \end{pmatrix}$ から引き起こされる変換は $\tau \mapsto \tau+1$ となるので各 $f(\tau) \in M_k(N)$ は以下のようにフーリエ級数

$$f(\tau) = \sum_{n=0}^{\infty} c_f(n) e^{2\pi i n\tau} \tag{13.36}$$

に展開されます．このような $f \in M_k(N)$ のうちで，$\mathrm{Im}(\tau)^{\frac{k}{2}}|f(\tau)|$ が有界なものを**尖点形式** (cusp form) と呼び，その全体を $S_k(N)$ と記します．尖点形式のフーリエ級数の定数項は 0 となることに注意します．

例 13.1 (13.32) の関数 $\Delta(\tau)$ は 重さ 12，レベル 1 の尖点形式です．そして $\dim S_2(1) = 1$ であることから $S_2(1) = \mathbb{C}\,\Delta(\tau)$ となります．また

$$\Delta(\tau) = \eta(\tau)^{24}, \quad \eta(\tau) = e^{\frac{\pi i\tau}{12}} \prod_{n=1}^{\infty} (1 - e^{2\pi i n\tau}) \tag{13.37}$$

という等式が成立します．ここで $\eta(\tau)$ は**デデキントの η-関数**と呼ばれる，重さ $\dfrac{1}{2}$ の重要な保型形式です．

定理 13.9 $f(x)$ を (13.22) の無限積で与えられる関数とするとき，$f(e^{2\pi i\tau})$

は $S_2(32)$ に属する尖点形式であり，$S_2(32) = \mathbb{C}\,f(e^{2\pi i\tau})$ (1 次元) となる．この関数は $\eta(\tau)$ を用いて以下のように表現される：

$$f(e^{2\pi i\tau}) = \eta(4\tau)^2\,\eta(8\tau)^2.$$

さて，$p \mapsto a_p(E)$ という対応の重要性は，定理 W (次ページ) におけるように，それがある**保型形式** の p 番目のフーリエ係数を与えるという事実にあります．この性質は 20 世紀の終わりころまでは，「谷山-志村予想」と呼ばれ，数論における最も難解な予想の 1 つとみなされていました．

定義 13.4 尖点形式 $f(\tau) \in S_k(N)$ が (13.36) のようにフーリエ展開されるとき，次のように Dirichlet 級数を対応させる ($f(\tau)$ の Mellin 変換)：

$$L(f,s) := \sum_{n=1}^{\infty} a_n n^{-s}. \tag{13.38}$$

このとき $L(f,s)$ を f の **(保型)** L-**関数**という．

これが $Re(s) > 1 + \dfrac{k}{2}$ で収束することは，尖点形式の定義から $a_n = O(n^{\frac{k}{2}})$ となることから容易に示されますが，さらに $f(\tau)$ の保型性から $L(f,s)$ は全 s 平面に解析接続され，$L(f,s)$ と $L(f^*, k-s)$ の間に綺麗な「関数等式」が成立することも知られています．ただし，

$$f^*(\tau) := N^{\frac{-k}{2}}\tau^{-k} f\left(\frac{-1}{N\tau}\right)$$

は Atkin-Lehner 対合(たいごう)による $f(\tau)$ の共役を表わします．

この節における最も重要な定理を述べるには，もう 1 つの準備が必要です．p をレベル N を割り切らない素数とするとき，$f \in M_k(N)$ に対して

$$(T(p)f)(\tau) = p^{k-1}\left(f(p\tau) + \sum_{j=0}^{p-1} f\left(\frac{\tau+j}{p}\right)\right)$$

とおくと，$T(p)f \in M_k(N)$ であること，また f が尖点形式なら $T(p)f$ も尖点形式となることが容易に示されます．この $T(p)$ を **Hecke 作用素** と呼びま

す．$T(p)$ たちは互いに可換で，$S_k(N)$ に自然に定まるエルミート内積に関して自己随伴な作用素を定めることが知られており，これから $S_k(N)$ は Hecke 作用素の同時固有関数からなる基底をもつことが導かれます．とくに $S_k(N)$ が 1 次元ならこのことは自明に成立します．

定理 W (谷山–志村予想 = ワイルズの定理) $\mathbb{Q}$ 上の任意の楕円曲線 E に対して，E の導手と呼ばれる正整数 N および Hecke 作用素の同時固有関数 $f \in S_2(N)$ が定まり，両者の L-関数が等しくなる：

$$L(E/\mathbb{Q}, s) = L(f, s). \tag{13.39}$$

等式 (13.39) は 次の等式と同値です：

$$a_p(E) = c_f(p) \qquad (\forall p \nmid N) \tag{13.40}$$

これで定理 13.7 のカラクリが解明されました．すなわち，2 平方和定理の**ヤコブスタール和**を用いた第 3 証明は，その方程式が

$$E : Y^2 = X(X^2 - 1)$$

で与えられる，$\mathbb{Q}$ 上の特別な楕円曲線と 1 次元の空間 $S_2(32)$ の基底である $f(\tau)$ に定理 W を適用した場合にほかならなかったわけです !!

Hasse-Weil の「評価式」

さて，ヤコブスタール和の等式 (13.16) には，2 平方和定理の証明のほかに，以下のような興味深い応用があります．上記の (13.26) の証明からも察せられるように，N_p の主要項は $p+1$ で，ヤコブスタール和 $S_4(a) = N_p - (p+1)$ はその**誤差項** と考えられます．したがって，$|S_4(a)|$ の上界を与えることは，誤差の評価という観点からとても重要です．ここで定理 13.6 の等式 (13.16) に着目すると直ちに次の不等式が得られます：

$$|S_4(a)| = |N_p - (p+1)| \leqq 2\sqrt{p}. \tag{13.41}$$

この形の不等式は一般の楕円曲線でも成立し，Hasse-Weil の評価と呼ばれていますが，一般の場合の証明はこれほど容易ではありません．その真の意味は，

有限体 $\mathbb{F}_p$ 上の楕円曲線に対して定まる合同ゼータ関数について，上の評価式が「リーマン予想」の類似と同値であることにあります．また，$\mathbb{Q}$ 上の楕円曲線 E の L-関数について，その無限積表示の収束域の情報を与える重要な結果でもありました．

第 4 証明：2 項係数 $\binom{2n}{n}$ 再登場

以下に述べる定理 13.10 は，19 世紀最大の数学者**ガウス**によるもので，**2 平方和定理**の右辺に現われる a, b を 2 項係数 $\binom{2n}{n}$ からきわめて具体的に求める方法を示しています．

定理 13.10　$p \equiv 1 \pmod 4$ となる素数を $p = 4n+1$ と表わす．このとき整数 a, b $\left(-\frac{p}{2} < a, b < \frac{p}{2}\right)$ を

$$a \equiv \frac{1}{2}\binom{2n}{n}, \quad b \equiv (2n)!a \pmod p \tag{13.42}$$

をみたすようにとるとき $p = a^2 + b^2$ が成立する．

表 13.2　$\frac{1}{2}\binom{2n}{n}, a, b$ の表

p	5	13	17	29	37	41
n	1	3	4	7	9	10
$\frac{1}{2}\binom{2n}{n}$	1	10	35	1716	24310	92378
a	1	-3	1	5	1	5
b	2	-2	-4	2	-6	4

この定理は，2 平方和定理における a, b を具体的・構成的に表示するという点で，ヤコブスタール和を用いた第 3 証明と同じタイプの結果ですが，その内容の単純さは定理 13.6 とは比較になりません！　ところが，この定理のガウス

による証明は，初等的ではあっても決して単純ではなく，その本質を理解することはむしろ難解です．

ここでは，ガウスの証明ではなく，上述の「楕円曲線」の枠組みの中でそのカラクリを観察します．一般に $p>3$ を奇素数とするとき，$\mathbb{F}_p$ 上の楕円曲線 E に対してその Hasse **不変量** $\hat{H}_p(E)$ が以下のように定義されます．いま，簡単のため E の方程式がルジャンドルの標準形

$$y^2 = x(x-1)(x-\lambda) \qquad \lambda \in \mathbb{F}_p \tag{13.43}$$

であるとします．このとき

$$\hat{H}_p(E) = (-1)^{\frac{(p-1)}{2}} W_{\frac{(p-1)}{2}}(\lambda) \tag{13.44}$$

とします．ここで，

$$W_m(X) = \sum_{i=0}^{m} \binom{m}{i}^2 X^i \tag{13.45}$$

は**ドイリング** (Deuring) **の多項式**と呼ばれるものです．さて E の Hasse 不変量の計算法については以下の結果がよく知られています

定理 13.11　$\mathbb{F}_p$ 上の楕円曲線 E が $y^2 = F(x)$ で定義されるとき，E の Hasse 不変量は $f(x)^{\frac{(p-1)}{2}}$ の展開における x^{p-1} の係数に等しい．

ここで，$p=4n+1$ は定理 13.10 の素数とし，E は方程式 (13.20) で定まる $\mathbb{F}_p$ 上の楕円曲線とすると，その Hasse 不変量は定理 13.11 から

$$\hat{H}_p(E) = (-1)^n \binom{2n}{n} \tag{13.46}$$

となることが判ります．一方，$\mathbb{F}_p$ 上の楕円曲線について，$a_p(E)$ を (13.34) のように定めるとき，次の結果が知られています．

命題 13.1　$a_p(E) \equiv \hat{H}_p(E) \pmod{p}$.

この命題の証明は，E のフロベニウス自己準同型 $(x,y) \mapsto (x^p, y^p)$ が E の

正則 1 次微分形式 $\dfrac{dx}{y}$ に引き起こす作用を観察することによって得られます.

命題 13.1 の合同式と上述の Hasse-Weil の評価式を組み合わせると定理 13.11 が得られます.

第 5 証明： 互除法と連分数

次にもうひとつ，2 平方和定理の構成的証明法について観察します．ここでは，$p = a^2 + b^2$ をみたす整数 $a, b \in \mathbb{Z}$ を「互除法 (連分数)」により求める方法を述べます.

$p \equiv 1 \pmod 4$ となる素数 p に対して整数 a $\left(0 < a < \dfrac{p}{2}\right)$ で

$$a^2 + 1 \equiv 0 \pmod p$$

をみたすものがただ 1 つ定まります．このとき明らかに $\gcd(p, a) = 1$ ですから，$r_0 = p$, $r_1 = a$ の 2 数の間で互除法を行なうと

$$\begin{cases} r_i = k_i r_{i+1} + r_{i+2}, \quad 0 \leqq r_{i+2} < r_{i+1} \\ \quad (0 \leqq i \leqq n-1) \\ r_n = 1, \quad r_{n+1} = 0 \end{cases} \tag{13.47}$$

をみたす正整数の単調減少列 $\{r_i\}_{i=0}^{n}$ が得られます．したがって，

$$r_{k+1} < r_k < \sqrt{p} < r_{k-1} \tag{13.48}$$

をみたす正整数の組 (r_k, r_{k+1}) が確定します．このとき次の定理が成立することが，第 10 章の結果を用いて示されます.

定理 13.12 上記の正整数の組 (r_k, r_{k+1}) について次の等式が成立する.

$$p = {r_k}^2 + r_{k+1}^2 \tag{13.49}$$

表 13.3 $p = {r_k}^2 + r_{k+1}^2$ の表

$p = r_0$	r_1	r_2	r_3	r_4	r_5
$5 = 2^2 + 1^2$	2	1			
$13 = 3^2 + 2^2$	5	3	2		
$17 = 4^2 + 1^2$	4	1			
$29 = 5^2 + 2^2$	12	5	2		
$37 = 6^2 + 1^2$	6	1			
$41 = 5^2 + 4^2$	9	5	4		
$53 = 7^2 + 2^2$	30	23	7	2	
$61 = 6^2 + 5^2$	11	6	5		
$73 = 8^2 + 3^2$	27	19	8	3	
$89 = 8^2 + 5^2$	34	21	13	8	5
$97 = 9^2 + 4^2$	22	9	4		

第 6 証明 ： ガウス和・ヤコビ和を用いる

最後に，ガウス和・ヤコビ和を用いた 2 平方和定理の証明を観察します．これらの和は，以下のように $\mathbb{F}_p$ の乗法群の**指標**（準同型写像），すなわち $\forall\, a, b \in \mathbb{F}_p^\times$ に対して $\chi(ab) = \chi(a)\chi(b)$ をみたす写像 $\chi : \mathbb{F}_p^\times \to \mathbb{C}^\times$ を用いて定義されます．ただし，以下では便宜上 $\chi(0) = 0$ とおきます．$\mathbb{F}_p^\times$ の 2 つの指標 χ, χ' の積を

$$(\chi\chi')(a) = \chi(a)\chi'(a)$$

と定めると，指標の全体はこの積に関して群をなし，単位指標はその単位元となります．

定義 13.5（ガウス和） 指標 χ のガウス和とは，以下の式 (13.50) で定義される複素数 $G(\chi)$ である（$\zeta_p = e^{\frac{2\pi i}{p}}$ は 1 の原始 p 乗根）．

$$G(\chi) := \sum_{k \in \mathbb{F}_p} \chi(k)\ \zeta_p^k \tag{13.50}$$

$\chi_0(a) = 1$ ($\forall\, a \in \mathbb{F}_p^\times$) なる指標を**単位指標**と言います．これに対して $G(\chi_0) = 0$ となることは直ちに判ります．

定義 13.6 (ヤコビ和)　$\mathbb{F}_p^\times$ の 2 個の指標 $\chi,\, \chi'$ のヤコビ和とは，以下の式 (13.51) で定義される複素数 $J(\chi,\, \chi')$ である．

$$J(\chi,\, \chi') := \sum_{k\in\mathbb{F}_p} \chi(k)\,\chi'(1-k) \tag{13.51}$$

命題 13.2 (ガウス和の基本性質)　$\mathbb{F}_p^\times$ の指標 $\chi \neq \chi_0$ に対して次の等式が成立する：

$$\begin{cases} \overline{G(\chi)} = \chi(-1)\,G(\overline{\chi}), \\ G(\chi)\,G(\overline{\chi}) = \chi(-1)\,p, \\ |G(\chi)| = \sqrt{p}. \end{cases} \tag{13.52}$$

命題 13.3 (ヤコビ和の基本性質)　$\chi,\, \chi', \chi\chi' \neq \chi_0$ をみたす $\mathbb{F}_p^\times$ の指標 $\chi,\, \chi'$ に対して次の等式が成立する：

$$J(\chi,\, \chi') = \frac{G(\chi)\,G(\chi')}{G(\chi\,\chi')} \tag{13.53}$$

また (13.52) と (13.53) から次の結果が得られる：

$$|J(\chi,\, \chi')| = \sqrt{p}. \tag{13.54}$$

さて，2 **平方和定理**は以上の知識のすぐ近くにあります．実際，p を $4k+1$ 型の素数であるとするとき，指標 $\chi : \mathbb{F}_p^\times \to \{\pm 1,\, \pm i\}$ で位数が 4 であるものが存在します．$\chi^2(a) = \left(\dfrac{a}{p}\right)$ であることに注意すると $\chi(k) = 0,\, \pm 1,\, \pm i$ ($\forall k \in \mathbb{F}_p$) であることから ヤコビ和 $J(\chi,\, \chi)$ はガウスの整数環 $\mathbb{Z}[i]$ に属することが判ります．そして (13.54) は $J(\chi,\, \chi)$ が素元であることを意味します．かくして，次のことが示されます．

定理 13.13　位数が 4 の $\mathbb{F}_p^\times$ の指標 χ に対するヤコビ和 $J(\chi,\, \chi)$ を

$$J(\chi,\, \chi) = a + bi, \quad (a,\, b \in \mathbb{Z})$$

と書くとき　$p = a^2 + b^2$　が成立する.

これで 2 平方和定理 (定理 13.1) の 6 番目の証明が得られました.

平方剰余の「相互法則」

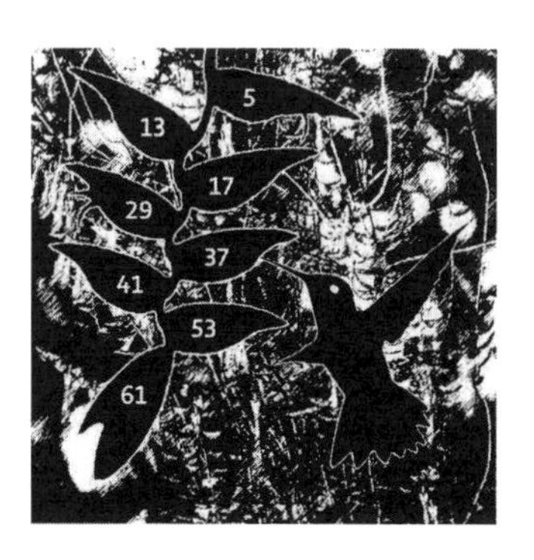

本書の探検を，素数たちの間に成立する最も基本的で美しい (！) 関係である，**平方剰余の相互法則**で締めくくります.

この法則を最初に厳密に証明したガウスは，生涯で 7 通りの異なる証明を与えました．現在では 240 以上の証明が知られています —— この事実だけからでも，数 (論) の世界で相互法則が果たす役割と，人々を虜(とりこ)にし続ける素数の魅力の大きさが想像できます.

定理 13.14 (平方剰余の相互法則)　p, q を相異なる奇素数とするとき，

$$\left(\frac{q}{p}\right) \cdot \left(\frac{p}{q}\right) = (-1)^{\frac{p-1}{2} \cdot \frac{q-1}{2}}. \tag{13.55}$$

この定理の等式をそのまま読み解くと，任意の 2 つの奇素数の間に

$$\begin{cases} (-1)^{\frac{p-1}{2}\frac{q-1}{2}} = 1 \text{ のとき：} q \text{ が } \mathbb{F}_p \text{ の平方数} \iff p \text{ が } \mathbb{F}_q \text{ の平方数} \\ (-1)^{\frac{p-1}{2}\frac{q-1}{2}} = -1 \text{ のとき：} q \text{ が } \mathbb{F}_p \text{ の平方数} \iff p \text{ が } \mathbb{F}_q \text{ の非平方数} \end{cases}$$

という,「対称的」な関係が成立することを述べています.

●──第 1 証明

まず,「ガウス和」による，最も簡明な証明を観察します.

奇素数 q に対して乗法群 $\mathbb{F}_q^\times$ の 2 次指標のガウス和 G_q は，(13.50) において p を q で置き換え，指標 χ を $\chi(x) = \left(\dfrac{x}{q}\right)$ として定義されます：

$$G_q := \sum_{k \in \mathbb{F}_q} \left(\frac{k}{q}\right) \zeta_q^k \qquad (\zeta_q = e^{\frac{2\pi i}{q}}) \tag{13.56}$$

$\chi(x) = \overline{\chi}(x)$ より，命題 13.2 の等式 (13.52) は次の形になります．

$$G_q^2 \;=\; \left(\frac{-1}{q}\right) q. \tag{13.57}$$

次に q と異なる奇素数 p ($p \neq q$) を任意に取ります．等式 (13.56), (13.57) はもともとは複素数体 $\mathbb{C}$ におけるものですが，1 の原始 q 乗根 ζ_q を含む $\mathbb{F}_p$ の拡大体 $\mathbb{F}_{p^n}$ ($n \in \mathbb{N}$) を取れば，これらを $\mathbb{F}_{p^n}$ における等式とみなすことが可能です．ガウス和 G_q の $\mathbb{F}_{p^n}$ における像を $\overline{G}_q \in \mathbb{F}_{p^f}$ で表わします．ここで $\mathbb{F}_{p^n}/\mathbb{F}_p$ は n 次巡回拡大で，そのガロア群は $\varphi_p : x \to x^p$ で生成されます (定理 6.3)．これより

$$\overline{G}_q^p \;=\; \varphi_p(\overline{G}_q) \;=\; \sum_{k \in \mathbb{F}_p} \left(\frac{k}{q}\right) \zeta_q^{pk} \;=\; \sum_{k \in \mathbb{F}_p} \left(\frac{p}{q}\right)\left(\frac{pk}{q}\right) \zeta_q^{pk} \;=\; \left(\frac{p}{q}\right)\overline{G}_q$$

$$\therefore \quad \overline{G}_q^{p-1} = \left(\frac{p}{q}\right) \tag{13.58}$$

が得られます．この左辺は，オイラーの規準および (13.57) より

$$\begin{aligned}
\overline{G}_q^{p-1} = (\overline{G}_q^2)^{\frac{p-1}{2}} &= \left(\left(\frac{-1}{q}\right) q\right)^{\frac{p-1}{2}} \\
&= \left(\frac{\left(\frac{-1}{q}\right) q)}{p}\right) = \left(\frac{-1}{q}\right)^{\frac{p-1}{2}} \left(\frac{q}{p}\right) \\
&= (-1)^{\frac{p-1}{2}\frac{q-1}{2}} \left(\frac{q}{p}\right)
\end{aligned}$$

と変形されます．これで上式と合わせて求める等式 (13.55) が $\mathbb{F}_p$ において得られました．等式の両辺の値は ± 1 なので同じ等式が $\mathbb{Z}$ でも成立します． □

●――相互法則と同値な命題

平方剰余の「相互法則」は，証明ができても「不思議さ」が消えない法則 (現象) です．その理由はこの定理の意味する内容の簡明さに反して，それが成立

するべき根拠が簡明さとは程遠い (！) ところにある，ということによります．そこで，相互法則をより深く理解するために考えるべきことは以下のような問題です：

(i) 「相互法則」を別の形・言葉で言い換えること．
(ii) 「相互法則の類似」とみなせる法則・定理を (多く) 見出すこと．

これらについての 1 つの解答は，本章の探検でのように**「2 種の L-関数 (ゼータ関数) の比較」**という形で相互法則を表現することです．

第 6 章の例 6.3 で観察したように，1 の 原始 q 乗根 $\zeta_q = e^{\frac{2\pi i}{q}}$ を添加した体 $\mathbb{Q}(\zeta_q)$ は $\mathbb{Q}$ のガロア拡大でそのガロア群 $G(\mathbb{Q}(\zeta_q)/\mathbb{Q})$ は

$$G(\mathbb{Q}(\zeta_q)/\mathbb{Q}) \cong (\mathbb{Z}/q\mathbb{Z})^\times, \quad \varphi_k \longleftrightarrow k \pmod q$$
$$\varphi_k : \mathbb{Q}(\zeta_q) \longrightarrow \mathbb{Q}(\zeta_q), \quad \varphi_k(\zeta_q) = \zeta_q^k$$

によって巡回群 $(\mathbb{Z}/q\mathbb{Z})^\times = \langle g \rangle$ と標準的に同一視されます (g は法 q の原始根)．さて，以下の形の準同型写像

$$\chi : (\mathbb{Z}/q\mathbb{Z})^\times \longrightarrow \mathbb{C}^\times$$

を**法 q の (ディリクレ) 指標**といいます．この指標は $\chi(g)$ によって定まり，その値は $g^{q-1} = 1$ から $\chi(g)^{q-1} = \chi(g^{q-1}) = 1$ をみたします．よって $\chi(g)$ は 1 の $q-1$ 乗根であり，$\chi(g) = \zeta_q^k$ と表わされます．とくに $\chi_q(g^j) = \zeta_q^j$ $(1 \leqq j \leqq q-1)$ によって定まる指標を χ_q と記すとき，$\chi(g) = \zeta_q^k = \chi_q^k(g)$ と書けるので，q の指標の全体 $\widehat{(\mathbb{Z}/q\mathbb{Z})}^\times$ は χ_q で生成される $q-1$ 次巡回群であることが判ります．このことから，以下の 4 つの対象の間に 1 対 1 の対応が成立します：

表 13.4

$(q-1)$ の約数	$(\mathbb{Z}/q\mathbb{Z})^\times$ の部分群	$\widehat{(\mathbb{Z}/q\mathbb{Z})}^\times$ の部分群	$\mathbb{Q}(\zeta_q)/\mathbb{Q}$ の中間体
d	$H_d = \langle g^d \rangle$	$X_d = \langle \chi_q^{\frac{q-1}{d}} \rangle$	$K_d = \mathbb{Q}(\zeta_q)^{H_d}$
$d \mid (q-1)$	$[(\mathbb{Z}/q\mathbb{Z})^\times : H_d] = d$	$\#(X_d) = d$	$[K_d : \mathbb{Q}] = d$

そして，以下の自然な同型が成立します．

$$G(K_d/\mathbb{Q}) \cong (\mathbb{Z}/q\mathbb{Z})^\times/H_d, \qquad G(\widehat{K_d/\mathbb{Q}}) \cong (\widehat{\mathbb{Z}/q\mathbb{Z})^\times}/H_d \cong X_d$$

このとき $K_d/\mathbb{Q}$ のアルティン型のゼータ関数が

$$\zeta_{K_d}^{(A)}(s) := \prod_{\chi \in X_d} \prod_p (1 - \chi(p)p^{-s})^{-1}$$

で定義されます．さて，一方で $\mathbb{Q}$ の任意の有限次拡大 K に対して，そのデデキントゼータ関数 $\zeta_K(s)$ が

$$\zeta_K(s) := \prod_{\wp:\text{素イデアル}} (1 - N(\wp)^{-s})^{-1} = \sum_{I \subseteq \mathcal{O}_K} \frac{1}{N(\wp)^s}$$

で定義されます ($N(\wp) = \#(\mathcal{O}_K/\wp)$ は $\wp$ のノルム，第 6 章参照)．ここで，次の著しい定理が成立します：

定理 13.15

$$\zeta_{K_d}(s) = \zeta_{K_d}^{(A)}(s). \tag{13.59}$$

実は，この定理が上記の問題 (i), (ii) の 1 つの解答，すなわち「相互法則」の姿を変えた一般化をを与えているのです．

まず $d = 2$ の場合に，(13.59) が「相互法則」(13.55) と同値であることを観察しましょう．$G(\mathbb{Q}(\zeta_q)/\mathbb{Q})$ に含まれるただ 1 つの 2 次の部分体 K_2 は，すでに見たようにガウス和 G_q で生成され $\mathbb{Q}\left(\sqrt{\left(\frac{-1}{q}\right)q}\right)$ と一致します．$K_2 = \mathbb{Q}\left(\sqrt{\left(\frac{-1}{q}\right)q}\right)$ の整数環 $\mathcal{O}$ ($= \mathbb{Z}$ の K_2 における整閉包) は

$$\mathcal{O} = \mathbb{Z}\left[\frac{1}{2}\left(-1 + \sqrt{\frac{-1}{q}q}\right)\right] \cong \mathbb{Z}[X]/f(X)\mathbb{Z}[X],$$

$$f(X) := X^2 + X + \frac{1}{4}\left(1 - \frac{-1}{q}q\right)$$

となるので，その任意の素イデアル $\wp$ について $\wp \cap \mathbb{Z} = p\mathbb{Z}$ とおくとき，以下の 3 つの場合が起こります $(p \neq 2$ とします$)$：

表 13.5

$N(\wp) = p \neq q$	$N(\wp) = p^2$	$N(\wp) = p = q$
$\left(\dfrac{\left(\frac{-1}{q}\right)q}{p}\right) = +1$	$\left(\dfrac{\left(\frac{-1}{q}\right)q}{p}\right) = -1$	$\left(\dfrac{\left(\frac{-1}{q}\right)q}{p}\right) = 0$
$f(X) = (X-\alpha)(X-\beta)$ $\mathbb{F}_p[X]$ で分解 $\alpha \neq \beta$	$f(X)$： $\mathbb{F}_p[X]$ で既約	$f(X) = (X-\alpha)^2$ $\mathbb{F}_p[X]$ で重根
$p\mathcal{O} = \wp\wp'\ (\wp \neq \wp')$	$p\mathcal{O} = \wp$	$p\mathcal{O} = (q) = \wp^2$

一方，K_2 に対応する指標群は以下のようになります．

$$X_2 = \{\mathrm{id}, \chi\}, \qquad \chi(p) = \chi_q^{\frac{q-1}{2}}(p) = \left(\frac{p}{q}\right)$$

よって定理 13.15 の等式 (13.59) は

$$\zeta_{\mathbb{Q}\left(\sqrt{\left(\frac{-1}{q}\right)q}\right)}(s) = \zeta(s)L(s,\chi) = \prod_p (1-p^{-s})^{-1}\left(1-\left(\frac{p}{q}\right)p^{-s}\right)^{-1} \tag{13.60}$$

となります．この等式の左辺の素数 p に対応する因子は左辺は表 13.5 から

$$\prod_{\wp \mid p}(1-N(\wp)^{-s}) = \begin{cases} (1-p^{-s})^2 & \left(\left(\dfrac{\left(\frac{-1}{q}\right)q}{p}\right) = +1\right) \\ (1-p^{-2s}) & \left(\left(\dfrac{\left(\frac{-1}{q}\right)q}{p}\right) = -1\right) \\ (1-p^{-s}) & \left(\left(\dfrac{\left(\frac{-1}{q}\right)q}{p}\right) = 0\right) \end{cases}$$

となります．これと右辺を比較すると次の等式が得られます：

$$\left(\frac{p}{q}\right) = \left(\frac{\left(\frac{-1}{q}\right) q}{p}\right) \qquad (\forall\, p \neq 2).$$

かくして (13.60) は平方剰余の相互法則と同値であることが判りました．

◉──「相互法則」の第 2 証明

最後にガウスの補題 13.5 を利用する，代数的な証明を観察します．

$\mathbb{F}_p^\times$ の商群 $\mathbb{F}_p^\times/\{\pm 1\}$ の 1 つの代表系 (例えば $S = \{1, 2, \cdots, \frac{p-1}{2}\}$) を任意に選び，$S \subset \mathbb{F}_p^\times$ とします．すなわち $\mathbb{F}_p^\times$ を 以下のように分割します：

$$\mathbb{F}_p^\times = S \,\cup\, (-S), \qquad S \,\cap\, (-S) = \emptyset$$

このとき，任意の $a \in \mathbb{F}_p^\times$ と $s \in S$ に対して

$$a\,s = \varepsilon(s,a)\,j(s), \qquad \varepsilon(s,a) \in \{\pm 1\}, \qquad j(s) \in S \tag{13.61}$$

となる $\varepsilon(s,a)$, $j(s)$ が各々ただ 1 つ確定します．これより定まる写像 $j : S \to S$ は全単射となります．実際 $s_1, s_2 \in S$ に対して $j(s_1) = j(s_2)$ とすると，等式 (13.61) を s_1, s_2 に適用して

$$\begin{aligned} s_1 {s_2}^{-1} &= a s_1 (a s_2)^{-1} = \varepsilon(s_1,a) j(s_1) (\varepsilon(s_2,a) j(s_2))^{-1} \\ &= \varepsilon(s_1,a) \varepsilon(s_2,a)^{-1} \in \{\pm 1\} \\ \therefore\quad s_1 &= \pm s_2 \end{aligned}$$

となりますが，このとき S の条件 $S \cap (-S) = \emptyset$ から $s_1 = s_2$ となります．そこで (13.61) を $s \in S$ について辺々掛け合わせると以下の等式を得ます．

$$\prod_{s\in S} as = \prod_{s\in S} \varepsilon(s,a)\,j(s),$$

$$a^{\frac{p-1}{2}} \left(\prod_{s\in S} s\right) = \left(\prod_{s\in S} \varepsilon(s,a)\right)\left(\prod_{s\in S} j(s)\right) = \left(\prod_{s\in S} \varepsilon(s,a)\right)\left(\prod_{s\in S} s\right),$$

$$\therefore \quad a^{\frac{p-1}{2}} = \prod_{s\in S} \varepsilon(s,a)$$

これとオイラーの規準 (13.6) を比較すると次が得られます：

補題 13.5 (ガウスの補題)

$$\left(\frac{a}{p}\right) = \prod_{s\in S} \varepsilon(s,a) \tag{13.62}$$

さて，$\zeta_p := e^{\frac{2\pi\sqrt{-1}}{p}}$ を 1 の原始 p 乗根とするとき，(13.61) から直ちに次の等式が導かれます：

$$\begin{aligned}\zeta_p^{as} - \zeta_p^{-as} &= \zeta_p^{\varepsilon(s,a)j(s)} - \zeta_p^{-\varepsilon(s,a)j(s)} \\ &= \varepsilon(s,a)\left(\zeta_p^{j(s)} - \zeta_p^{-j(s)}\right)\end{aligned}$$

この両辺を $s \in S$ について掛け合わせて，補題 13.5 を適用すると

$$\left(\frac{a}{p}\right) = \prod_{s\in S} \frac{\zeta_p^{as} - \zeta_p^{-as}}{\zeta_p^{s} - \zeta_p^{-s}}. \tag{13.63}$$

次に p と異なる奇素数 q について同様に $\mathbb{F}_q^\times$ を

$$\mathbb{F}_q^\times = T \cup (-T), \qquad T \cap (-T) = \emptyset$$

のように分割します．このとき次の恒等式が成立します：

$$\begin{aligned}X^q - Y^q &= (X-Y) \prod_{t\in\mathbb{F}_q^\times} (\zeta_q^t X - \zeta_q^{-t} Y) \\ &= (X-Y) \prod_{t\in T} (\zeta_q^t X - \zeta_q^{-t} Y)(\zeta_q^{-t} X - \zeta_q^{t} Y).\end{aligned}$$

$X = \zeta_p^s, Y = \zeta_p^{-s}$ を代入して

$$\frac{\zeta_p^{qs} - \zeta_p^{-qs}}{\zeta_p^{s} - \zeta_p^{-s}} = \prod_{t\in T} (\zeta_p^s \zeta_q^t - \zeta_p^{-s}\zeta_q^{-t})(\zeta_p^s \zeta_q^{-t} - \zeta_p^{-s}\zeta_q^{t}) \tag{13.64}$$

$a = q$ として，これを (13.63) に代入すると以下は得られます.

命題 13.4

$$\left(\frac{q}{p}\right) = \prod_{s \in S} \prod_{t \in T} (\zeta_p^s \zeta_q^t - \zeta_p^{-s} \zeta_q^{-t})(\zeta_p^s \zeta_q^{-t} - \zeta_p^{-s} \zeta_q^t).$$

この等式において，p, q の役割を入れ替えると，右辺の積の第 1 因子は不変で，第 2 因子は符号が変わります．したがって次の等式が成立します.

$$\left(\frac{q}{p}\right) = (-1)^{\frac{p-1}{2} \cdot \frac{q-1}{2}} \left(\frac{p}{q}\right)$$

□

索 引

●タ行

●ナ行

●ハ行

●マ行

●ヤ行

●ラ行

●ワ行

橋本喜一朗
はしもと・きいちろう
1950 年生まれ.
早稲田大学理工学術院教授.
専門は代数学 (数論幾何学) および保型函数論.
著書に,
『数学七つの未解決問題』(共著, 森北出版, 2002 年)
がある.

探検(たんけん)！　数(すう)の密林(みつりん)・数論(すうろん)の迷宮(めいきゅう)

2017 年 9 月 30 日　第 1 版第 1 刷発行

著者——橋本喜一朗
発行者——串崎 浩
発行所——株式会社　日本評論社
〒 170-8474 東京都豊島区南大塚 3-12-4
電話　(03) 3987-8621 [販売]
(03) 3987-8599 [編集]
印刷——三美印刷
製本——難波製本
ブックデザイン——STUDIO POT (山田信也)
本文イラスト——鶴岡政明

ISBN 978-4-535-78678-3